Von der Relativitätstheorie zu den Maxwell-Gleichungen

Jan-Markus Schwindt

Von der Relativitätstheorie zu den Maxwell-Gleichungen

Springer Spektrum

Jan-Markus Schwindt
Dossenheim, Deutschland

ISBN 978-3-662-67580-9   ISBN 978-3-662-67581-6 (eBook)
https://doi.org/10.1007/978-3-662-67581-6

Die Deutsche Nationalbibliothek verzeichnet diese Publikation in der Deutschen Nationalbibliografie;
detaillierte bibliografische Daten sind im Internet über https://portal.dnb.de abrufbar.

Planung/Lektorat: Caroline Strunz
Springer Spektrum ist ein Imprint der eingetragenen Gesellschaft Springer-Verlag GmbH, DE und ist ein
Teil von Springer Nature.
Die Anschrift der Gesellschaft ist: Heidelberger Platz 3, 14197 Berlin, Germany

Das Papier dieses Produkts ist recyclebar.

Vorwort

Wenn ich an die Elektrodynamik-Vorlesung im Rahmen der Theoretischen Physik zurückdenke, die ich als Student gehört habe, so fallen mir vor allem wahre „Orgien" an Vektoranalysis-Rechnungen ein. In der Tat bildet das Gewühle in verschachtelten Gradienten, Divergenzen und Rotationen den zentralen mathematischen Werkzeugkasten der Elektrodynamik, und es ist wichtig, ihn zu beherrschen. Was dabei jedoch oft im Hintergrund bleibt, ist das Verständnis der Schönheit und Einfachheit der Theorie. Diese wird erst ersichtlich, wenn man die Maxwell-Gleichungen in der kovarianten Schreibweise der Speziellen Relativitätstheorie (SRT) behandelt, was in den Vorlesungen typischerweise erst gegen Ende vorgeführt wird, sodass erst im Rückblick „alles klar" wird.

Es war mir daher ein Anliegen, ein Lehrbuch der Elektrodynamik zu schreiben, in dem die SRT am Anfang steht und die Maxwell'sche Theorie direkt auf dieser Basis eingeführt wird. Der konzeptionelle Rahmen und die Symmetrie des Ganzen sollen im Vordergrund stehen, *bevor* es an konkrete Rechnungen geht. Mit einem deduktiven Vorgehen wird dann gezeigt, wie aus dem allgemeinen Formalismus heraus die konkreten Situationen angegangen werden können, mit denen man in der Elektrotechnik, der Optik und anderswo konfrontiert ist. Elektrostatik und Magnetostatik, mit denen eine Vorlesung üblicherweise beginnt, werden hier daher erst im letzten der vier Kapitel behandelt.

Der Fokus liegt auf einer kompakten Darstellung und dem möglichst klaren Verständnis der grundlegenden Konzepte. So wird auch der mathematische Rahmen hier präziser formuliert als dies in Physikbüchern üblich ist, beispielsweise mit der Unterscheidung zwischen affinem Raum und Vektorraum. Auf langwierige Rechnungen im Zusammenhang mit komplizierten Einzelproblemen wird verzichtet. Es gibt bereits hervorragende Bücher für die „Vektoranalysis-Orgien", und für ein erfolgreiches Studium sollte ein solches ergänzend zu diesem Band herangezogen werden.

Die Behandlung der SRT beginnt mit der Struktur des Minkowski-Raums und nicht, wie sonst oft üblich, mit der Konstanz der Lichtgeschwindigkeit, aus der Einstein die Theorie herleitete. Dieser Weg hat in meinen Augen den Vorteil, dass die entscheidenden Punkte der Theorie von Anfang an klarer und direkter ersichtlich sind und weniger zu verwirrenden, widersprüchlichen Überlegungen einladen.

So kann beispielsweise das Zwillingsparadoxon besprochen werden, bevor man
Lorentz-Transformationen eingeführt hat, was das Szenario von vornherein als
eindeutig aufzeigt und das scheinbar Paradoxe daran („für A läuft die Zeit langsamer
als für B, aber gleichzeitig läuft sie doch auch langsamer für B als für A"), das durch
die wechselseitigen Lorentz-Transformationen suggeriert wird, umgeht.

Nach der Darstellung der SRT wird im zweiten Kapitel das elektromagnetische
Feld als antisymmetrisches Tensorfeld eingeführt, die zugehörige Feldgleichung in
kovarianter Form aufgestellt und in Form von Wellen und retardierten Potentialen
gelöst. Erst danach werden das elektrische und magnetische Feld voneinander
separiert und die Maxwell-Gleichungen in ihrer „herkömmlichen" Form abgeleitet.

Das dritte Kapitel ist der Lorentz-Kraft und den damit zusammenhängenden
Überlegungen zu Energie und Impuls des elektromagnetischen Feldes gewidmet.
Das allgemeine Konzept des Energie-Impuls-Tensors wird besprochen und seine
konkrete Form im Fall des Elektromagnetismus auf verschiedene Weisen hergeleitet
und interpretiert. Der Lagrange- und Hamilton-Formalismus aus der Klassischen
Mechanik werden auf die Feldtheorie erweitert und dadurch weitere Zusammenhänge für die Energie-Impuls-Erhaltung erschlossen.

Im vierten Kapitel werden dann konkrete Problemstellungen aus Elektro- und
Magnetostatik, Strahlungstheorie, Elektrodynamik in Materie, Optik und Elektro-
technik behandelt. Hier soll es insbesondere darum gehen, wie die allgemeine
Theorie auf die jeweilige spezielle Situation „heruntergebrochen" wird und welche
Methoden dabei angewendet werden können.

Ich hoffe, dass sich das hier gewählte Vorgehen durch die Reihenfolge, Über-
sichtlichkeit und die Beschränkung aufs Wesentliche (weniger als 200 Seiten)
als hilfreich erweist und den einen oder anderen Aha-Effekt beim einen oder
anderen Leser zur Folge hat. Auch für Mathematiker, die sich einen Überblick
über das Thema verschaffen wollen, ist das Buch gut geeignet. Kenntnisse in
Theoretischer Mechanik und mathematischer Methoden der Physik (Vektoranalysis
und Differentialgleichungen) werden allerdings vorausgesetzt.

Inhaltsverzeichnis

Spezielle Relativitätstheorie

1

1.1 Die Verraumung der Zeit

In der Physik beschreiben wir beobachtbare Phänomene *indirekt* durch mathematische Strukturen. Unter einer **mathematischen Struktur** wollen wir dabei eine Kombination mathematischer Mengen verstehen, die durch Funktionen und andere Relationen miteinander verknüpft sind, wobei die Funktionen bestimmten Bedingungen, typischerweise Differentialgleichungen, genügen müssen. In der Hamilton'schen Version der klassischen Mechanik von N punktförmigen Teilchen haben wir beispielsweise eine mathematische Struktur bestehend aus

- einer Phasenraumtrajektorie $\Phi : \mathbb{R} \to \mathbb{R}^{6N}$, die jedem Zeitpunkt t eine Konstellation aus $3N$ Ortskoordinaten $q_i(t)$ und $3N$ Impulskomponenten $p_i(t)$ zuordnet;
- einer Hamiltonfunktion $H : \mathbb{R}^{6N} \to \mathbb{R}$, die einer Konstellation aus $3N$ Ortskoordinaten q_i und $3N$ Impulskomponenten p_i einen Energiewert H zuordnet;
- den Hamilton'schen Gleichungen, die eine Beziehung zwischen den beiden Funktionen herstellen, indem sie die Zeitableitung von Φ mit den partiellen Ableitungen von H verknüpfen:

$$\dot{q}_i = \frac{\partial H}{\partial p_i}, \qquad \dot{p}_i = -\frac{\partial H}{\partial q_i} \tag{1.1}$$

Eine typische Aufgabenstellung besteht dann darin, aus einer vorgegebenen Hamiltonfunktion und einem vorgegebenen Punkt $\Phi(t_0)$ der Phasenraumtrajektorie die gesamte Trajektorie zu bestimmen.

Die Beschreibung von Phänomenen durch mathematische Strukturen ist sehr *indirekt*, denn wir beobachten ja keineswegs die Funktionen, die wir zur Beschreibung (und Vorhersage) nutzen. Von der Vermessung der Planetenbahnen

© Der/die Autor(en), exklusiv lizenziert an Springer-Verlag GmbH, DE,
ein Teil von Springer Nature 2023
J.-M. Schwindt, *Von der Relativitätstheorie zu den Maxwell-Gleichungen*,
https://doi.org/10.1007/978-3-662-67581-6_1

am Himmel zur Phasenraumtrajektorie, die die Orte und Impulse der „punktförmigen" Objekte darstellt, ist es ein weiter Weg. Was wir tatsächlich beobachten, sind Winkelgeschwindigkeiten der Planeten relativ zum Fixsternhimmel, und zwar aus geozentrischer Perspektive. Um aus den Winkelgeschwindigkeiten „echte" Geschwindigkeiten zu machen, müssen die Abstände ermittelt werden, eine nichttriviale Aufgabe in der Astronomie. Ferner muss man aus der geozentrischen Perspektive ins Schwerpunktsystem des Sonnensystems wechseln. Für den Schwerpunkt muss man die Massen kennen, die ja auch benötigt werden, um Geschwindigkeiten in Impulse zu verwandeln. Die Bestimmung von Massen ist ebenfalls eine nichttriviale Aufgabe in der Astronomie. Schließlich muss man einige Idealisierungen durchführen (punktförmige Himmelskörper) und Effekte vernachlässigen (Asteroiden, Staub, Strahlung, relativistische Korrekturen, ...), erst dann ergibt sich das vereinfachte Bild von einem Sonnensystem als N-Körper-Problem, in dem sich die N punktförmigen Körper (Sonne, Planeten, Monde) mit wohldefinierten Massen allein nach den Newton'schen Gesetzen der Schwerkraft bewegen, die eine zugehörige Hamiltonfunktion definieren.

Es klafft ein tiefer Abgrund zwischen den tatsächlich beobachteten und vermessenen Phänomenen einerseits und den mathematischen Strukturen der physikalischen Theorien andererseits; ein Abgrund, der durch ein kompliziertes „Übersetzungsverfahren" und diverse Idealisierungen und Näherungen überbrückt werden muss.[1] (Dieser Abgrund tritt nicht erst bei der Quantenmechanik auf, wie manche meinen. Die Quantenmechanik macht ihn nur besonders deutlich, da ihre mathematischen Strukturen auf unendlichdimensionalen Hilберträumen definiert sind und das „Übersetzungsverfahren" eine Wahrscheinlichkeitsinterpretation beinhaltet.)

Ein besonders interessanter Abgrund besteht zwischen unserem Erleben der **Zeit** und ihrer Darstellung in den Theorien. Wir erleben die Zeit als etwas, das *vergeht*. Wir haben den Eindruck, die Vergangenheit sei „nicht mehr da, für immer vorbei", die Zukunft sei „noch nicht da". Wirklich real sei nur die Gegenwart, der Rest nur präsent in Form von Erinnerung oder Erwartung. Genau dieser Aspekt geht aber in den physikalischen Theorien verloren. In deren mathematischen Strukturen „vergeht" nichts. Die Zeit wird dort als „Zeitachse" dargestellt, als eindimensionaler *Raum* $\mathbb{R}$ also, der quasi „als Ganzes auf einmal da ist". Es gibt dort kein *Jetzt*, das die Zeitachse entlangwandert.

Diese **Verraumung** der Zeit ist bereits in den nichtrelativistischen Theorien gegeben, wo der dreidimensionale Raum und die eindimensionale Zeit unabhängig voneinander sind. Sie wird aber noch viel deutlicher in der Speziellen und Allgemeinen Relativitätstheorie, wo Raum und Zeit einen gemeinsamen vierdimensionalen mathematischen Raum bilden, die **Raumzeit**, in dem eine der vier Dimensionen den „Spitznamen" Zeit erhält.

---

[1] Duhem (1998) beschreibt diese Zusammenhänge und die damit verbundenen Komplikationen sehr ausführlich.

1.2   Unser dreidimensionaler affiner Raum

Bevor wir uns mit der Raumzeit beschäftigen, wollen wir einige Eigenschaften des dreidimensionalen Raums rekapitulieren, wie wir ihn aus der nichtrelativistischen „Alltagsphysik" kennen. Dieser Raum ist ein **affiner Raum**, d. h., im Gegensatz zu einem **Vektorraum** hat er keinen eindeutigen Nullpunkt. Als Konsequenz kann man Punkte eines affinen Raums nicht wie die Vektoren eines Vektorraums addieren. In einem affinen Raum sind aber die *Verbindungslinien* zwischen zwei Punkten als Vektoren darstellbar. Das heißt, ein affiner Raum ist eine Art „Doppelgebilde" aus einem Punktraum und einem zugehörigen Vektorraum, der alle Verbindungsstrecken zwischen Punkten enthält. Dabei gilt: Punkt plus Punkt ist nicht definiert, Punkt plus Vektor ergibt Punkt, Vektor plus Vektor ergibt Vektor. Wir bezeichnen Punkte mit Großbuchstaben $A, B, \ldots$, Vektoren mit fettgedruckten Kleinbuchstaben $\mathbf{u}, \mathbf{v}$. Für die Addition von Punkten und Vektoren gilt das Assoziativgesetz:

$$(A + \mathbf{u}) + \mathbf{v} = A + (\mathbf{u} + \mathbf{v}). \tag{1.2}$$

Mit einer **Basis** $\{\mathbf{e}_1, \mathbf{e}_2, \mathbf{e}_3\}$ des Vektorraums kann man jeden Vektor $\mathbf{v}$ als **Linearkombinationen** der Basisvektoren schreiben: $\mathbf{v} = v_1\mathbf{e}_1 + v_2\mathbf{e}_2 + v_3\mathbf{e}_3$. Im Punktraum lassen sich auf diese Weise **geradlinige Koordinatensysteme** definieren: Man wählt einen Punkt A als **Ursprung** des Systems, weist ihm also die Koordinaten $(0,0,0)$ zu. Jeder andere Punkt B lässt sich in der Form $B = A + \mathbf{v}$ schreiben. Wenn Physiker von einem **Ortsvektor** sprechen, dann meinen sie einen solchen vom gewählten Ursprung A ausgehenden Verbindungsvektor $\mathbf{v}$. Oft unterscheiden sie dann nicht zwischen $\mathbf{v}$ und dem Zielpunkt B. Dieser erhält die Komponenten (v_1, v_2, v_3) als Koordinaten zugewiesen. Die Koordinatenachsen werden somit jeweils aus den Vielfachen eines Basisvektors gebildet. Man beachte, dass krummlinige Koordinatensysteme (z. B. Zylinder- oder Kugelkoordinaten) keinen solchen Bezug zum Vektorraum haben.

Es gibt in gewisser Weise „mehr" geradlinige Koordinatensysteme auf dem Punktraum als Basen des Vektorraums. Denn jedes geradlinige Koordinatensystem ist charakterisiert durch eine Kombination $(A, \mathbf{e}_1, \mathbf{e}_2, \mathbf{e}_3)$ aus dem Ursprungspunkt A und den Basisvektoren. Um zu einem neuen geradlinigen Koordinatensystem zu gelangen, kann man also nicht nur Basistransformationen auf dem Vektorraum, sondern auch eine **Translation** (Verschiebung) des Ursprungs $A \rightarrow B$ anwenden.

Unser dreidimensionaler Raum ist nicht nur ein affiner, sondern sogar ein **euklidischer** Raum. Denn auf dem zugehörigen Vektorraum V ist ein **Skalarprodukt** definiert, also eine symmetrische bilineare Abbildung $V \times V \rightarrow \mathbb{R}$, $(\mathbf{u}, \mathbf{v}) \mapsto \mathbf{u} \cdot \mathbf{v}$, die obendrein positiv definit ist: $\mathbf{v} \cdot \mathbf{v} \geq 0$, wobei $\mathbf{v} \cdot \mathbf{v} = 0$ genau dann gilt, wenn $\mathbf{v} = 0$ ist. Durch diese Eigenschaft kann man jedem Vektor eine **Norm** (einen Betrag) zuordnen: $|\mathbf{v}| = \sqrt{\mathbf{v} \cdot \mathbf{v}}$. Die Vektoren $\mathbf{u}$ und $\mathbf{v}$ heißen **orthogonal** zueinander, wenn $\mathbf{u} \cdot \mathbf{v} = 0$.

Eine **Orthonormalbasis** eines solchen Vektorraums hat die Eigenschaft $\mathbf{e}_i \cdot \mathbf{e}_j = \delta_{ij}$, d. h., die Basisvektoren sind orthogonal zueinander und haben die Norm 1. In den Komponenten bzgl. einer Orthonormalbasis haben Skalarprodukt und Norm die Form

$$\mathbf{u} \cdot \mathbf{v} = u_1 v_1 + u_2 v_2 + u_3 v_3, \quad |\mathbf{v}| = \sqrt{v_1^2 + v_2^2 + v_3^2}. \tag{1.3}$$

Im Punktraum heißen die geradlinigen Koordinatensysteme, die aus einer Orthonormalbasis des Vektorraums auf die oben beschriebene Weise gewonnen werden, **kartesische Koordinatensysteme**. Der Abstand $d(A, B)$ zweier Punkte A und B ist definiert als die Norm ihres Verbindungsvektors. Hat A in einem kartesischen Koordinatensystem die Koordinaten (a_1, a_2, a_3) und B die Koordinaten (b_1, b_2, b_3), dann ist der Verbindungsvektor

$$\mathbf{v} = (b_1 - a_1)\mathbf{e}_1 + (b_2 - a_2)\mathbf{e}_2 + (b_3 - a_3)\mathbf{e}_3. \tag{1.4}$$

Der Abstand ist daher

$$d(A, B) = |\mathbf{v}| = \sqrt{(b_1 - a_1)^2 + (b_2 - a_2)^2 + (b_3 - a_3)^2}. \tag{1.5}$$

Welche Koordinatentransformationen führen von einem kartesischen Koordinatensystem zu einem neuen kartesischen Koordinatensystem? Dazu bestimmen wir zunächst die Basistransformationen im Vektorraum, die eine Orthonormalbasis in eine andere Orthonormalbasis transformieren. Dies sind die **Drehungen** und die **Spiegelungen**, die zusammen die **Gruppe** $O(3)$ bilden. Ein kartesisches Koordinatensystem im Punktraum ist wieder durch eine Kombination $(A, \mathbf{e}_1, \mathbf{e}_2, \mathbf{e}_3)$ aus Ursprungspunkt und Basisvektoren gegeben. Eine Transformation von einem kartesischen Koordinatensystem in ein anderes ist daher eine Kombination aus einem Element von $O(3)$ (Drehung/Spiegelung) und einer Translation des Ursprungs $A \to B$.

Oft schließt man noch die Spiegelungen aus und beschränkt sich bei den Basistransformationen auf die Gruppe der Drehungen $SO(3)$. Das liegt daran, dass man auch das **Kreuzprodukt** erhalten möchte. Dieses ist so definiert, dass gilt:

$$\mathbf{e}_1 \times \mathbf{e}_2 = \mathbf{e}_3, \quad \mathbf{e}_2 \times \mathbf{e}_3 = \mathbf{e}_1, \quad \mathbf{e}_3 \times \mathbf{e}_1 = \mathbf{e}_2. \tag{1.6}$$

Bei einer Spiegelung erhält jede dieser drei Gleichungen ein unerwünschtes Minuszeichen. Nach der **Rechte-Hand-Regel** ergibt sich die Richtung des Kreuzprodukts aus den rechtwinklig zueinander gespreizten ersten drei Fingern der rechten Hand: Wenn $\mathbf{u}$ in Richtung des Daumens und $\mathbf{v}$ in Richtung des Zeigefingers liegt, dann zeigt $\mathbf{u} \times \mathbf{v}$ in Richtung des Mittelfingers. Eine Spiegelung macht aber aus einer Rechte-Hand-Basis ein Linke-Hand-Basis, die nicht mehr mit dem Kreuzprodukt zusammenpasst.

In der nichtrelativistischen Physik sind Raum und Zeit voneinander unabhängig. Sie können jedoch über zeitabhängige Koordinatentransformationen miteinander in Beziehung treten. Solche Transformationen machen Sinn, wenn man Bezugs-systeme bewegter Beobachter vergleicht. Ein **Bezugssystem** ist dabei ein Koordi-natensystem, bei dem sich ein Beobachter (oder manchmal auch nur ein Objekt) im Ursprung befindet. Ein Bezugssystem ist quasi ein Koordinatensystem „aus der Perspektive" eines Beobachters (oder Objekts). Nehmen wir an, Erwin bewegt sich aus Ottos Perspektive mit der Geschwindigkeit v in x-Richtung, wobei die beiden sich zum Zeitpunkt $t = 0$ begegnen. Sagen wir, Otto benutzt in seinem Bezugssystem die Koordinaten (x, y, z), um irgendeinen Punkt im Raum zum Zeitpunkt t zu identifizieren, Erwin in seinem Bezugssystem die Koordinaten (x', y', z'). Dann ist

$$x' = x - vt, \qquad y' = y, \qquad z' = z, \tag{1.7}$$

vorausgesetzt die beiden sind sich über die Richtungen der x-, y-, und z-Achse einig. Gewissermaßen wird dadurch bereits eine vierdimensionale Raumzeit aufgespannt. Denn was für Otto zu zwei Zeitpunkten t_0 und t_1 „derselbe Punkt" (x, y, z) ist, ist für Erwin *nicht* derselbe Punkt. Um einen Punkt für beide zufriedenstellend zu charakterisieren, muss man immer auch die Zeitkoordinate t festlegen. Es ist also nur die Kombination (t, x, y, z) eindeutig genug, um eine Übersetzung nach (t, x', y', z') zu gestatten. Die *Unabhängigkeit* von Raum und Zeit zeigt sich nur noch darin, dass die Zeitkoordinate selbst nicht beeinträchtigt wird, nicht transformiert werden muss: Erwin und Otto sind sich darüber einig, was „jetzt" ist und wie lange eine Sekunde dauert.

In Bezugssystemen, die sich relativ zueinander mit konstanter Geschwindigkeit bewegen, werden dieselben Kräfte und Beschleunigungen beobachtet (anders als in beschleunigten oder rotierenden Bezugssystemen). Daher sind sie physikalisch gesehen gleichwertig. Aus dem bisher Gesagten schließen wir, dass die folgenden Koordinatentransformationen physikalisch gleichwertige kartesische Bezugssys-teme ineinander überführen, wobei wir jetzt wie gesagt alle vier Koordinaten (t, x, y, z) berücksichtigen:

- Translationen $(t', x', y', z') = (t + t_0, x + x_0, y + y_0, z + z_0)$;
- Rotationen im Raum $(t', x', y', z') = (t, R(x, y, z))$, wobei R für eine Rotati-onsmatrix steht; R lässt sich durch drei unabhängige Parameter ausdrücken, z. B. die drei Euler-Winkel, die Sie aus der Mechanik starrer Körper kennen sollten.
- Übergang in ein gleichförmig bewegtes Bezugssystem (**Boost**) $(t', x', y', z') = (t, x - v_x t, y - v_y t, z - v_z t)$.

Diese Transformation lassen sich beliebig miteinander kombinieren. Die Gesamt-heit aller solchen Kombinationen bildet die Gruppe der **Galilei-Transformationen**. Jedes Element dieser Gruppe lässt sich durch zehn Parameter charakterisieren, nämlich vier aus der Translation, drei aus der Rotation und drei aus dem Boost.

1.3 Der Minkowski-Raum

Die Raumzeit der Speziellen Relativitätstheorie ist der **Minkowski-Raum**:

Minkowski-Raum
Der Minkowski-Raum ist ein vierdimensionaler affiner Raum, auf dessen
zugehörigem Vektorraum ein **Pseudo-Skalarprodukt** definiert ist, das bzgl.
einer geeigneten Basis die folgende Form annimmt:

$$u \cdot v = -u_0 v_0 + u_1 v_1 + u_2 v_2 + u_3 v_3. \tag{1.8}$$

Mit diesem einen Satz ist die Spezielle Relativitätstheorie bereits vollständig
spezifiziert. Es geht nun also im Rest des Kapitels darum, die Bedeutung dieses
Satzes „auszurollen". Ein entscheidender Unterschied zwischen dem Minkowski-
Raum und unserem euklidischen Raum ist, dass das Pseudo-Skalarprodukt nicht
mehr positiv definit ist (daher „Pseudo"): Für einen Vektor mit den Komponenten
$u = (u_0, 0, 0, 0)$ ist beispielsweise $u \cdot u = -u_0^2 < 0$. (Beachten Sie, dass wir
vierdimensionale Vektoren anders als dreidimensionale nicht fett schreiben: u, nicht
u). Wenn wir nun wieder die Norm (den Betrag) eines Vektors definieren wollen, so
müssen wir eine Fallunterscheidung machen:

- Für **raumartige** Vektoren, $u \cdot u > 0$, definieren wir die Norm $|u|_+ = \sqrt{u \cdot u}$.
- Für **zeitartige** Vektoren, $u \cdot u < 0$, definieren wir die Norm $|u|_- = \sqrt{-u \cdot u}$.
- Für **lichtartige** Vektoren, $u \cdot u = 0$, ist $|u| = |u|_+ = |u|_- = 0$.

Das Bemerkenswerte an den lichtartigen Vektoren ist, dass sie überhaupt existieren.
Bei einem normalen Skalarprodukt ist der Nullvektor der einzige Vektor mit Betrag
null: $\mathbf{v} = \mathbf{0} \Leftrightarrow |\mathbf{v}| = 0$. Im Minkowski-Vektorraum (so nennen wir den Vektorraum,
der zum affinen Minkowski-Raum gehört) hat hingegen jeder Vektor, dessen
Komponenten $u_0^2 = u_1^2 + u_2^2 + u_3^2$ erfüllen, den Betrag null.

Die Beträge der Vektoren im Minkowski-Vektorraum lassen sich wieder als
Abstände zwischen den Punkten des Minkowski-Raums verstehen. Es gibt hier also
raumartige, zeitartige und lichtartige Abstände. Insbesondere bedeutet „A und
B haben den Abstand null" *nicht* mehr, dass A und B derselbe Punkt sind, sondern
nur, dass ihr Verbindungsvektor lichtartig ist. Die Menge aller Punkte, die von A
den Abstand null haben, heißt **Lichtkegel** von A. (In drei Dimensionen definiert die
Gleichung $x^2 = y^2 + z^2$ einen Kegel. Die Gleichung $u_0^2 = u_1^2 + u_2^2 + u_3^2$ ist eine
vierdimensionale Verallgemeinerung davon.)

Eine Basis $\{e_0, e_1, e_2, e_3\}$ des Minkowski-Vektorraums, in der Gl. (1.8) gilt,
nennen wir **Inertialbasis**. So eine Basis ist das Äquivalent zur Orthonormabasis
in einem Vektorraum mit Skalarprodukt. Die zugehörigen Koordinatensysteme

des Minkowski-Raums heißen **Inertialsysteme**. Sie entsprechen den kartesischen Koordinatensystemen. Betrachten wir die Vektoren $u = e_0 + e_1$ und $v = e_0 - e_1$ (in Komponenten: $u = (1, 1, 0, 0)$, $v = (1, -1, 0, 0)$). Diese Vektoren sind lichtartig, $|u| = |v| = 0$. Die Summe von u und v hat jedoch den Betrag

$$|u + v|_- = |2e_0|_- = 2. \tag{1.9}$$

Dies ist in zweierlei Hinsicht bemerkenswert: Erstens bedeutet es, dass die Eigenschaft, den Abstand 0 zu haben, nicht mehr transitiv ist: Wenn die Punkte A, B, C so liegen, dass u der Verbindungsvektor von A nach B, v der von B nach C ist, dann hat A von B und B von C jeweils den Abstand 0, aber A von C den Abstand 2. Zweitens ist die **Dreiecksungleichung** verletzt, die in Vektorräumen mit normalem Skalarprodukt lautet:

$$|\mathbf{u} + \mathbf{v}| \leq |\mathbf{u}| + |\mathbf{v}|, \tag{1.10}$$

wobei Gleichheit nur gilt, wenn $\mathbf{u}$ und $\mathbf{v}$ parallel sind. Bezogen auf euklidische Räume besagt diese Ungleichung, dass eine gerade Linie die kürzeste Verbindung zwischen zwei Punkten ist, denn jeder „Knick" macht nach Gl. (1.10) die Gesamtstrecke länger. Im Minkowski-Raum gilt das nicht mehr. Der direkte Weg $A \to C$ ist offensichtlich *länger* als der „Umweg" $A \to B \to C$. Man kann sogar zeigen: Wenn der Verbindungsvektor von A nach B zeitartig ist, dann ist der direkte Weg länger als jeder andere Verbindungsweg, der nur aus zeit-und lichtartigen Abschnitten besteht. Unsere Vorstellung von Längenverhältnissen wird also völlig auf den Kopf gestellt.

Das Pseudo-Skalarprodukt Gl. (1.8) wirkt daher in gewisser Weise unnatürlich und widersinnig. Diese Herausforderung an unsere Vorstellungskraft ist der einzige Grund, warum die Spezielle Relativitätstheorie als schwierig empfunden wird. Von der Mathematik her ist sie gewissermaßen die leichteste aller physikalischen Theorien: Man benötigt nur die Grundrechenarten und Wurzeln, Mathematik der Mittelstufe also.

In der physikalischen Interpretation des Minkowski-Raums markiert der Basisvektor e_0 die **Zeitrichtung**. Die zugehörige Koordinate heißt **Zeitkoordinate**. (Im nächsten Abschnitt werden wir sehen, dass e_0 in unterschiedlichen Inertialsystemen in unterschiedliche Richtungen zeigen kann. Der Ausdruck Zeitrichtung ist hier also auf eine konkrete Inertialbasis bezogen.) Die drei anderen Basisvektoren spannen den räumlichen Teil der Raumzeit auf. Der Unterschied zwischen Raum und Zeit kommt auf mathematischer Ebene ausschließlich durch das unterschiedliche Vorzeichen in Gl. (1.8) zustande.

Bildliche Darstellungen des Minkowski-Raums zeigen typischerweise die Zeitrichtung vertikal sowie ein oder zwei räumliche Dimensionen in horizontaler Richtung. Mindestens eine Raumdimension wird dabei ausgespart, da eine Projektion von vier Dimensionen in eine zweidimensionale Zeichenebene schwierig ist. In einer solchen Darstellung besteht der Lichtkegel eines Punktes A aus allen Geraden durch A, die einen Neigungswinkel von 45° haben. Punkte innerhalb des

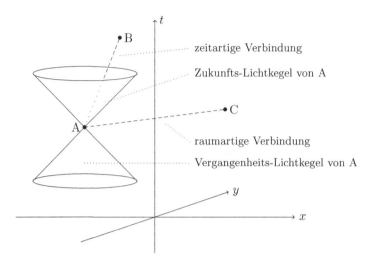

Abb. 1.1 Lichtkegel eines Punktes A. Punkte innerhalb des Kegels sind zeitartig mit A verbunden, Punkte außerhalb raumartig

Kegels sind zeitartig mit *A* verbunden (Neigungswinkel der Verbindungslinie größer als 45°), Punkte außerhalb raumartig (Neigungswinkel der Verbindungslinie kleiner als 45°).

Der Lichtkegel von *A* besteht aus zwei Hälften, einer unteren und einer oberen. Die untere Hälfte besteht aus Punkten mit einer Zeitkoordinate kleiner als der von *A* und heißt daher **Vergangenheits-Lichtkegel**, die obere Hälfte dementsprechend **Zukunfts-Lichtkegel** von *A* (siehe Abb. 1.1).

Betrachten wir in einem Inertialsystem eine Kurve λ der Form

$$\lambda(t) = (t, x_1(t), x_2(t), x_3(t)), \tag{1.11}$$

bei der also die drei räumlichen Koordinaten als Funktion der Zeitkoordinate gegeben sind. Diese Kurve lässt sich als Trajektorie eines Teilchens verstehen, dessen Geschwindigkeit **v** zu jedem Zeitpunkt gegeben ist durch

$$\mathbf{v}(t) = \left(\frac{dx_1}{dt}, \frac{dx_2}{dt}, \frac{dx_3}{dt} \right). \tag{1.12}$$

In einem Raumzeit-Diagramm mit vertikaler Zeitrichtung ist die Steigung der Kurve gerade das Inverse des Betrags der Geschwindigkeit: Eine senkrechte Kurve (unendliche Steigung) steht für ein Teilchen mit Geschwindigkeit null (Bewegung nur in Zeitrichtung), eine waagrechte Kurve (Steigung null) für ein Teilchen mit unendlicher Geschwindigkeit (es durchquert eine Strecke im Raum ohne Zeitdifferenz). Für lichtartige Kurven (Steigung 45°) ist der Geschwindigkeitsbetrag genau 1, denn aus

$$dt^2 = dx_1^2 + dx_2^2 + dx_3^2 \qquad (1.13)$$

folgt

$$|\mathbf{v}|^2 = \left(\frac{dx_1}{dt}\right)^2 + \left(\frac{dx_2}{dt}\right)^2 + \left(\frac{dx_3}{dt}\right)^2 = 1. \qquad (1.14)$$

Eine gerade Linie im Minkowski-Raum enspricht der Trajektorie eines Teilchens, das sich gleichförmig, also mit konstanter Geschwindigkeit bewegt.

Eine Geschwindigkeit mit Betrag 1 heißt **Lichtgeschwindigkeit**. Generell können raumartige und zeitartige Distanzen mit denselben Einheiten versehen werden, so dass Geschwindigkeiten dimensionslose Größen sind. Denn das Pseudoskalarprodukt in Gl. (1.8) kombiniert räumliche und zeitliche Ausdrücke und stellt einen direkten Bezug zwischen räumlichen und zeitlichen Größen her. Wir haben uns jedoch daran gewöhnt, zeitartige Distanzen in Sekunden und raumartige in Metern zu messen. Daher müssen wir zunächst die Umrechnungsformel

$$1\,\text{s} = 299.792.458\,\text{m} \qquad (1.15)$$

verwenden, damit Gl. (1.8) gültig bleibt. In diesen Einheiten bezeichnet man die Lichtgeschwindigkeit mit c, was aber nur eine „Umschreibung" der Zahl 1 ist:

$$c = 299.792.458\,\frac{\text{m}}{\text{s}} = 1. \qquad (1.16)$$

Was passiert, wenn wir die Umrechnung (1.15) ablehnen und darauf bestehen, raumartige Größen in Metern und zeitartige in Sekunden zu bezeichnen? Es müssen dann überall, wo zeitliche und räumliche Größen aufeinandertreffen, „Einsen" in Form von c eingefügt werden, damit am Ende die Einheiten zueinander passen. So lautet z. B. die Gleichung (1.8) dann

$$u \cdot v = -c^2 u_0 v_0 + u_1 v_1 + u_2 v_2 + u_3 v_3. \qquad (1.17)$$

Denn die hinteren Summanden ergeben etwas in der Einheit m^2, der erste Summand etwas in s^2, es wird also der Faktor m^2/s^2 benötigt, der in c^2 vorkommt, damit die Größen wieder vergleichbar sind. Als Theoretiker verzichten wir auf diese Umständlichkeit und setzen voraus, dass Gl. (1.15) angewandt wird, um Raumartiges und Zeitartiges mit den gleichen Einheiten zu behandeln und so die Faktoren von c zu sparen. Dies ist die gängige Konvention in der theoretischen Physik.

Wenn Geschwindigkeiten dimensionslose Größen sind, bedeutet das auch, dass Masse, Impuls (Dimension Masse mal Geschwindigkeit) und Energie (Dimension Masse mal Geschwindigkeit zum Quadrat) alle die gleiche Dimension haben, also mit der Einheit Kilogramm dargestellt werden können. Es gibt demnach insbesondere zu jeder Masse m eine äquivalente Energie E, so dass $E = m$ gilt.

Bestehen wir auf unterschiedliche Einheiten für Raum und Zeit, müssen wieder Faktoren c zum Ausgleich eingefügt werden: $E = mc^2$. Über die Bedeutung dieses berühmten Ausdrucks sprechen wir in Abschn. 1.6.

Punkte der Raumzeit (also des Minkowski-Raums) werden auch **Ereignisse** genannt, um zu betonen, dass sie sowohl einen Ort als auch einen Zeitpunkt beinhalten. Da sich an einem Punkt der Raumzeit aber nicht notwendigerweise etwas ereignen muss, kann diese Bezeichnung etwas verwirrend wirken, daher belassen wir es in diesem Buch bei Punkten, es sei denn, es ereignet sich tatsächlich etwas. Wenn die Punkte A und B durch eine zeitartige Strecke miteinander verbunden werden können, dann ist die zeitartige Länge dieser Strecke gerade die Zeit, die „vergeht" (wir erinnern uns an die Bemerkungen aus Abschn. 1.1), wenn sich jemand entlang dieser Strecke von A nach B bewegt; also die Zeit, die es „dauert", um entlang dieser Strecke von A nach B zu gelangen. Allerdings kann man sich auch entlang eines anderen Weges von A nach B bewegen, entlang einer krummen oder geknickten Kurve, eines Weges also, der nicht eine durchgehend konstante Geschwindigkeit, sondern eine Bahn mit Beschleunigungsphasen beschreibt. Dieser Weg hat eine kürzere zeitartige Länge als der gerade Weg (konstante Geschwindigkeit), wie wir gesehen haben. Also ist für einen Reisenden entlang des krummen oder geknickten Weges weniger Zeit vergangen, nämlich seine sogenannte **Eigenzeit** τ. Dies führt zum berühmten **Zwillingsparadoxon**. Eigentlich ist es kein Paradoxon; es liegt keinerlei Widerspruch vor, sondern nur ein Verhalten, das unseren intuitiven Vorstellungen von Zeit zuwiderläuft.

Die Geschichte, die sich dazu erzählen lässt, ist die folgende: Ein Astronaut Otto reist mit halber Lichtgeschwindigkeit zu einem 10 Lichtjahre entfernten Exoplaneten, kehrt, kaum dort angekommen, sofort wieder um und reist mit halber Lichgeschwindigkeit zurück zur Erde. Sein Zwillingsbruder Erwin, der die ganze Zeit auf der Erde geblieben ist, erwartet ihn dort. Die drei maßgeblichen Ereignisse für diese Reise sind:

- A: Ottos Abreise von der Erde. Wählen wir dies als Ursprung des Koordinatensystems, so hat A die Koordinaten $(0,0,0,0)$.
- B: Ottos Umkehrpunkt am fernen Planeten. Messen wir die Zeit in Jahren, den Raum in Lichtjahren, und legen die x-Achse (zweite Koordinate) in Richtung der Verbindungslinie Erde – Exoplanet, so hat B die Koordinaten $(20,10,0,0)$.
- C: Ottos Ankunft auf der Erde, Koordinaten $(40,0,0,0)$.

Für Erwin sind 40 Jahre vergangen, für Otto jedoch nur

$$\tau = 2 \times \sqrt{20^2 - 10^2} = 20 \times \sqrt{3} \approx 34,6. \qquad (1.18)$$

Otto ist also fortan mehr als 5 Jahre jünger als sein Zwillingsbruder Erwin, siehe Abb. 1.2.

Abb. 1.2 Zwillingsparadoxon. Otto ist auf dem Weg
A–B–C um 34,6 Jahre
gealtert, Erwin auf dem
direkten Weg von A nach C
hingegen um 40. In
Zeitrichtung ist der direkte
Weg nicht der kürzeste,
sondern der längste

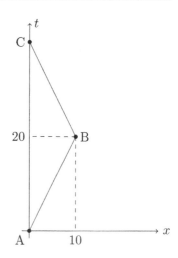

1.4 Lorentz-Transformationen

In einem dreidimensionalen Vektorraum mit „normalem" Skalarprodukt sind es die
Drehungen, die eine Orthonormalbasis $\{e_1, e_2, e_3\}$ in eine neue Orthonormalbasis
$\{e_1', e_2', e_3'\}$ überführen. (Da wir fordern, dass die neue Basis ebenso wie die alte
der „Rechte-Hand-Regel" genügt, schließen wir Spiegelungen aus). Nun können
wir uns fragen, was die Entsprechungen der Drehungen im Minkowski-Vektorraum
sind, wie wir also aus einer Inertialbasis eine neue Inertialbasis bekommen.
Da der „normale" dreidimensionale Vektorraum ein Unterraum des Minkowski-
Vektorraums ist, liegt ein Teil der Antwort auf der Hand: Jede Drehung innerhalb des
durch $\{e_1, e_2, e_3\}$ aufgespannten Unterraums führt auch zu einer neuen Inertialbasis.
Die Frage ist nur, wie die Zeitdimension, also der Basisvektor e_0, ins Spiel kommt.

1.4.1 Boosts

Dazu ignorieren wir zunächst zwei Raumdimensionen und kümmern uns nur um
die Ebene, die von e_0 und e_1 aufgespannt wird. In dieser Ebene wollen wir nun zwei
neue Basisvektoren e_0' und e_1' festlegen. Zwei Vektoren u und v haben bezüglich der
alten Basis die Komponenten $(u_0, u_1, \ldots)$ und $(v_0, v_1, \ldots)$, bezüglich der neuen
Basis $(u_0', u_1', \ldots)$ und $(v_0', v_1', \ldots)$. Die lineare Transformation in der (e_0, e_1)-
Ebene kann in Form einer reellen 2x2-Matrix ausgedrückt werden,

$$\begin{pmatrix} u_0' \\ u_1' \end{pmatrix} = \begin{pmatrix} a & b \\ c & d \end{pmatrix} \begin{pmatrix} u_0 \\ u_1 \end{pmatrix}, \qquad (1.19)$$

und ebenso für v. Laut Definition ist die neue Basis eine Inertialbasis, wenn das
Pseudo-Skalarprodukt wieder die Form von Gl. (1.8) hat. Das ist genau dann der
Fall, wenn

$$-u_0' v_0' + u_1' v_1' = -u_0 v_0 + u_1 v_1 \tag{1.20}$$

für beliebige Vektoren u und v gilt. Einsetzen von $u_0' = au_0 + bu_1$ etc. und Koeffizientenvergleich ergibt die drei Bedingungen

$$a^2 - c^2 = 1, \qquad d^2 - b^2 = 1, \qquad -ab + cd = 0. \tag{1.21}$$

Die dritte Bedingung können wir zu $c = ab/d$ umformen, denn $d = 0$ ist wegen der zweiten Bedingung nicht möglich, da $b^2 = -1$ mit reellem b nicht sein kann. Setzen wir $c = ab/d$ in die erste Bedingung ein, $a^2(1 - b^2/d^2) = 1$, und nutzen die zweite Bedingung aus, so erhalten wir $a^2 = d^2$. Wir können ohne Beschränkung der Allgemeinheit annehmen, dass a und d positiv sind. Denn wenn (e_0', e_1') Teil einer Inertialbasis sind, dann gilt das auch für $(-e_0', e_1')$, $(e_0', -e_1')$ und $(-e_0', -e_1')$. Wir können die Kombination also so wählen, dass a und d positiv sind. Das ist auch die sinnvollste Wahl, denn ein negatives a würde bedeuten, dass die neue Zeit im Vergleich zur alten „rückwärts" läuft, und ein negatives d würde die Rechte-Hand-Regel der Kombination (e_1', e_2, e_3) verletzen.

Mit positivem a und d folgt $a = d$ aus $a^2 = d^2$. Die dritte Bedingung liefert dann $b = c$. Aus $a^2 - c^2 = 1$ mit positivem a folgt, dass a und c als $\cosh \alpha$ und $-\sinh \alpha$ geschrieben werden können (warum wir hier ein Minuszeichen wählen, wird sich gleich herausstellen). Die Transformationsmatrix lautet also

$$\begin{pmatrix} u_0' \\ u_1' \end{pmatrix} = \begin{pmatrix} \cosh \alpha & -\sinh \alpha \\ -\sinh \alpha & \cosh \alpha \end{pmatrix} \begin{pmatrix} u_0 \\ u_1 \end{pmatrix}. \tag{1.22}$$

Man vergleiche dies mit einer Drehmatrix $\begin{pmatrix} \cos \alpha & \sin \alpha \\ -\sin \alpha & \cos \alpha \end{pmatrix}$. Zum einen sind die trigonometrischen Funktionen (sin, cos) durch hyperbolische ersetzt (sinh, cosh), die beliebig hohe Werte annehmen können. Zum anderen haben wir statt einer antisymmetrischen eine symmetrische Matrix.

Die zugehörige Transformation der Basisvektoren läuft über die dazu inverse Matrix:

$$\begin{pmatrix} e_0' \\ e_1' \end{pmatrix} = \begin{pmatrix} \cosh \alpha & \sinh \alpha \\ \sinh \alpha & \cosh \alpha \end{pmatrix} \begin{pmatrix} e_0 \\ e_1 \end{pmatrix}. \tag{1.23}$$

Das ist notwendig, damit der Vektor u selbst durch die Transformation nicht verändert wird, sondern nur seine Darstellung in Komponenten: $u_0 e_0 + u_1 e_1 = u_0' e_0' + u_1' e_1'$. Wenn wir e_0 und e_1 in einer Ebene zeichnen, bedeutet die Symmetrie der Matrix, dass die neue Basis durch Drehung in entgegengesetzte Richtungen zustande kommt: Wenn e_0' aus e_0 durch Drehung im Uhrzeigersinn zustande kommt, dann geht e_1' aus e_1 durch Drehung gegen den Uhrzeigersinn hervor. In der Zeichenebene scheint der Winkel zwischen e_0' und e_1' nun kleiner als $90°$ zu sein. Das gleiche gilt für die zugehörigen Koordinatenachsen im Minkowski-Raum,

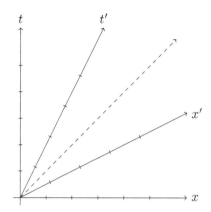

Abb. 1.3 Boost in x-Richtung mit halber Lichtgeschwindigkeit. Der Winkel zwischen x'- und t'-Achse scheint kleiner als 90° zu sein, tatsächlich sind sie aber orthogonal. Die Abstände der Koordinatenmarkierungen auf der x'- und t'-Achse erscheinen gestreckt im Vergleich zur x- und t-Achse. In Wirklichkeit sind die Abstände aber die gleichen. Die beiden Illusionen kommen dadurch zustande, dass die Zeichenebene eine andere Geometrie hat als die Raumzeit

die aus den Vielfachen dieser Basisvektoren gebildet sind (Abb. 1.3). Tatsächlich sind die neuen Basisvektoren aber orthogonal, $e'_0 \cdot e'_1 = 0$, sonst wäre es keine Inertialbasis. Nur dass diese Orthogonalität sich nicht in einer Zeichenebene mit „normaler" Geometrie veranschaulichen lässt.

In der Tat muss die Winkelhalbierende (Diagonale) von (e_0, e_1) auch die Winkelhalbierende von (e'_0, e'_1) sein, denn aus

$$- u_0^2 + u_1^2 = -u_0'^2 + u_1'^2 \tag{1.24}$$

folgt, dass wenn $u_0 = u_1$ ist, auch $u'_0 = u'_1$ sein muss.

Fassen wir die Vektoren als Ortsvektoren im affinen Minkowski-Raum auf, so können wir α mit einer Geschwindigkeit in Verbindung bringen. Die Trajektorie eines Teilchens, das im räumlichen Nullpunkt des alten Koordinatensystems ruht, lautet

$$t \to (t, 0, 0, 0). \tag{1.25}$$

Nach der Transformation (1.22) lautet dieselbe Trajektorie im neuen Koordinatensystem

$$t' \to (t', x'(t'), 0, 0) = (t \cosh\alpha, -t \sinh\alpha, 0, 0) = (t', -t' \tanh\alpha, 0, 0). \tag{1.26}$$

In den neuen Koordinaten bewegt sich das Teilchen also mit der Geschwindigkeit

$$v = |\frac{x'}{t'}| = |\tanh\alpha| \tag{1.27}$$

in *negative* x-Richtung (rein räumlich gesehen sind x-Richtung und x'-Richtung dasselbe, da keine räumliche Drehung stattgefunden hat). Das neue Koordinatensystem ist demnach das Bezugssystem eines Beobachters, der sich im Vergleich zum alten System mit der Geschwindigkeit v in *positive* x-Richtung bewegt. Dieses „v in positive x-Richtung" ist der Grund, warum wir in Gl. (1.22) das negative Vorzeichen für sinh α gewählt haben. Die Transformation ist somit das, was wir am Ende von Abschn. 1.2 einen **Boost** genannt haben.

Ein Teilchen, das im alten System die Geschwindigkeit 0 hat, hat im neuen System die Geschwindigkeit $-v$ (wenn wir die Geschwindigkeit in positive x-Richtung meinen). Ein Teilchen, das im alten System die Geschwindigkeit 1 (also Lichtgeschwindigkeit) hat, hat aber im neuen System nicht die Geschwindigkeit $1 - v$, sondern wieder 1. Denn aus $x = t$ folgt $x' = t'$. Das ist das Phänomen, von dem Einstein ausging, als er die Theorie aufstellte: Wenn man zur Lichtgeschwindigkeit eine beliebige andere Geschwindigkeit hinzuaddiert, kommt doch wieder nur die Lichtgeschwindigkeit heraus. Die Addition von Geschwindigkeiten folgt besonderen Regeln, die wir uns weiter unten im Detail ansehen werden.

Wegen $|\tanh \alpha| < 1$ gibt es keinen Boost mit Lichtgeschwindigkeit oder höher. **Inertialsysteme bewegen sich relativ zueinander immer mit Geschwindigkeiten kleiner als der Lichtgeschwindigkeit.** Man kann sich nur mit $\alpha \to \pm\infty$ der Lichtgeschwindigkeit annähern.

Mit der Beziehung $\cosh^2 = 1/(1 - \tanh^2)$ können wir die Transformation (1.22) in v ausdrücken:

$$\begin{pmatrix} u'_0 \\ u'_1 \end{pmatrix} = \begin{pmatrix} \frac{1}{\sqrt{1-v^2}} & -\frac{v}{\sqrt{1-v^2}} \\ -\frac{v}{\sqrt{1-v^2}} & \frac{1}{\sqrt{1-v^2}} \end{pmatrix} \begin{pmatrix} u_0 \\ u_1 \end{pmatrix}. \tag{1.28}$$

Analog können wir Boosts in y- und z-Richtung definieren, indem wir entsprechende Transformationen in der (e_0, e_2)- bzw. (e_0, e_3)-Ebene durchführen. Drehungen und Boosts lassen sich beliebig kombinieren. Im Minkowski-Vektorraum bilden die Drehungen und die Boosts zusammen eine sechsdimensionale Gruppe von **Lorentz-Transformationen**, die das Pseudo-Skalarprodukt invariant lassen. Im affinen Minkowski-Raum kommen die vier unabhängigen Translationen in Raum- und Zeitrichtung hinzu, sodass sich insgesamt die zehndimensionale **Poincare-Gruppe** ergibt. Von der Gruppe der Galilei-Transformationen unterscheidet sie sich nur bei den Boosts: Hier muss nun auch die Zeitkoordinate transformiert werden, die bei Galilei noch unbeeinflusst blieb.

1.4.2 Addition von Geschwindigkeiten

Die Transformation der Zeitkoordinate bei einem Boost hat zahlreiche Konsequenzen, die wir nun untersuchen wollen. Als erstes beschäftigen wir uns mit der Addition von Geschwindigkeiten. Wir haben bereits festgestellt, dass es keine

Boosts für Geschwindigkeiten ≥ 1 gibt. Alle Inertialsysteme bewegen sich demnach relativ zueinander mit Geschwindigkeiten kleiner als der Lichtgeschwindigkeit. Zugleich haben wir aber gesagt, dass die Lorentz-Transformationen eine Gruppe bilden, d. h. man kann beliebig viele Boosts hintereinander ausführen (sagen wir, in x-Richtung) und erhält wieder eine neue Lorentz-Transformation, genauer gesagt einen neuen Boost in x-Richtung. Das ist nur deshalb konsistent, weil Geschwindigkeiten nicht mehr wie gewöhliche Zahlen addiert werden können.

Sehen wir uns also das Hintereinanderausführen von Boosts in x-Richtung an (die anderen zwei Raumdimensionen ignorieren wir wieder). Mit Hilfe der Additionstheoreme for sinh und cosh,

$$\sinh(\alpha + \beta) = \sinh\alpha \cosh\beta + \cosh\alpha \sinh\beta, \tag{1.29}$$

$$\cosh(\alpha + \beta) = \cosh\alpha \cosh\beta + \sinh\alpha \sinh\beta, \tag{1.30}$$

erhalten wir

$$\begin{pmatrix} \cosh\alpha & \sinh\alpha \\ \sinh\alpha & \cosh\alpha \end{pmatrix} \begin{pmatrix} \cosh\beta & \sinh\beta \\ \sinh\beta & \cosh\beta \end{pmatrix} = \begin{pmatrix} \cosh(\alpha+\beta) & \sinh(\alpha+\beta) \\ \sinh(\alpha+\beta) & \cosh(\alpha+\beta) \end{pmatrix}, \tag{1.31}$$

eine ganz ähnliche Beziehung wie bei Drehmatrizen. Ersetzen wir die Parameter α und β wie oben durch Geschwindigkeiten u und v,

$$\cosh\alpha = \frac{1}{\sqrt{1-u^2}}, \qquad \sinh\alpha = \frac{u}{\sqrt{1-u^2}}, \tag{1.32}$$

$$\cosh\beta = \frac{1}{\sqrt{1-v^2}}, \qquad \sinh\beta = \frac{v}{\sqrt{1-v^2}}, \tag{1.33}$$

so ergibt sich die Geschwindigkeit w, die mit der Kombination der beiden Boosts assoziiert ist, zu

$$w = \tanh(\alpha + \beta) = \frac{\sinh(\alpha + \beta)}{\cosh(\alpha + \beta)} \tag{1.34}$$

$$= \frac{\sinh\alpha \cosh\beta + \cosh\alpha \sinh\beta}{\cosh\alpha \cosh\beta + \sinh\alpha \sinh\beta} \tag{1.35}$$

$$= \frac{u + v}{1 + uv}. \tag{1.36}$$

Dieser Ausdruck beschreibt, wie Geschwindigkeiten in derselben Richtung zu addieren sind. Sie können sich leicht überlegen, dass für $|u|, |v| < 1$ auch $|w| < 1$ ist, die Lichtgeschwindigkeit wird also nie überschritten. Bei Geschwindigkeiten in unterschiedlichen Richtungen sieht das Ergebnis etwas komplizierter aus, lässt sich aber durch Multiplikation der jeweiligen Boostmatrizen leicht errechnen.

Aufgabe 1.1. Zeigen Sie: Für **u** in x-Richtung, **v** in beliebige Richtung, ist

$$\mathbf{w} = \frac{1}{1 + uv_1} \begin{pmatrix} u + v_1 \\ v_2\sqrt{1 - u^2} \\ v_3\sqrt{1 - u^2} \end{pmatrix}. \tag{1.37}$$

◆

Betrachten wir das Beispiel $u = v = 0{,}5$ (beide in x-Richtung). Dann ist $w = 0{,}8$. Halbe Lichtgeschwindigkeit plus halbe Lichtgeschwindigkeit ergibt vier Fünftel Lichtgeschwindigkeit. Das bedeutet Folgendes: Nehmen wir an, ein Beobachter A „sitzt" im ursprünglichen Bezugssystem, B in einem Bezugssystem nach dem ersten, C nach dem zweiten Boost. Dann bewegt sich, aus der Perspektive von B, A mit der Geschwindigkeit 0,5 nach links (in negative x-Richtung), C mit 0,5 nach rechts. Aus der Perspektive von A bewegt sich B mit Geschwindigkeit 0,5 nach rechts, C mit 0,8 ebenfalls nach rechts (statt mit 1,0, wie es nach Galilei und unserem intuitiven Verständnis von Addition sein müsste). Aus der Perspektive von C bewegt sich B mit 0,5 nach links, A mit 0,8 ebenfalls nach links (statt mit 1,0). Die beiden „äußeren" Geschwindigkeiten wirken verringert. Das liegt daran, dass Zeit- und Längendifferenzen aus den Perspektiven von A und C anders erscheinen als aus der Perspektive von B, wie wir gleich weiter im Detail analysieren werden.

Zunächst wollen wir aber noch berechnen, wie sich mit dieser Additionsregel eine konstante Beschleunigung darstellt. Wir nehmen also an, Otto sitzt in einer Rakete, die aus seiner Perspektive die konstante Beschleunigung a erfährt. Aus Sicht des nichtbeschleunigten Beobachters Erwin ist er zum Zeitpunkt $t = 0$ mit der Geschwindigkeit $v = 0$ gestartet. Nach der nichtrelativistischen Mechanik müsste Otto aus Erwins Perspektive zu jeder Zeit die Geschwindigkeit $v(t) = at$ haben und somit zum Zeitpunkt $t = 1/a$ die Lichtgeschwindigkeit durchbrechen. Den relativistischen Zusammenhang bekommen wir, wenn wir mit Gl. (1.36) arbeiten. Im infinitesimalen Zeitintervall dt' (t', weil wir von Ottos Zeitkoordinate sprechen) hat Otto aus seiner eigenen Perspektive um den Geschwindigkeitsbetrag $a\,dt'$ beschleunigt. Aus Erwins Perspektive beträgt die neue Geschwindigkeit gemäß (1.36):

$$v(t + dt) = \frac{v(t) + a\,dt'}{1 + v(t)a\,dt'} \tag{1.38}$$

$$= (v(t) + a\,dt')(1 - v(t)a\,dt') \tag{1.39}$$

$$= v(t) + (1 - v^2(t))a\,dt' \tag{1.40}$$

$$= v(t) + (1 - v^2(t))^{3/2}a\,dt. \tag{1.41}$$

Im letzten Schritt haben wir verwendet, dass Ottos Eigenzeit im Verhältnis zu Erwins verkürzt ist, $dt' = \sqrt{1 - v^2(t)}\,dt$, wie wir beim Zwillingsparadoxon gesehen haben. Die zu lösende Differentialgleichung ist also

$$\dot{v}(t) := \frac{v(t+dt) - v(t)}{dt} = (1 - v^2(t))^{3/2} a \qquad (1.42)$$

und Sie verifizieren leicht durch Nachrechnen, dass die Lösung mit der Randbedingung $v(0) = 0$ folgendermaßen lautet:

$$v(t) = \frac{at}{\sqrt{a^2 t^2 + 1}}. \qquad (1.43)$$

Für kleine t entspricht dies näherungsweise der nichtrelativistischen Lösung $v(t) = at$, für große t konvergiert hingegen v gegen 1, nähert sich also immer mehr der Lichtgeschwindigkeit an.

1.4.3 Kausalität

Es gibt tatsächlich physikalische Objekte, die sich mit Lichtgeschwindigkeit bewegen. Licht zum Beispiel. Das ist aus zwei Gründen bemerkenswert: Erstens gibt es kein Inertialsystem, das als Bezugssystem für ein solches Objekt dienen könnte. Zweitens kann, wie wir gesehen haben, diese Geschwindigkeit niemals durch Beschleunigung erreicht, sondern nur angenähert werden. Was sich mit Lichtgeschwindigkeit bewegt, hat sich von Anfang an mit Lichtgeschwindigkeit bewegt und kann auch niemals schneller oder langsamer werden. Wir werden in Abschn. 1.6 sehen, dass es gerade die masselosen Objekte sind, die gar keine andere Wahl haben, als sich mit Lichtgeschwindigkeit zu bewegen.

Für ein Objekt, das sich mit Lichtgeschwindigkeit bewegt, vergeht keinerlei Eigenzeit, denn $\sqrt{1 - v^2} = 0$. Aus unserer Perspektive braucht ein Lichtstrahl etwa acht Minuten, um von der Sonne zu uns zu gelangen. Aus der Perspektive des Lichts (wenn es eine solche Perspektive gäbe) vergeht jedoch überhaupt keine Zeit und es wird daher auch überhaupt keine Strecke zurückgelegt. Es gibt kein Vorher und kein Nachher; der Zeitpunkt, zu dem das Licht abgestrahlt wird, ist „aus seiner Sicht" identisch mit dem, zu dem es bei uns ankommt.

Für unser Verständnis von Kausalität ist es entscheidend, dass es ein eindeutiges Vorher und Nachher gibt. Die Ursache kommt *zuerst*, die Wirkung *danach*. Alles andere würde unsere Vorstellung von Ursache und Wirkung völlig ad absurdum führen und allerlei Paradoxien ins Spiel bringen, wie man sie aus Zeitreisefilmen kennt, oder aus dem Film *Tenet*, in dem die effektive Richtung der Zeit lokal invertiert ist. Warum wir überhaupt Kausalität wahrnehmen, ist eine komplizierte Frage, die besser im Rahmen der Statistischen Mechanik (Stichwort Entropie) erörtert wird, und auch dort ist die Antwort alles andere als einfach. Denn auf der Ebene der Teilchenphysik sind die bekannten Naturgesetze im Wesentlichen zeitumkehrinvariant (der Zusatz „im Wesentlichen" soll darauf hinweisen, dass es im Fall der schwachen Kernkraft einige Besonderheiten gibt, die aber nichts an dem Grundproblem ändern). Alles was „vorwärts" passieren kann, kann auch „rückwärts" passieren. Es gibt also keine Möglichkeit, ein Ereignis als Ursache

und das andere als Wirkung zu charakterisieren. Erst wenn viele Teilchen im Spiel
sind, kann man mithilfe des Entropiebegriffs Kriterien entwickeln, unter denen
die *makroskopische* Wahrnehmung von Kausalität Sinn ergibt. Wir werden bei
der Diskussion retardierter vs. avancierter Lösungen von Feldgleichungen darauf
zurückkommen (Abschn. 2.5.4).

An dieser Stelle soll uns interessieren, was die Struktur des Minkowski-Raums
zum Thema Kausalität zu sagen hat. Da bei einem Boost in x-Richtung die
neue x-Achse gegenüber der alten geneigt ist (siehe Abb. 1.3), ändert sich das
Verständnis dessen, was *gleichzeitig* ist. Denn gleichzeitig sind jeweils die Punkte
mit konstantem t, also (wenn wir uns wieder auf die (t, x)-Ebene beschränken
und die anderen beiden Raumdimensionen ignorieren) Parallelen zur jeweiligen x-
Achse. Wenn die x'-Achse aber relativ zur x-Achse geneigt ist, dann sind im einen
Bezugssystem andere Raumzeitpunkte gleichzeitig zum Punkt (0,0) als im anderen,
obwohl der Punkt (0,0) in beiden Systemen derselbe ist. Damit kann sich auch die
zeitliche Reihenfolge von Ereignissen ändern.

Aus der besprochenen Geometrie der Boosts können Sie sich überlegen, dass für
Punkte A, B mit raumartigem Verbindungsvektor immer Bezugssysteme existieren,
für die A zeitlich vor B liegt, und solche, für die B vor A liegt. Wenn es also
möglich wäre, ein Signal von A nach B zu senden, so wäre das für die Kausalität ein
Problem, denn für manche potentielle Beobachter wäre B vor A, das Signal würde
also ankommen, bevor es abgeschickt wurde. Ein raumartiger Verbindungsvektor
bedeutet aber, dass ein solches Signal mit Überlichtgeschwindigkeit reisen müsste.
Und zum Glück kennen wir nichts, das sich mit Überlichtgeschwindigkeit bewegt.
Es gibt allerdings Gedankenexperimente, die solche Objekte, sogenannte *Tachyonen*, beinhalten. Solange man diese Tachyonen nicht zum Aussenden von Signalen
verwenden kann, wäre selbst das noch nicht zwingend ein Problem.

Solange alle Ereignisketten (z. B. Trajektorien von Objekten und Signalen) sich
nur entlang zeit- oder lichtartiger Strecken in der Raumzeit fortpflanzen, ist die Kausalität gesichert. Denn die neue x-Achse nach einem Boost hat im (t, x)-Diagramm
immer eine Steigung $< 45°$, zeit- und lichtartige Strecken aber Steigungen $\geq 45°$,
die zeitliche Reihenfolge bleibt also gewahrt. Vorausgesetzt werden muss dabei
weiterhin, dass alle potentiellen Beobachter selbst sich nur zeitartig, nicht lichtartig
bewegen können, denn aus der Perspektive eines lichtartigen Beobachters würde
die gesamte Zeit zu einem einzigen Zeitpunkt zusammenschnurren, wodurch es mit
jeglichem Auseinanderhalten von Ursache und Wirkung vorbei wäre.

1.4.4 Zeitdilatation

Wir wollen uns nun etwas ausführlicher mit den Effekten befassen, die mit der
Zeit, insbesondere der unterschiedlichen Wahrnehmung von Zeitdauer, zeitlichen
Abständen und Gleichzeitigkeit, zu tun haben. Direkt aus der Metrik folgt, wie wir
gesehen haben, dass für einen Beobachter, der sich auf krummen bzw. geknickten
Bahnen durch die Raumzeit bewegt, der also Beschleunigungsphasen durchläuft,
weniger Eigenzeit vergeht, als für einen Beobachter, der dieselbe Strecke auf

geradem Weg, also bei gleichbleibender Geschwindigkeit, zurücklegt. Dies können die beiden Beobachter bei ihrem Zusammentreffen direkt durch Uhrenvergleich feststellen (wobei der Effekt gering sein wird, solange die Geschwindigkeiten nicht in der Größenordnung der Lichtgeschwindigkeit liegen).

Mit Hilfe der Lorentz-Boosts kann man die Zeitkoordinaten der beiden Bezugssysteme auch dann vergleichen, wenn die Beobachter voneinander entfernt sind. Wir haben bereits erkannt, dass die beiden nicht das gleiche Verständnis davon haben, was gleichzeitig ist. Unser Verständnis von Zeit wird damit auf die Probe gestellt. Denn wir sind es gewohnt, so zu denken, als sei nur die Gegenwart „real"; die Vergangenheit „existiert nur noch als Erinnerung, ist nicht mehr da", die Zukunft „existiert nur als Vorausahnung oder Vorhersage, ist noch nicht da". Dieser *Presentismus* ist nur schwer mit der Relativitätstheorie in Einklang zu bringen, nach der Gegenwart gar nicht eindeutig definiert ist, da unterschiedlich bewegte Beobachter unterschiedliche (t = const)-Hyperflächen in der Raumzeit, also unterschiedliche Gegenwarten haben.

Selbstverständlich sehen wir gewissermaßen immer in die Vergangenheit, wenn wir in größere Entfernungen schauen, einfach weil das Licht eine gewisse Zeit braucht, um zu uns zu kommen. Blicken wir durch ein Teleskop auf eine entfernte Galaxie, so sehen wir sie, wie sie vor Millionen von Jahren war. Insofern erscheint ihre entfernte Vergangenheit in unserer Gegenwart. Aber das gilt unabhängig von der Relativitätstheorie. Was der Lorentz-Boost besagt, ist, dass selbst nach *Zurückrechnen* all dieser Lichtlaufzeiten die Gegenwarten unterschiedlich sind.

Auch die zeitlichen Abstände verändern sich beim Übergang von einem Bezugssystem zum anderen. Sendet Erwin (Koordinaten (t, x)) zu den Zeitpunkten t_1 und t_2 von der Position x aus Signale an Otto (Koordinaten (t', x')), während sie sich mit der konstanten Geschwindigkeit v relativ zueinander bewegen, dann entspricht dies für Otto den Zeitpunkten

$$t_1' = t_1 \cosh\alpha - x\sinh\alpha, \qquad t_2' = t_2 \cosh\alpha - x\sinh\alpha, \tag{1.44}$$

und somit

$$\frac{\Delta t'}{\Delta t} = \frac{t_2' - t_1'}{t_2 - t_1} = \cosh\alpha = \frac{1}{\sqrt{1 - v^2}}. \tag{1.45}$$

Man kann dies so interpretieren, dass Erwins Zeit aus Ottos Perspektive langsamer vergeht. Dieser Effekt wird als **Zeitdilatation** bezeichnet.

Eine andere Frage ist, wann die Signale bei Otto *ankommen*. Hier tritt der Doppler-Effekt hinzu: Wenn Otto sich auf Erwin zubewegt, kommen die Signale in kürzeren Abständen an; bewegt Otto sich von Erwin weg, sind die Abstände länger. Erst wenn Otto den Doppler-Effekt und die Lichtlaufzeiten zurückrechnet, also ermittelt, wann die Signale abgesendet wurden, kommt er auf das um $1/\sqrt{1 - v^2}$ gedehnte Intervall, und zwar unabhängig davon, ob er sich auf Erwin zu oder von Erwin wegbewegt.

Die Zeitdilatation ist von großer Bedeutung für die Teilchenphysik, weil viele Teilchen eine sehr kurze Lebensdauer haben, die aber aus unserer Perspektive deutlich gedehnt wird, wenn die Teilchen sich fast mit Lichtgeschwindigkeit bewegen. Wenn kosmische Strahlung auf unsere Atmosphäre trifft, so werden etwa 20 km über dem Erdboden Kaskaden vieler verschiedener Elementarteilchen ausgelöst, darunter insbesondere Myonen. Myonen haben eine Halbwertszeit von nur etwa $1{,}5 \times 10^{-6}$ s, bevor sie in Elektronen und Neutrinos zerfallen. Ohne Zeitdilatation würden sie also selbst bei annähernd Lichtgeschwindigkeit im Schnitt nicht einmal 500 m weit kommen. Tatsächlich erreicht aber, dank der Zeitdilatation, ein großer Teil der Myonen den Erdboden und kann hier detektiert werden.

Das Verwirrende an der Zeitdilatation ist, dass sie symmetrisch ist. Denn wenn Otto zu den Zeitpunkten t_1' und t_2' von der Position x' aus Signale an Erwin sendet, so käme Erwin seinerseits zu dem Ergebnis

$$\frac{\Delta t}{\Delta t'} = \frac{1}{\sqrt{1 - v^2}}. \qquad (1.46)$$

Aus Erwins Perspektive geht also Ottos Zeit langsamer, während aus Ottos Perspektive Erwins Zeit langsamer geht. Ist das nicht paradox? Der Widerspruch wird dadurch aufgelöst, dass Erwin und Otto ihre Uhren nicht direkt vergleichen können, solange sie sich nicht am selben Ort befinden. Ein Uhrenvergleich über Distanzen hinweg beinhaltet immer Laufzeiten von Signalen, die die beiden hin und her senden müssen, und diese Laufzeiten werden eben unterschiedlich interpretiert. Wenn Otto und Erwin hingegen zweimal am selben Ort sein sollen, um ihre Uhren direkt zu vergleichen, müssen sie entweder die ganze Zeit zusammen bleiben (und es entsteht kein Zeitunterschied), oder sie müssen sich voneinander entfernen und dann wieder aufeinander zubewegen, was zumindest bei einem der beiden eine Beschleunigungsphase und somit einen Wechsel der Inertialsysteme voraussetzt.

Wir wollen uns daher konkret ansehen, wie der scheinbare Widerspruch beim Zwillingsparadoxon durch Ottos Beschleunigungsphase aufgelöst wird. Dazu nehmen wir uns noch einmal das Szenario aus Abb. 1.2 vor. Von der Minkowski-Norm her ist das Ergebnis eindeutig: Für Erwin ist mehr Zeit vergangen als für Otto. Wie sieht es nun mit den Lorentz-Boosts aus? Während der ersten Phase, in der Otto sich von Erwin entfernt, gilt: Aus Erwins Perspektive vergeht Ottos Zeit langsamer, aus Ottos Perspektive vergeht Erwins Zeit langsamer. Während der zweiten Phase, in der Otto sich auf Erwin zubewegt, gilt wieder: Aus Erwins Perspektive vergeht Ottos Zeit langsamer, aus Ottos Perspektive vergeht Erwins Zeit langsamer. Während der kurzen Umkehrphase, in der Otto beschleunigt, muss also irgend etwas geschehen, das dazu führt, dass Erwin am Ende recht behält, Otto aber nicht.

Wir idealisieren ein wenig und nehmen an, dass die Beschleunigungsphase sehr kurz ist, so dass wir im Gesamtbild (Abb. 1.2) in guter Näherung von einem Umkehrpunkt B sprechen können. Wir erinnern uns, dass $v = 1/2$ ist und B in Erwins Bezugssystem die Koordinaten $(t(B), x(B)) = (20, 10)$ hat. In Ottos Bezugssystem *vor* der Umkehrbeschleunigung hat B die Koordinaten

$$t'(B) = \frac{1}{\sqrt{1-v^2}}t - \frac{v}{\sqrt{1-v^2}}x$$

$$= \frac{2}{\sqrt{3}}20 - \frac{1}{\sqrt{3}}10 = \sqrt{3} \times 10 \approx 17,3 \,, \tag{1.47}$$

$$x'(B) = -\frac{v}{\sqrt{1-v^2}}t + \frac{1}{\sqrt{1-v^2}}x = -\frac{1}{\sqrt{3}}20 + \frac{2}{\sqrt{3}}10 = 0. \tag{1.48}$$

Für Otto sind bis dahin also $\sqrt{3} \times 10$ Jahre vergangen und wegen $v = 1/2$ hat sich Erwin aus Ottos Sicht in dieser Zeit um $\sqrt{3} \times 5$ Lichtjahre von ihm entfernt. Der Raumzeitpunkt D an Erwins Raumposition, die aus Ottos Sicht gleichzeitig zu B ist, hat also die Koordinaten

$$(t'(D), x'(D)) = (\sqrt{3} \times 10, -\sqrt{3} \times 5). \tag{1.49}$$

In Erwins Bezugssystem hat dieser Punkt die Koordinaten

$$t(D) = \frac{1}{\sqrt{1-v^2}}t' + \frac{v}{\sqrt{1-v^2}}x' = 20 - 5 = 15 \tag{1.50}$$

$$x(D) = \frac{v}{\sqrt{1-v^2}}t' + \frac{1}{\sqrt{1-v^2}}x' = 10 - 10 = 0. \tag{1.51}$$

(Bitte überlegen Sie sich in Ruhe, warum die Vorzeichen vor $v/\sqrt{1-v^2}$ jeweils so sind, wie sie sind.) Aus Erwins Perspektive sind also zwischen A und B für Erwin 20 Jahre, für Otto 17,3 Jahre vergangen. Aus Ottos Perspektive (im Bezugssystem vor der Beschleunigung) sind zwischen A und B für Otto 17,3 Jahre, für Erwin aber nur 15 Jahre vergangen. So weit, so gut. Der besagte Widerspruch besteht noch.

Wie sieht es nun mit den Bezugssystemen nach der Beschleunigungsphase, also auf Ottos Rückflug aus? Dazu stellen wir fest, dass die Lorentz-Boosts den Nullpunkt (0,0) wieder in den Nullpunkt überführen (es sind schließlich lineare Vektorraumtransformationen). Wir müssen daher Erwins und Ottos Koordinatensysteme so legen, dass sie einen gemeinsamen Ursprung haben. Das tun wir am besten, indem wir den Punkt C des Wiederzusammentreffens als Nullpunkt festlegen. Wir bezeichnen die Koordinaten in Erwins neuem Bezugssystem mit (t'', x''), die Koordinaten in Ottos neuem Bezugssystem mit (t''', x'''). In diesem neuen Bezugssystem hat B für Erwin die Koordinaten $(t''(B), x''(B)) = (-20, 10)$. Nun können wir die gleiche Berechung wie zuvor, nur mit teilweise veränderten Vorzeichen ausführen. In Ottos Bezugssystem *nach* der Umkehrbeschleunigung hat B die Koordinaten

$$t'''(B) = \frac{1}{\sqrt{1-v^2}}t'' + \frac{v}{\sqrt{1-v^2}}x''$$

$$= -\frac{2}{\sqrt{3}}20 + \frac{1}{\sqrt{3}}10 = -\sqrt{3} \times 10 \approx -17,3 \qquad (1.52)$$

$$x'''(B) = \frac{v}{\sqrt{1-v^2}}t'' + \frac{1}{\sqrt{1-v^2}}x'' = -\frac{1}{\sqrt{3}}20 + \frac{2}{\sqrt{3}}10 = 0. \qquad (1.53)$$

Für Otto vergehen zwischen B und C also $\sqrt{3} \times 10$ Jahre und wegen $v = 1/2$ bewegt sich Erwin aus Ottos Sicht in dieser Zeit um $\sqrt{3} \times 5$ Lichtjahre auf ihn zu. Der Raumzeitpunkt E an Erwins Raumposition, die aus Ottos Sicht gleichzeitig zu B ist, hat also die Koordinaten

$$(t'''(E), x'''(E)) = (-\sqrt{3} \times 10, -\sqrt{3} \times 5). \qquad (1.54)$$

In Erwins Bezugssystem hat dieser Punkt die Koordinaten

$$t''(E) = \frac{1}{\sqrt{1-v^2}}t''' - \frac{v}{\sqrt{1-v^2}}x''' = -20 + 5 = -15 \qquad (1.55)$$

$$x''(E) = -\frac{v}{\sqrt{1-v^2}}t''' + \frac{1}{\sqrt{1-v^2}}x''' = 10 - 10 = 0. \qquad (1.56)$$

Auch für die Phase des Rückflugs gilt also: Aus Erwins Perspektive sind zwischen B und C für Erwin 20 Jahre, für Otto 17,3 Jahre vergangen. Aus Ottos Perspektive (im Bezugssystem nach der Beschleunigung) sind zwischen B und C für Otto 17,3 Jahre, für Erwin aber nur 15 Jahre vergangen. Der besagte Widerspruch besteht also auch hier. Des Rätsels Lösung ist der Unterschied zwischen D und E (Abb. 1.4). Aus Ottos Sicht *vor* der Beschleunigung ist D gleichzeitig zu B. Aus Ottos Sicht *nach* der Beschleunigung ist E gleichzeitig zu B. Der Unterschied zwischen den (t, x)- und den (t'', x'')-Koordinaten ist eine reine Verschiebung um 40 Jahre. Es ist $(t(E), x(E)) = (25,0)$, E ist also aus Erwins Sicht 10 Jahre später als D. Während der Beschleunigungsphase hat Erwin aus Ottos Sicht diese 10 Jahre einfach übersprungen.

Wie sollen wir uns das vorstellen? Sieht Otto während seiner kurzen Beschleunigungsphase Erwin aus der Entfernung rasend schnell um 10 Jahre altern, im Zeitraffer? Nein, der Sprung um 10 Jahre hat keinerlei Auswirkung auf die direkte Beobachtung, er ist nur von theoretischem Interesse. „Gleichzeitigkeit" bedeutet nicht viel in der SRT, solange man nicht direkt Uhren vergleichen kann. Lichtsignale, die Erwin an Otto sendet, kommen auch in der Beschleunigungsphase einigermaßen regelmäßig an, die Signale werden durch den 10-Jahres-Sprung nicht etwa zusammengestaucht. Der Doppler-Effekt ändert zwar sein Vorzeichen, da Otto sich zunächst von Erwin entfernt und dann auf ihn zufliegt, und die Zeitdilatation verringert sich zwischenzeitlich, da während der Beschleunigungsphase die Relativgeschwindigkeit zwischen Erwin und Otto kleiner als $v = 1/2$ ist. Aber nichts davon führt auch nur annähernd zu einem Effekt, der Signale aus 10 Jahren auf die kurze

Abb. 1.4 Zwillingsparadoxon. Während der
Beschleunigungsphase um
den Punkt B ändert sich für
Otto der Punkt an Erwins
Position, der gleichzeitig mit
B ist, von D nach E. Dadurch
wird die Symmetrie zwischen
den beiden Zeitdilatationen
aufgehoben

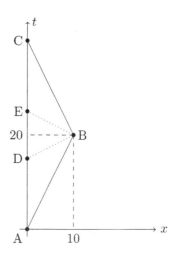

Beschleunigungsphase zusammenkomprimiert. Die 10 Jahre Unterschied zwischen
D und E resultieren aus dem Wechsel der Inertialsysteme, den Otto durchläuft.
Es ist nur ein rechnerischer, kein direkt beobachtbarer Effekt. Die 10 Jahre führen
aber gerade zu dem Ausgleich, der dafür sorgt, dass bei Ottos Rückkehr in C kein
Widerspruch besteht zwischen den 40 Jahren, die für Erwin tatsächlich vergangen
sind, und den 30 Jahren, die für Erwin aus Ottos Perspektive während der beiden
Phasen konstanter Bewegung vergangen sind.

1.4.5 Längenkontraktion

Nicht nur zeitliche, sondern auch räumliche Distanzen werden durch die Lorentz-
Boosts verändert. Dies haben wir eben beim Zwillingsparadoxon gesehen: Auf dem
Flug von A nach B hat sich Otto aus Erwins Perspektive um 10 Lichtjahre entfernt,
Erwin aus Ottos Perspektive aber nur um $\sqrt{3} \times 5$ Lichtjahre.

In Erwins Bezugssystem liege ein Stab der Länge $\Delta x = x_2 - x_1$ entlang der x-
Achse. Otto bestimmt nun die Länge $\Delta x'$ dieses Stabes, indem er x_2' und x_1' zur (aus
seiner Sicht) selben Zeit t' ermittelt. Der Lorentz-Boost impliziert die allgemeine
Formel

$$\Delta t' = \Delta t \cosh\alpha - \Delta x \sinh\alpha, \qquad (1.57)$$

d. h. wenn der zeitliche Unterschied $\Delta t'$ zwischen den beiden Stabenden für Otto
gleich null ist, dann ist für Erwin

$$t_2 - t_1 = \Delta t = \Delta x \tanh\alpha. \qquad (1.58)$$

Aus Erwins Sicht betrachtet Otto also die beiden Stabenden gar nicht zur selben Zeit. Daraus folgt

$$\Delta x' = x_2' - x_1' = -\Delta t \sinh \alpha + \Delta x \cosh \alpha \tag{1.59}$$

$$= \Delta x(-\sinh \alpha \tanh \alpha + \cosh \alpha) \tag{1.60}$$

$$= \Delta x \frac{-\sinh^2 \alpha + \cosh^2 \alpha}{\cosh \alpha} \tag{1.61}$$

$$= \Delta x \frac{1}{\cosh \alpha} = \Delta x \sqrt{1 - v^2}. \tag{1.62}$$

Der Stab erscheint also für Otto um den Faktor $\sqrt{1 - v^2}$ kürzer als für Erwin. Das ist die sogenannte **Längenkontraktion**.

Wieder ist bemerkenswert, dass der Effekt symmetrisch ist. Dinge, die in Erwins Bezugssystem ruhen, erscheinen für Otto kürzer. Dinge, die in Ottos Bezugssystem ruhen, erscheinen für Erwin kürzer. Wie ist dann das folgende Paradox aufzulösen?

Ein Panzer der Länge 10 m bewegt sich mit sehr hoher Geschwindigkeit über eine Ebene. Quer zur zur Bewegungsrichtung des Panzers verlaufe ein Graben der Breite 10 m. Die Geschwindigkeit des Panzers sei so hoch, dass $\sqrt{1 - v^2} = 0,1$. Der Panzerfahrer denkt: Mein Panzer ist 10 m lang, der Graben aber nur 1 m breit, da komm ich drüber. Ein Beobachter, der im Graben sitzt, denkt: Der Panzer ist nur 1m lang, aber der Graben ist 10 m breit, da fällt der Panzer rein (siehe Abb. 1.5). Wer hat recht?

Die Antwort auf diese Frage hat interessanterweise nur wenig mit Relativitätstheorie zu tun, sondern vielmehr mit Festkörperphysik. Denn Festkörper erscheinen uns nur deshalb als fest, weil in ihnen Kräfte hin und her laufen, und dieses Hin- und Herlaufen dauert eine gewissen Zeit, die für gewöhnliche Problemstellungen allerdings so gering ist, dass wir sie vernachlässigen. Wird das vordere Ende eines Festkörpers über einen Abgrund geschoben, dann wird dieses Ende durch die Schwerkraft nach unten gezogen. Dieses Ziehen führt zu einer leichten Verbiegung des Körpers, die in den Verbindungen zwischen den Teilchen des Körpers Kräfte auslöst, die sich nach hinten fortpflanzen. Befindet sich der Schwerpunkt noch über dem Boden, dann „gewinnt" der hintere Teil: Er erzeugt eine Gegenkraft, die sich

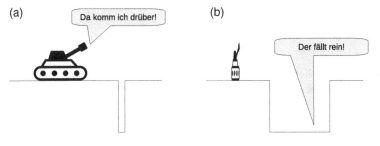

Abb. 1.5 Wechselseitige Längenkontraktion. Wer hat recht?

wieder zum vorderen Ende fortpflanzt und dieses wieder in seine ursprüngliche Lage zurückzieht. Befindet sich der Schwerpunkt hingegen über dem Abgrund, dann „gewinnt" der vordere Teil, der ganze Körper kippt nach vorne und fällt in den Abgrund.

Für den Panzer in unserem Problem, der sich beinahe mit Lichtgeschwindigkeit bewegt, hat die Information überhaupt keine Zeit, um zum Schwerpunkt nach hinten und dann wieder nach vorn zu laufen. Das vordere Ende hat die andere Seite des Grabens auf einer parabelförmigen Bahn (im freien Fall) erreicht, ohne dass irgendwelche Kräfte die Zeit hätten, für einen Ausgleich zu sorgen. Umgekehrt bekommt das hintere Ende des Panzers zunächst überhaupt nicht mit, wenn das vordere Ende auf ein Hindernis stößt. Es bewegt sich ungebremst weiter auf das vordere Ende zu, bis die Information in Form einer Stoßwelle eingetroffen ist, und die dann auftretenden Beschleunigungen wirbeln die Längenverhältnisse ohnehin wieder durcheinander. Es ist somit für das Problem ein nahezu irrelevanter Umstand, dass der Panzer ein zusammenhängender Festkörper ist. Daher ist auch die Länge des Panzers im Vergleich zum Ausmaß des Grabens irrelevant. Der Widerspruch zwischen den ermittelten Längen spielt keine Rolle.

Anders als beim Zwillingsparadoxon haben hier beide Beteiligten gleichermaßen recht. Der scheinbare Widerspruch kommt dadurch zustande, dass die Länge, also der Abstand zwischen vorderem und hinterem Ende „zu einem festen Zeitpunkt", bei unterschiedlichen Auffassungen von Gleichzeitigkeit ermittelt wird. Da beide Bezugssysteme gleichberechtigt sind und nicht von Beschleunigungen die Rede ist, ist keine der Perspektiven objektiv zu bevorzugen.

Sie können sich allerdings leicht ausrechnen, dass bei Schwerkraftverhältnissen wie auf der Erde ($g = 10\,\mathrm{m/s}^2$) der Panzer in der Dreißigmillionstel Sekunde, die er zum Überqueren des Grabens benötigt, selbst im freien Fall um weniger als einen Atomdurchmesser nach unten gefallen ist, so dass er voraussichtlich keine Probleme haben wird, seine Fahrt am anderen Ende einfach fortzusetzen.

1.5   Mathematischer Formalismus

Nachdem wir nun die Bedeutung des Minkowski-Raums für Zeit- und Längenverhältnisse im Detail besprochen haben, lautet die nächste Frage, wie die Klassische Mechanik im Minkowski-Raum aussieht. Wie sind Kraft, Impuls und Energie zu definieren, so dass sie in allen Inertialsystemen die gleiche Form haben? Bevor wir uns dieser Frage zuwenden, empfiehlt es sich allerdings, den allgemeinen Formalismus etwas auszuarbeiten und einige Konventionen für unsere Schreibweise einzuführen. Im Wesentlichen geht es um Dinge aus der Linearen und Multilinearen Algebra, sowie ein paar Grundbegriffe der Feldtheorie. Um diesen Teil „in einem Rutsch" abzuarbeiten, greifen wir hier auch auf einige Aspekte vor, die wir nicht für die relativistische Punktmechanik, sondern erst in späteren Kapiteln für die Theorie des elektromagnetischen Feldes benötigen.

1.5.1 Vektorraum und Dualraum

Zunächst fassen wir einiges von dem zusammen, was Sie aus der Linearen Algebra bereits wissen sollten, und führen die Begriffe *kovariant* und *kontravariant* ein, die Sie womöglich noch nicht kennen. In einem d-dimensionalen Vektorraum V sei eine Basis $\{e_1, \cdots, e_d\}$ gegeben, so dass jeder Vektor $\mathbf{v}$ als Linearkombination $\sum_i v_i e_i$ geschrieben werden kann. Die v_i sind die *Komponenten* des Vektors. Ein **Endomorphismus** A ist eine lineare Abbildung $V \to V$ und kann in Form einer Matrix A_{ij} dargestellt werden, so dass

$$A(\mathbf{v}) = \sum_{i,j} v_i A_{ij} e_j, \tag{1.63}$$

d. h., der Vektor $A(\mathbf{v})$ hat die Komponenten $A(\mathbf{v})_i = \sum_j v_j A_{ji}$.

Ein Endomorphismus bildet einen Vektor auf einen neuen Vektor ab. Eine **Basistransformation** B hingegen lässt den Vektor da, wo er ist, und schreibt nur seine *Komponenten* so um, dass sie sich auf eine neue Basis $\{e_1', \cdots, e_d'\}$ beziehen. Auch B kann in Form einer Matrix B_{ij} geschrieben werden, so dass

$$e_i' = \sum_j B_{ij} e_j. \tag{1.64}$$

Die Matrix B_{ij} ist invertierbar, d. h., es gibt eine inverse Matrix B_{ij}^{-1} mit der Eigenschaft

$$\sum_j B_{ij}^{-1} B_{jk} = \sum_j B_{ij} B_{jk}^{-1} = \delta_{ik}. \tag{1.65}$$

Dabei bezeichnet das **Kronecker-Delta** δ_{ik} die Komponenten der Einheitsmatrix: $\delta_{ik} = 1$ wenn $i = k$, sonst 0. Nach der Basistransformation soll für jeden Vektor $\mathbf{v} = \sum_i v_i' e_i'$ gelten. Dazu müssen die Komponenten von $\mathbf{v}$ wie folgt transformieren:

$$v_i' = \sum_j v_j B_{ji}^{-1}, \tag{1.66}$$

denn nur so gilt immer

$$\sum_i v_i' e_i' = \sum_{i,j,k} v_j B_{ji}^{-1} B_{ik} e_k = \sum_{j,k} v_j \delta_{jk} e_k = \sum_j v_j e_j. \tag{1.67}$$

Das führt uns zu der folgenden Definition: Objekte, die sich unter einer Basistransformation mit der Matrix B_{ij} transformieren, nennen wir **kovariant**; solche, die sich mit B_{ji}^{-1} transformieren, nennen wir **kontravariant**. Auch den jeweils zugehörigen Index nennen wir kovariant bzw. kontravariant.

Wie transformiert sich die Matrix eines Endomorphismus A bei einem Basis-wechsel? Nach Gl. (1.63) brauchen wir

$$\sum_{i,j} v_i' A_{ij}' \mathbf{e}_j' = \sum_{i,j} v_i A_{ij} \mathbf{e}_j.$$ (1.68)

Mit (1.64) und (1.66) folgt daraus

$$A_{ij}' = \sum_{k,l} B_{ik} A_{kl} B_{lj}^{-1},$$ (1.69)

denn es muss nach links das B^{-1} von der v_i-Transformation, nach rechts das B von der $\mathbf{e}_j$-Transformation ausgeglichen werden. Der erste Index von A_{ij} ist also kovariant und gleicht damit den kontravarianten Index von v_i aus, der zweite ist kontravariant und gleicht damit den kovarianten von $\mathbf{e}_j$ aus. Wir schließen daraus: Wenn ein Ausdruck, der wie (1.63) in jeder Basis gelten soll, Summen über Indizes enthält, dann kommt jeder solche Index einmal kovariant und einmal kontravariant vor. Diese Erkenntnis schlägt sich in der Einstein'schen Summenkonvention nieder, die wir in Kürze besprechen werden.

Eine Linearform λ ist eine lineare Abbildung $V \to \mathbb{R}$. Die Gesamtheit aller Linearformen auf V bilden den **Dualraum** V^* von V. Der Dualraum ist ebenfalls ein Vektorraum und zu V isomorph. Linearformen werden daher auch **Kovektoren** genannt. Ihre Wirkung auf die Basisvektoren legt eine Linearform λ vollständig fest und bildet ihre *Komponenten*:

$$\lambda_i := \lambda(\mathbf{e}_i) \quad \Rightarrow \quad \lambda(\mathbf{v}) = \sum_i \lambda_i v_i.$$ (1.70)

Da auch dies in jeder Basis gelten soll, schließen wir daraus, dass die Komponenten λ_i kovariant sind.

Zur Basis $\{\mathbf{e}_1, \cdots, \mathbf{e}_d\}$ von V gibt es eine **duale Basis** $\{\theta_1, \cdots, \theta_d\}$ von V^*, die durch $\theta_i(\mathbf{e}_j) = \delta_{ij}$ definiert ist. Damit ist

$$\lambda = \sum_i \lambda_i \theta_i.$$ (1.71)

Da die λ_i kovariant sind, schließen wir daraus, dass die θ_i kontravariant sind.

1.5.2 Schreibweise

Wir wollen nun einige Konventionen für unsere Schreibweise einführen. Die erste Konvention besteht darin, griechische Buchstaben für Indizes verwenden, die von 0 bis 3 laufen, lateinische für solche, die von 1 bis 3 laufen. Das heißt, für die Koordinaten eines Punktes im Minkowski-Raum oder die Komponenten eines

Vektors in Minkowski-Vektorraum verwenden wir μ, ν, etc. als Index. Wenn wir uns auf ein bestimmtes Bezugssystem (bzw. einen bestimmten Bewegungszustand) festgelegt haben, wenn also klar ist, was der *Raum* zu einem gegebenen Zeitpunkt t ist, dann können wir wieder über rein räumliche (also dreidimensionale) Vektoren sprechen, oder über Punkte im dreidimensionalen affinen Raum. Deren Komponenten bzw. Koordinaten indizieren wir mit i, j, etc. In allen neueren Texten hat sich diese Konvention durchgesetzt. In älteren Lehrbüchern finden Sie hingegen auch die umgekehrte Schreibweise: griechisch von 1 bis 3, lateinisch von 0 bis 3 oder 1 bis 4. Denn auch die Zeit war früher häufig als vierte Dimension bekannt. Inzwischen hat sie sich allgemein als nullte Dimension durchgesetzt. Für allgemeine mathematische Betrachtungen auf d-dimensionalen Räumen verwenden wir je nach Laune griechische oder lateinische Indizes.

Die zweite Konvention besagt, dass kovariante Indizes unten, kontravariante oben stehen. Insbesondere schreiben wir Vektorkomponenten nicht mehr v_μ, sondern v^μ. Die Basisvektoren heißen nach wie vor e_μ. Die Komponenten einer Linearform (eines Kovektors) λ sind λ_μ, die Basisvektoren des Dualraums heißen θ^μ. Ein Einwand gegen diese Schreibweise könnte sein, dass man Indizes nun nicht mehr einfach von Potenzen unterscheiden kann. Zum Glück tauchen in der Vektoranalysis in der Praxis nur selten andere Potenzen als das Quadrat auf, aber es stimmt, dass u^2 für einen Vektor u nun entweder das Quadrat von u (also das Skalarprodukt von u mit sich selbst) oder die zweite Komponente von u sein kann. Ein bisschen muss man also aufpassen, aber in konkreten Situation geht aus dem Zusammenhang so gut wie immer klar hervor, was gemeint ist, echte Verwechslungsmöglichkeiten bestehen für den aufmerksamen Leser kaum. Außerdem sind auch untenstehende Indizes nicht frei von Doppeldeutigkeiten. So waren in vorigen Abschnitt x_1 und x_2 nicht etwa zwei Komponenten eines Vektors x, sondern die jeweilige x-Koordinate zweier verschiedener Punkte. Es ist schwierig, Mehrdeutigkeiten komplett auszuschließen, ohne unlesbar zu werden.

Die dritte Konvention ist die **Einstein'sche Summenkonvention**. Sie besagt, dass doppelt auftretende Indizes automatisch summiert werden, wenn einer der Indizes kovariant (unten), der andere kontravariant (oben) auftritt. Bei griechischen Indizes wird von 0 bis 3, bei lateinischen von 1 bis 3 summiert. Wenn wir also sagen wollen, dass der Vektor u die Komponenten u^μ bzgl. einer Basis e_μ hat, dann schreiben wir einfach $u = u^\mu e_\mu$ statt $u = \sum_{\mu=0}^{3} u^\mu e_\mu$.

Dazu noch ein paar Bemerkungen:

- Mit der zweiten Konvention schreibt sich die Matrix eines Endomorphismus nun A_ν^μ. Wir schreiben A_ν^μ und nicht etwa $A^\mu{}_\nu$ oder $A_\nu{}^\mu$, weil uns egal ist, welcher Index die Rolle der „Zeilen" und welcher die Rolle der „Spalten" einnimmt. Dadurch erübrigt sich auch die Unterscheidung zwischen „Zeilenvektoren" und „Spaltenvektoren", die in der Linearen Algebra verbreitet ist. Für uns ist

$$A(v)^\mu = v^\nu A_\nu^\mu = A_\nu^\mu v^\nu, \tag{1.72}$$

völlig egal, ob v^ν links oder rechts steht und ob Sie sich die Komponenten zeilen- oder spaltenförmig angeordnet vorstellen. Nur wenn eine Matrix explizit als quadratisches Zahlenschema ausgeschrieben wird, muss man sich natürlich festlegen, wie die Zeilen und Spalten gemeint sind.

- Das Kronecker-Delta in der Form δ^μ_ν erlaubt folgende Interpretationen, die alle invariant unter Basistransformationen sind:
  - als Komponenten des Identitäts-Endomorphismus, also der Einheitsmatrix: $\delta^\mu_\nu = \mathbf{1}^\mu_\nu$;
  - als Komponenten der Basisvektoren: $\delta^\mu_\nu = (\mathbf{e}_\nu)^\mu$;
  - als Komponenten der dualen Basis: $\delta^\mu_\nu = (\theta^\mu)_\nu$.

  Hingegen stellt das Kronecker-Delta in der Form $\delta_{\mu\nu}$, also mit zwei unten geschriebenen Indizes, nur ein Symbol dar, das keinen allgemeinen Basistransformationen unterzogen und daher auch nur eingeschränkt als kovariant interpretiert werden kann. Es *gibt* Objekte $g_{\mu\nu}$ mit zwei kovarianten Indizes (wir werden weiter unten solche kennenlernen), und es kann passieren, dass ein solches Objekt in einer bestimmten Basis (oder einer bestimmten Klasse von Basen) die Form $g_{\mu\nu} = \delta_{\mu\nu}$ annimmt. Diese Eigenschaft geht aber unter generellen Basistransformationen verloren.

- Abgesehen von den oben definierten formalen Konventionen übernehmen wir auch einiges vom üblichen Physiker-Jargon. Insbesondere sprechen wir manchmal von einem Vektor v^μ anstatt von einem Vektor v mit den Komponenten v^μ, und so ähnlich auch bei anderen Objekten. Diese Sprechweise ist einfach als Abkürzung zu verstehen. Außerdem schließen wir uns der etwas flapsigen Ausdrucksweise im Zusammenhang mit „Ortsvektoren" an, wobei wir in gradlinigen Koordinatensystemen die Koordinaten x^μ mit den Komponenten des Ortsvektors identifizieren, und den Ortsvektor wiederum mit dem zugehörigen Punkt des affinen Raums. Dies setzt natürlich implizit voraus, dass wir uns auf einen Koordinatenursprung und eine Basis festgelegt haben.

- Für die vier Koordinaten (x^0, x^1, x^2, x^3) verwenden wir auch weiterhin gelegentlich die Bezeichnungen (t, x, y, z).

1.5.3 Tensoren

Tensoren sind die natürliche Verallgemeinerung von Linearformen. Sei V ein endlichdimensionaler Vektorraum über $\mathbb{R}$. Ein (r, s)-**Tensor** T ist eine multilineare Abbildung

$$T : \underbrace{V^* \times \cdots \times V^*}_{r \text{ Faktoren}} \times \underbrace{V \times \cdots \times V}_{s \text{ Faktoren}} \to \mathbb{R}. \tag{1.73}$$

„Multilinear" bedeutet hierbei: linear in jedem Argument, also

$$T(\lambda_1, \cdots, \lambda_r, v_1, \cdots, a\,v_i^{(1)} + b\,v_i^{(2)}, \cdots, v_s) \tag{1.74}$$

$$= a\,T(\lambda_1, \cdots, \lambda_r, v_1, \cdots, v_i^{(1)}, \cdots, v_s) \tag{1.75}$$

$$+ b\,T(\lambda_1, \cdots, \lambda_r, v_1, \cdots, v_i^{(2)}, \cdots, v_s), \tag{1.76}$$

und ebenso für $T(\lambda_1, \cdots, a\,\lambda_j^{(1)} + b\,\lambda_j^{(2)}, \cdots, \lambda_r, v_1, \cdots, v_s)$.

Eine Linearform war bestimmt durch ihre Wirkung auf jeden Basisvektor. Diese Wirkung konnten wir als *Komponente* der Linearform definieren, $\lambda_\mu := \lambda(e_\mu)$, so dass allgemein galt: $\lambda(v) = \lambda_\mu v^\mu$. Ebenso können wir mit Tensoren verfahren, wobei hier die Wirkung auf jede *Kombination* von Basisvektoren zu berücksichtigen ist:

$$T^{\mu_1\cdots\mu_r}_{\nu_1\cdots\nu_s} := T(\theta^{\mu_1}, \cdots, \theta^{\mu_r}, e_{\nu_1}, \cdots, e_{\nu_s}). \tag{1.77}$$

Für eine Kombination $(\lambda_1, \cdots, \lambda_r, v_1, \cdots, v_s)$ von r Kovektoren und s Vektoren gilt dann:

$$T(\lambda_1, \cdots, \lambda_r, v_1, \cdots, v_s) = T^{\mu_1\cdots\mu_r}_{\nu_1\cdots\nu_s}\,\lambda_{1,\mu_1}\cdots\lambda_{r,\mu_r}\,v_1^{\nu_1}\cdots v_s^{\nu_s}, \tag{1.78}$$

wobei λ_{1,μ_1} die μ_1-te Komponente des Kovektors λ_1 bedeutet, etc. Hierbei sind (Einstein'sche Summenkonvention!) insgesamt $r + s$ Summen auszuführen, der Ausdruck enthält also d^{r+s} Summanden, wenn d die Dimension von V ist.

Bei einer Basistransformation $e'_\nu = B^\mu_\nu e_\mu$ transformiert sich der Tensor folgendermaßen:

$$T'^{\rho_1\cdots\rho_r}_{\sigma_1\cdots\sigma_s} = (B^{-1})^{\rho_1}_{\mu_1}\cdots(B^{-1})^{\rho_r}_{\mu_r}\,B^{\nu_1}_{\sigma_1}\cdots B^{\nu_s}_{\sigma_s}\,T^{\mu_1\cdots\mu_r}_{\nu_1\cdots\nu_s}. \tag{1.79}$$

Man sagt daher auch, ein (r, s)-Tensor sei *kontravariant der Stufe r und kovariant der Stufe s*. Vektoren sind $(1,0)$-Tensoren. Kovektoren sind $(0,1)$-Tensoren.

Summen und Vielfache von (r, s)-Tensoren sind wieder (r, s)-Tensoren. Die (r, s)-Tensoren bilden daher einen Vektorraum, den (r, s)-**Tensorraum** $\Theta^r_s(V)$. Dieser hat die Dimension d^{r+s}. Seine Basisvektoren schreibt man

$$e_{\mu_1} \otimes \cdots \otimes e_{\mu_r} \otimes \theta^{\nu_1} \otimes \cdots \otimes \theta^{\nu_s}, \tag{1.80}$$

so dass

$$T = T^{\mu_1\cdots\mu_r}_{\nu_1\cdots\nu_s}\,e_{\mu_1} \otimes \cdots \otimes e_{\mu_r} \otimes \theta^{\nu_1} \otimes \cdots \otimes \theta^{\nu_s}. \tag{1.81}$$

Das **Tensorprodukt** $T \otimes U$ eines (r_1, s_1)-Tensors T und eines (r_2, s_2)-Tensors U ist ein $(r_1 + r_2, s_1 + s_2)$-Tensor, definiert durch

$$(T \otimes U)^{\mu_1\cdots\mu_{r_1+r_2}}_{\nu_1\cdots\nu_{s_1+s_2}} = T^{\mu_1\cdots\mu_{r_1}}_{\nu_1\cdots\nu_{s_1}}\,U^{\mu_{r_1+1}\cdots\mu_{r_1+r_2}}_{\nu_{s_1+1}\cdots\nu_{s_1+s_2}}. \tag{1.82}$$

Das Tensorprodukt zweier Vektoren u und v ergibt beispielsweise einen $(2,0)$-Tensor:

$$(u \otimes v)^{\mu\nu} = u^\mu v^\nu. \tag{1.83}$$

Insbesondere ergibt sich ein Basisvektor $e_\mu \otimes e_\nu$ von $\Theta_0^2(V)$ tatsächlich als Tensorprodukt der Basisvektoren e_μ und e_ν von V, so dass das Symbol $\otimes$ konsistent verwendet wird:

$$(e_\mu \otimes e_\nu)^{\rho\sigma} = \delta_\mu^\rho \delta_\nu^\sigma = (e_\mu)^\rho (e_\nu)^\sigma. \tag{1.84}$$

Einen (1,1)-Tensor T hatten wir oben als eine Abbildung $T : V^* \times V \to \mathbb{R}$ definiert. Wir können T aber ebensogut als einen Endomorphismus auf V ansehen, also $T : V \to V$, mit der Definition

$$(T(v))^\mu = T_\nu^\mu v^\nu. \tag{1.85}$$

Diese Sichtweise können wir verallgemeinern. Wir können beispielsweise sagen, dass ein (1,3)-Tensor T auf einen (2,1)-Tensor U „wirkt", indem er daraus einen Kovektor macht:

$$(T(U))_\nu = T_{\nu\rho\sigma}^\mu U_\mu^{\rho\sigma}. \tag{1.86}$$

Dies entspricht einer Interpretation $T : \Theta_1^2(V) \to V^*$. Wenn U sich als Tensorprodukt zweier Vektoren und eines Kovektors ergibt, $U = u \otimes v \otimes \lambda$, dann haben wir

$$(T(u, v, \lambda))_\nu = T_{\nu\rho\sigma}^\mu u^\rho v^\sigma \lambda_\mu, \tag{1.87}$$

also eine Interpretation $T : V \times V \times V^* \to V^*$.

Aufgabe 1.2. Spielen Sie zur Übung ein bisschen mit solchen Interpretationen herum. Finden Sie zum Beispiel 20 verschiedene Möglichkeiten, einen (3,3)-Tensor auf diverse Kombinationen von Vektoren, Kovektoren und Tensoren „wirken" zu lassen. ♦

Die **Kontraktion** (auch Verjüngung genannt) eines Tensors ist eine Verallgemeinerung der Spur. Die Spur eines Endomorphismus (also eines (1,1)-Tensors) T bildet diesen auf einen Skalar ab, indem sie die Summe der Diagonaleinträge bildet, $\mathrm{Spur}(T) = T_\mu^\mu$. Auf genau diese Weise macht die Kontraktion eines (r, s)-Tensors daraus einen $(r - 1, s - 1)$-Tensor, beispielsweise für einen (2,2)-Tensor T:

$$\tilde{T}_\nu^\mu = T_{\nu\rho}^{\mu\rho}. \tag{1.88}$$

Dabei ist etwas Vorsicht geboten, denn es gibt $r \cdot s$ verschiedene Möglichkeiten, einen Tensor zu verjüngen: Die vier (1,1)-Tensoren mit den Komponenten $T_{\nu\rho}^{\mu\rho}$, $T_{\rho\nu}^{\mu\rho}$, $T_{\nu\rho}^{\rho\mu}$ und $T_{\rho\nu}^{\rho\mu}$ sind alle verschieden, sofern T keine besonderen Symmetrieeigenschaften aufweist.

Die Spur eines Endomorphismus ist basisunabhängig, weil ein Index kovariant, der andere kontravariant auftritt, so dass bei einer Basistransformation $e'_\nu = B^\mu_\nu e_\mu$ des zugrundeliegenden Vektorraums gilt:

$$T'^\mu_{\ \mu} = B^\nu_\mu (B^{-1})^\mu_\rho T^\rho_\nu = \delta^\nu_\rho T^\rho_\nu = T^\nu_\nu. \tag{1.89}$$

Auf die gleiche Weise ist auch sichergestellt, dass die Kontraktion eines Tensors unabhängig davon ist, in welcher Basis sie ausgeführt wird. Von einem (0,2)- oder (2,0)-Tensor kann man keine Spur bilden, denn sie wäre nicht basisunabhängig, da beide Indizes kovariant bzw. kontravariant transformieren.

Ein Tensor kann bestimmte Symmetrie- oder Antisymmetrie-Eigenschaften aufweisen. Wir wollen dies hier nur für (0,2)- und (2,0)-Tensoren besprechen. Im Folgenden sprechen wir über (0,2)-Tensoren, aber für (2,0)-Tensoren funktioniert es exakt genauso. Ein (0,2)-Tensor T heißt **symmetrisch**, wenn $T_{\mu\nu} = T_{\nu\mu}$ für alle Kombinationen von (μ, ν). Er heißt **antisymmetrisch**, wenn $T_{\mu\nu} = -T_{\nu\mu}$ für alle Kombinationen von (μ, ν).

Man kann einen allgemeinen (0,2)-Tensor T **symmetrisieren** bzw. **antisymmetrisieren**, indem man definiert

$$T^{(s)}_{\mu\nu} = \frac{1}{2}(T_{\mu\nu} + T_{\nu\mu}) \qquad \text{bzw.} \qquad T^{(a)}_{\mu\nu} = \frac{1}{2}(T_{\mu\nu} - T_{\nu\mu}). \tag{1.90}$$

Dann ist $T = T^{(s)} + T^{(a)}$, d. h., wir haben T in einen symmetrischen und einen antisymmetrischen Teil „zerlegt".

1.5.4 Tensorfelder

Ein **Skalarfeld** ϕ auf einem affinen Raum R ist einfach eine Funktion $\phi : R \to \mathbb{R}$, die jedem Punkt $P \in R$ eine Zahl $\phi(P)$ zuordnet. Ein **Vektorfeld** A auf R ist eine Abbildung

$$A : R \to V, \quad P \mapsto A(P) = A^\mu(P)e_\mu, \tag{1.91}$$

wobei V eine „Kopie" des zu R gehörenden Vektorraums ist. Der Ausdruck „Kopie" ist hierbei etwas subtil und folgendermaßen zu verstehen: Ein Kraftvektor ist offensichtlich etwas anderes als ein Ortsvektor, denn der eine wird in der Einheit Newton gemessen, der andere in der Einheit Meter. Dennoch sind der Raum der Ortsvektoren und der Raum der Kraftvektoren aneinander gekoppelt, in dem Sinne, dass eine Basistransformation des Ortsvektorraums mit einer identischen Basistransformation im Kraftvektorraum einhergehen muss: Wenn beispielsweise im Ortsvektorraum die x-Achse durch ein Drehung zur y-Achse umdefiniert wird, dann muss auch eine Kraft, die vorher in x-Richtung gezeigt hat, nun in y-Richtung zeigen.

Für eine Basistransformation des Ortsvektorraums gilt also:

$$e_\mu \to e'_\mu = B_\mu^\nu e_\nu, \qquad x^\mu \to x'^\mu = (B^{-1})_\nu^\mu x^\nu, \tag{1.92}$$

$$A^\mu(P) \to A'^\mu(P) = (B^{-1})_\nu^\mu A^\nu(P). \tag{1.93}$$

Dabei ist P derselbe Punkt des affinen Raums wie vor der Transformation, unabhängig davon, dass er nun neue Koordinaten hat.

Ein besonders einfaches Vektorfeld ist das Feld der Ortskoordinaten, die gerade die Komponenten des Ortsvektors sind,

$$x : R \to V, \qquad P \mapsto x(P) = x^\mu(P)e_\mu. \tag{1.94}$$

Analog dazu ist ein **Kovektorfeld** A auf R eine Funktion

$$A : R \to V^*, \qquad P \mapsto A(P) = A_\mu(P)\theta^\mu, \tag{1.95}$$

wobei V^* eine „Kopie" des Dualraums des zu R gehörenden Vektorraums ist und „Kopie" im selben Sinne gemeint ist wie oben. Die partiellen Ableitungen $\partial\phi/\partial x^\mu$ eines Skalarfeldes ϕ bilden die Komponenten eines Kovektorfelds. Denn aus der Tatsache, dass vor und nach einer Transformation

$$\frac{\partial}{\partial x^\mu} x^\nu = \delta_\mu^\nu \tag{1.96}$$

gelten muss, folgt, dass die kontravariante Transformation der Ortskoordinaten (Komponenten des Ortsvektors) mit einer kovarianten Transformation der partiellen Ableitungen kompensiert werden muss. Wir können also guten Gewissens das Symbol

$$\partial_\mu := \frac{\partial}{\partial x^\mu} \tag{1.97}$$

mit kovariantem Index μ einführen; $\partial_\mu\phi(P)$ sind somit die Komponenten eines Kovektors. Das Feld

$$d\phi : R \to V^*, \qquad P \mapsto d\phi(P) = \partial_\mu\phi(P)\theta^\mu \tag{1.98}$$

ist demnach ein Kovektorfeld.

Die offensichtliche Verallgemeinerung von Vektorfeldern und Kovektorfeldern sind die (r, s)-**Tensorfelder**

$$T : R \to \Theta_s^r(V), \qquad P \mapsto T(P) = T_{\nu_1\cdots\nu_s}^{\mu_1\cdots\mu_r}(P)e_{\mu_1} \otimes \cdots \otimes e_{\mu_r} \otimes \theta^{\nu_1} \otimes \cdots \otimes \theta^{\nu_s}, \tag{1.99}$$

wobei V wieder eine „Kopie" des zu R gehörenden Vektorraums ist und die Komponenten von $T(P)$ bei einer Transformation des Ortsvektorraums entsprechend zu transformieren sind.

1.5.5 Metrik

Ein sowohl für die Spezielle wie auch die Allgemeine Relativitätstheorie besonders bedeutsames (0,2)-Tensorfeld ist die **Metrik** g. Für einen mit einem Koordinatensystem versehenen Raum ist die Metrik eine Vorschrift, wie der Abstand ds zweier infinitesimal benachbarter Punkte zu berechnen ist. Wenn P die Koordinaten x^μ und Q die Koordinaten $x^\mu + dx^\mu$ hat, dann ist

$$ds = \sqrt{g_{\mu\nu}(P)dx^\mu dx^\nu}. \tag{1.100}$$

Die Länge einer Kurve lässt sich dann als Integral über ds entlang der Kurve berechnen.

Die Komponenten $g_{\mu\nu}(P)$ bilden eine Matrix, die immer symmetrisch gewählt werden kann. Bei zueinander orthogonalen Koordinatenachsen ist diese Matrix diagonal. In einem dreidimensionalen euklidischen Raum, der mit Kugelkoordinaten versehen ist, gilt beispielsweise

$$ds = \sqrt{dr^2 + r^2 d\theta^2 + r^2 \sin^2\theta d\phi^2}, \tag{1.101}$$

also ist

$$g(P) = g(r, \theta) = \mathrm{diag}(1, r^2, r^2 \sin^2\theta) = \begin{pmatrix} 1 & 0 & 0 \\ 0 & r^2 & 0 \\ 0 & 0 & r^2 \sin^2\theta \end{pmatrix}. \tag{1.102}$$

In kartesischen Koordinaten entspricht g überall der Einheitsmatrix, $g_{\mu\nu}(P) = \delta_{\mu\nu}$.

In einem euklidischen Raum R sind die Abstände von Punkten durch die Länge ihrer Verbindungsvektoren gegeben, und diese Längen wiederum durch das Skalarprodukt. Bei gradlinigen Koordinatensystemen, die sich, wie in Abschn. 1.2 besprochen, aus einer Basis des zugehörigen Vektorraums V ergeben, ist die Metrik auf dem ganzen Raum konstant, $g_{\mu\nu}(P) = g_{\mu\nu}$, und gilt auch für endliche (nicht nur infinitesimale) Abstände:

$$s = \sqrt{g_{\mu\nu}\Delta x^\mu \Delta x^\nu}. \tag{1.103}$$

Die gleiche Matrix beschreibt dann auch das Skalarprodukt auf V:

$$u \cdot v = g_{\mu\nu} u^\mu v^\nu. \tag{1.104}$$

Kartesische Koordinaten entsprechen einer Orthonormalbasis von V, und in einer solchen ist

$$u \cdot v = \delta_{\mu\nu} u^\mu v^\nu = \sum_\mu u^\mu v^\mu \tag{1.105}$$

(keine Einstein'sche Summenkonvention, da beide Indizes oben stehen).

Das Inverse eines Endomorphismus A, also eines $(1,1)$-Tensors, ist ein Endomorphismus A^{-1} (sofern ein solcher existiert), also wieder ein $(1,1)$-Tensor, mit der Eigenschaft

$$A_\rho^\mu (A^{-1})_\nu^\rho = (A^{-1})_\rho^\mu A_\nu^\rho = \delta_\nu^\mu \tag{1.106}$$

Die Tatsachen, dass (a) der Index ρ jeweils einmal kovariant und einmal kontravariant vorkommt und dass (b) δ_ν^μ basisunabhängig den Identitäts-Endomorhismus darstellt, stellen sicher, dass diese Beziehung unabhängig von der gewählten Basis gilt. Die Gleichung besagt insbesondere, dass das Rechtsinverse gleich dem Linksinverse ist (es ist egal, ob A links oder rechts von A^{-1} steht), und dass das Inverse von A^{-1} wieder A ist.

Als Inverses eines $(0,2)$-Tensors T bezeichnet man dementsprechend den $(2,0)$-Tensor (sofern ein solcher existiert) T^{-1} mit der Eigenschaft

$$T_{\nu\rho}(T^{-1})^{\rho\mu} = (T^{-1})^{\mu\rho} T_{\rho\nu} = \delta_\nu^\mu \tag{1.107}$$

Dass Rechts- und Linksinverses wieder identisch sind, folgt aus folgender Überlegung. Nehmen wir an, T^{-1} sei linksinvers zu T, also $(T^{-1})^{\mu\rho} T_{\rho\nu} = \delta_\nu^\mu$. Dann gilt

$$T_{\mu\nu}(T^{-1})^{\nu\rho} T_{\rho\sigma} = T_{\mu\nu}\delta_\sigma^\nu = T_{\mu\sigma} = \delta_\mu^\rho T_{\rho\sigma}. \tag{1.108}$$

Also ist $T_{\mu\nu}(T^{-1})^{\nu\rho} = \delta_\mu^\rho$ und T^{-1} somit auch rechtsinvers zu T. Wenn wir nun als Inverses eines $(2,0)$-Tensors einen $(0,2)$-Tensor analog zu Gl. (1.107) definieren, dann ist das Inverse von T^{-1} wieder T und alles passt zusammen wie bei den Endomorphismen. Wenn T zusätzlich noch symmetrisch ist, dann ist auch T^{-1} symmetrisch und es gilt wegen der Vertauschbarkeit der Indizes auch

$$T_{\nu\rho}(T^{-1})^{\mu\rho} = T_{\rho\nu}(T^{-1})^{\rho\mu} = (T^{-1})^{\mu\rho} T_{\nu\rho} = (T^{-1})^{\rho\mu} T_{\rho\nu} = \delta_\nu^\mu. \tag{1.109}$$

Die Metrik g ist ein invertierbarer, symmetrischer $(0,2)$-Tensor. Für sein Inverses, g^{-1}, hat sich die Konvention durchgesetzt, dass man dessen Komponenten mit $g^{\mu\nu}$ und nicht etwa mit $(g^{-1})^{\mu\nu}$ bezeichnet. Man muss sich also merken, dass g mit kontravarianten, also oben stehenden Indizes, immer eigentlich g^{-1} meint. Warum man das so schreibt, werden wir gleich sehen.

Aus einem (r,s)-Tensor lassen sich mithilfe der Metrik g auf verschiedene Weise $(r-1, s+1)$-Tensoren, mit g^{-1} hingegen $(r+1, s-1)$-Tensoren gewinnen, z. B. für einen $(1,2)$-Tensor T:

$$(U^{(1)})_{\mu\rho\sigma} := g_{\mu\nu} T^\nu_{\rho\sigma}, \quad (U^{(2)})_{\rho\mu\sigma} := g_{\mu\nu} T^\nu_{\rho\sigma}, \quad (U^{(3)})_{\rho\sigma\mu} := g_{\mu\nu} T^\nu_{\rho\sigma}, \tag{1.110}$$

$$(S^{(1)})^{\mu\rho}_\sigma := g^{\mu\nu} T^\rho_{\nu\sigma}, \quad (S^{(2)})^{\rho\mu}_\sigma := g^{\mu\nu} T^\rho_{\nu\sigma}, \tag{1.111}$$

$$(S^{(3)})_\sigma^{\mu\rho} := g^{\mu\nu} T^\rho_{\sigma\nu}, \quad (S^{(4)})_\sigma^{\rho\mu} := g^{\mu\nu} T^\rho_{\sigma\nu}. \tag{1.112}$$

Für diese Operationen hat sich eine bestimmte Schreib-, Sprech- und Denkweise durchgesetzt: Man benutzt anstelle von $U^{(i)}$ und $S^{(i)}$ dasselbe Symbol wie für den ursprünglichen Tensor, in diesem Fall also T, und denkt sich dabei, dass dies „derselbe" Tensor sei, nur eben mit „hoch-" oder „runtergezogenen" Indizes. Wegen $g_{\mu\nu} g^{\nu\rho} = \delta^\rho_\mu$ ist dies zumindest insofern konsistent, als das Hoch- und anschließende Runterziehen (oder umgekehrt) eines Index den ursprünglichen Tensor zurückgibt.

Diese Konvention hat allerdings einen Preis, denn wir müssen ja irgendwie zwischen den Varianten $U^{(1)}$ bis $U^{(3)}$ bzw. $S^{(1)}$ bis $S^{(4)}$ unterscheiden, wenn diese nun alle nur noch T heißen. Die Lösung besteht darin, oben- und untenstehende Indizes, anstatt sie wie bisher unabhängig voneinander zu positionieren, durch Einfügen von Lücken in eine konkrete gemeinsame Reihenfolge zu bringen, aus der man dann entnehmen kann, an welcher Stelle ein hoch- oder runtergezogener Index zu positionieren ist. Die Gleichungen für die verschiedenen Varianten von U und S lauten dann

$$T_{\mu\rho\sigma} = g_{\mu\nu} T^\nu_{\ \rho\sigma}, \quad T_{\rho\mu\sigma} = g_{\mu\nu} T_\rho^{\ \nu}_{\ \ \sigma}, \quad T_{\rho\sigma\mu} = g_{\mu\nu} T_{\rho\sigma}^{\ \ \nu}, \tag{1.113}$$

$$T^{\mu\rho}_{\ \ \sigma} = g^{\mu\nu} T_\nu^{\ \rho}_{\ \ \sigma}, \quad T^{\rho\mu}_{\ \ \sigma} = g^{\mu\nu} T^\rho_{\ \nu\sigma}, \tag{1.114}$$

$$T_\sigma^{\ \mu\rho} = g^{\mu\nu} T_{\sigma\nu}^{\ \ \rho}, \quad T_\sigma^{\ \rho\mu} = g^{\mu\nu} T_\sigma^{\ \rho}_{\ \ \nu}. \tag{1.115}$$

Für $S^{(3)}$ und $S^{(4)}$ gibt es auch noch die Variante

$$T^\mu_{\ \sigma}^{\ \ \rho} = g^{\mu\nu} T_{\nu\sigma}^{\ \ \rho}, \quad T^\rho_{\ \sigma}^{\ \ \mu} = g^{\mu\nu} T^\rho_{\ \sigma\nu}. \tag{1.116}$$

Typischerweise ist die Reihenfolge für die Grundform, in der der Tensor ursprünglich definiert ist, per Konvention vorgegeben. Der Riemann'sche Krümmungstensor, ein (1,3)-Tensor, der in der Allgemeinen Relativitätstheorie eine zentrale Rolle spielt, wird z. B. per Konvention $R^\mu_{\ \nu\rho\sigma}$ geschrieben, und von da aus kann man nach Belieben Indizes rauf- und runterziehen, ohne dass Mehrdeutigkeiten entstehen. Man weiß immer, durch welche Operationen der Metrik eine andere Form, beispielsweise $R_{\mu\nu}^{\ \ \rho\sigma}$, aus der ursprünglichen hervorgegangen ist.

Wir wollen in diesem Buch pragmatisch sein und diese etwas künstlichen Reihenfolgen zwischen oberen und unteren Indizes nur dort benutzen, wo es aufgrund von Mehrdeutigkeiten nötig ist. In vielen Fällen ist es unnötig. Wenn T z. B. ein symmetrischer (0,2)- oder (2,0)-Tensor ist, spielt die Reihenfolge der Indizes keine Rolle; nach dem Rauf- oder Runterziehen eines Index ist $T^\mu_{\ \nu}$ dasselbe wie $T_\nu^{\ \mu}$ (wegen $g^{\mu\rho} T_{\rho\nu} = g^{\mu\rho} T_{\nu\rho}$), wir können also genausogut T_ν^μ schreiben. Insbesondere ergibt sich, wenn wir bei der Metrik selbst, die ein symmetrischer Tensor ist, einen Index hochziehen:

$$g_\nu^\mu = g^{\mu\rho} g_{\rho\nu} = \delta_\nu^\mu. \tag{1.117}$$

Auch bei der Matrix B_ν^μ einer Basistransformation werden wir auf die Zuweisung einer Reihenfolge verzichten (also nicht $B^\mu{}_\nu$ oder $B_\nu{}^\mu$ schreiben), selbst wenn sie nicht symmetrisch ist. Eine Basistransformation ist kein Tensor. Bei einem Tensor kann man sagen, wie er sich unter einer Basistransformation transformiert, aber es macht keinen Sinn, zu fragen, wie sich eine Basistransformation selbst unter einer Basistransformation transformiert.

Dass die Komponenten der inversen Metrik $g^{\mu\nu}$ und nicht $(g^{-1})^{\mu\nu}$ geschrieben werden, ist dadurch gerechtfertigt, dass sich $g^{\mu\nu}$ durch das Hochziehen der Indizes von $g_{\mu\nu}$ ergibt. Um das zu zeigen, separieren wir die Schreibweisen zunächst: $g^{\mu\nu}$ ist das, was sich durch Hochziehen der Indizes ergibt, und $(g^{-1})^{\mu\nu}$ sind die Komponenten der inversen Metrik. Nun zeigen wir, dass beides dasselbe ist:

$$g^{\mu\nu} = (g^{-1})^{\mu\rho} (g^{-1})^{\nu\sigma} g_{\rho\sigma} = (g^{-1})^{\mu\rho} \delta_\rho^\nu = (g^{-1})^{\mu\nu}. \tag{1.118}$$

Die lineare Abbildung $\tilde{u}$, die jedem Vektor das Skalarprodukt mit einem bestimmten Vektor u zuordnet,

$$\tilde{u} : V \to \mathbb{R}, \quad v \mapsto u \cdot v, \tag{1.119}$$

ist eine Linearform. Es gibt also einen Kovektor mit den Komponenten $\tilde{u}_\nu$, so dass $\tilde{u}(v) = \tilde{u}_\nu v^\nu$. Was sind diese Komponenten $\tilde{u}_\nu$? Wir hatten in Gl. (1.104) festgestellt, dass die Metrik, die im affinen Raum R Abstände misst, im zugehörigen Vektorraum V die Matrix des Skalarprodukts ist. Somit haben wir

$$\tilde{u}(v) = g_{\mu\nu} u^\mu v^\nu \quad \Rightarrow \quad \tilde{u}_\nu = g_{\mu\nu} u^\mu = u_\nu. \tag{1.120}$$

Das Runterziehen des Index von u ergibt also gerade den Kovektor, der für das Skalarprodukt mit u zuständig ist.

Der **Gradient** eines Skalarfelds ϕ ist ein *Vektorfeld*, das die Richtung anzeigt, in der sich ϕ am stärksten ändert, und dessen Betrag das Maß dieser Änderung ist. Hingegen haben wir festgestellt, dass die partiellen Ableitungen $\partial_\mu \phi$ ein *Kovektorfeld* bilden, kein Vektorfeld. Und wie machen wir aus einem Kovektor einen Vektor? Natürlich mit der inversen Metrik. In der Tat ist der Gradient $\nabla\phi$ von ϕ defininiert durch

$$(\nabla\phi)^\mu := \partial^\mu \phi = g^{\mu\nu} \partial_\nu \phi = g^{\mu\nu} \frac{\partial\phi}{\partial x^\nu}. \tag{1.121}$$

Auf einem euklidischen Raum ist $g^{\mu\nu}$ in kartesischen Koordinaten die Einheitsmatrix, dort ist $\partial^\mu \phi = \partial_\mu \phi$. In anderen Koordinaten ergeben sich aber zusätzliche Faktoren durch das Hochziehen mit der Metrik. Das kennen Sie, wenn Sie schon einmal einen Gradienten in Zylinder- oder Kugelkoordinaten berechnet haben.

Soweit bezog sich die Diskussion auf euklidische Räume in beliebiger Dimension d, die zugehörigen Vektorräume und deren Tensorräume. Wenden wir uns nun wieder dem vierdimensionalen affinen Minkowski-Raum und seinem Minkowski-Vektorraum zu. Alles, was wir über Metrik und Skalarprodukt gesagt haben, lässt sich auf das Pseudo-Skalarprodukt des Minkowski-Vektorraums und die zugehörige **Pseudo-Metrik** auf dem Minkowski-Raum übertragen. In Gl. (1.100) und (1.103) ist nur wieder die Unterscheidung zwischen raum- und zeitartig zu treffen und im letzteren Fall ein Minuszeichen unter die Wurzel zu setzen, wie wir es von der Diskussion der Norm bereits kennen.

Die Pseudo-Metrik des Minkowski-Raums wird mit dem Symbol η bezeichnet. In Inertialsystemen sind ihre Komponenten

$$\eta_{\mu\nu} = \text{diag}(-1, 1, 1, 1). \tag{1.122}$$

Der Einfachheit halber sparen wir uns künftig den Zusatz „Pseudo" vor Metrik und Skalarprodukt, da wir inzwischen verinnerlicht haben, dass das Axiom der positiven Definitheit, das normalerweise gilt, in der Minkowski-Welt verletzt ist. Die Komponenten der inversen Metrik η^{-1} werden wieder $\eta^{\mu\nu}$ geschrieben, und in Inertialsystemen ist

$$\eta^{\mu\nu} = \text{diag}(-1, 1, 1, 1). \tag{1.123}$$

Insbesondere ist für die räumlichen Komponenten v^i eines Vektors v in Inertialsystemen stets $v_i = v^i$, und wir werden uns damit gelegentlich die Freiheit herausnehmen, es mit dem „oben" oder „unten" räumlicher Indizes nicht so genau zu nehmen.

Die Matrixelemente einer Lorentz-Transformation nennen wir Λ^μ_ν, wobei dies die *kontravariante* Transformation ist, d. h., die Komponenten eines Vektors v transformieren so: $v'^\mu = \Lambda^\mu_\nu v^\nu$. Für die Transformation eines Kovektors λ brauchen wir die kovariante Form, also $\lambda'_\mu = (\Lambda^{-1})^\nu_\mu \lambda_\nu$.

Wir wissen, dass Lorentz-Transformationen die Form des Skalarprodukts und somit der Metrik unverändert lassen. Es ist also

$$\eta'_{\mu\nu} = (\Lambda^{-1})^\rho_\mu (\Lambda^{-1})^\sigma_\nu \eta_{\rho\sigma} = \eta_{\mu\nu}. \tag{1.124}$$

Multiplizieren wir diese Gleichung mit $\eta^{\alpha\mu}$, so erhalten wir eine Beziehung zwischen Λ und Λ^{-1}:

$$\eta^{\alpha\mu}(\Lambda^{-1})^\rho_\mu (\Lambda^{-1})^\sigma_\nu \eta_{\rho\sigma} = \eta^{\alpha\mu}\eta_{\mu\nu} = \delta^\alpha_\nu = \Lambda^\alpha_\sigma (\Lambda^{-1})^\sigma_\nu \tag{1.125}$$

und somit

$$\Lambda^\alpha_\sigma = \eta^{\alpha\mu}(\Lambda^{-1})^\rho_\mu \eta_{\rho\sigma}. \tag{1.126}$$

In dieser Gleichung kann man die Bezeichnungen Λ und Λ^{-1} auch vertauschen, denn das Inverse einer Lorentz-Transformation ist wieder eine Lorentz-Transformation. Wir erhalten das Inverse von Λ also dadurch, dass wir mithilfe von η einen Index „hoch-" und den anderen „runterziehen", obwohl, wie gesagt, Λ kein Tensor ist und das Hoch- und Runterziehen von Indizes daher keine Tensoroperationen sind.

Aufgabe 1.3. Benutzen Sie Gl. (1.126), um das Inverse (a) eines Boosts in x-Richtung und (b) einer Rotation um die z-Achse zu berechnen. Überprüfen Sie anschließend, dass Sie die richtigen Inversen gefunden haben. Hoch- und Runterziehen mit η bedeutet immer nur Multiplikationen mit $+1$ oder -1, bei manchen Komponenten ändert sich also das Vorzeichen, bei anderen nicht. Der Trick ist, bei den *richtigen* Komponenten das Vorzeichen zu ändern.   ◆

1.5.6 Epsilon als Tensordichte

Neben dem Kronecker-Delta wird auch das **Levi-Civita-Symbol** $\varepsilon_{i_1 \cdots i_d}$ in der Physik oft genutzt. Oft wird es auch als Epsilon-Tensor oder total antisymmetrischer Tensor bezeichnet, aber genau genommen ist es kein Tensor, sondern eine Tensordichte. In einem d-dimensionalen Vektorraum hat ε d Indizes, wobei $\varepsilon_{i_1 \cdots i_d} = 1$, wenn $i_1, \cdots, i_d$ eine gerade Permutationen von $\{1, \cdots, d\}$ ist, -1 für ungerade Permutationen, in allen anderen Fällen 0 (wenn also mindenstens ein Index doppelt auftritt).

In drei Dimesionen ist demnach

$$\varepsilon_{123} = \varepsilon_{231} = \varepsilon_{312} = 1, \qquad \varepsilon_{213} = \varepsilon_{321} = \varepsilon_{132} = -1 \qquad (1.127)$$

und $\varepsilon_{ijk} = 0$ für die 21 übrigen Kombinationen. In einer Orthonormalbasis, die der Rechte-Hand-Regel genügt, gilt für das Kreuzprodukt:

$$(\mathbf{u} \times \mathbf{v})^i = (\mathbf{u} \times \mathbf{v})_i = \varepsilon_{ijk} u^j v^k. \qquad (1.128)$$

Für Vektoranalysis-Rechungen ist die folgenden Relation nützlich:

$$\sum_i \varepsilon_{ijk} \varepsilon_{ilm} = \delta_{jl}\delta_{km} - \delta_{jm}\delta_{kl}. \qquad (1.129)$$

Daraus folgt zum Beispiel, dass

$$\mathbf{u} \times (\mathbf{v} \times \mathbf{w}) = \mathbf{v}(\mathbf{u} \cdot \mathbf{w}) - \mathbf{w}(\mathbf{u} \cdot \mathbf{v}). \qquad (1.130)$$

Aufgabe 1.4. Zeigen Sie (1.129) und wie daraus (1.130) folgt.   ◆

Generell empfiehlt es sich, bei Kombinationen aus Kreuz- und Skalarprodukten, Rotationen, Gradienten und Divergenzen (den in der Elektrodynamik üblichen Vektoranalysis-Orgien eben) alles in Kronecker-Deltas und Levi-Civita-Epsilons zu übersetzen und damit aufzudröseln.

Wie verhält sich ε unter einer Basistransformation B? Nehmen wir zunächst an, ε sei ein Tensor. In drei Dimensionen ist dann

$$\varepsilon'_{123} = B_1^i B_2^j B_3^k \varepsilon_{ijk}. \tag{1.131}$$

Was auf der rechten Seite steht, ist aber nichts anderes als die Determinante von B. Ähnlich geht es auch für die anderen Komponenten von ε' und es folgt

$$\varepsilon'_{ijk} = \det B \; \varepsilon_{ijk}. \tag{1.132}$$

Wenn man jedoch möchte (und Mathematiker wie Physiker möchten in der Tat), dass ε_{ijk} bzgl. aller Basen gleich aussieht, dann muss man ε als **Tensordichte** definieren. Eine Tensordichte funktioniert wie ein Tensor, nur dass bei einer Basistransformation noch zusätzlich mit einer Potenz von $\det B$ multipliziert wird, in diesem Fall mit $(\det B)^{-1}$:

$$\varepsilon'_{ijk} = (\det B)^{-1} B_i^l B_j^m B_k^n \varepsilon_{lmn} = \varepsilon_{ijk}. \tag{1.133}$$

Für die kontravariante Variante ε^{ijk} wird eine Basistransformation mit der Matrix B^{-1} ausgeführt. Dementsprechend ist, wenn wir ε^{ijk} als Tensor ansehen,

$$\varepsilon'^{ijk} = (\det B)^{-1} \varepsilon^{ijk}. \tag{1.134}$$

(man beachte $\det(B^{-1}) = (\det B)^{-1}$). Als Tensordichte hingegen ergibt sich, wenn wir diesmal einen Faktor $\det B$ in die Transformationsregel hineindefinieren,

$$\varepsilon'^{ijk} = \det B \; (B^{-1})_l^i (B^{-1})_m^j (B^{-1})_n^k \varepsilon^{lmn} = \varepsilon^{ijk}. \tag{1.135}$$

Mit dieser Definition als Tensordichten gilt dann in jeder Basis $\varepsilon^{ijk} = \varepsilon_{ijk}$ und jede Komponente hat gemäß der ursprünglichen Definition den Wert 1, -1 oder 0.

Bei Tensordichten kann man nicht mehr Indizes einfach mit der Metrik hoch- und runterziehen, das geht nur für Tensoren. Wenn wir beispielsweise von einer Orthonormalbasis ausgehen und von da aus eine Streckung der Basisvektoren durchführen, $B_j^i = \mathrm{diag}(2,2,2)$, dann ist $g'_{ij} = \mathrm{diag}(4,4,4)$ und $g'^{ij} = \mathrm{diag}(\frac{1}{4},\frac{1}{4},\frac{1}{4})$, also

$$g'^{il} g'^{jm} g'^{kn} \varepsilon_{lmn} = \frac{1}{64} \varepsilon_{ijk} \neq \varepsilon^{ijk}. \tag{1.136}$$

Es geht jedoch gut, wenn wir beim Hochziehen einen Faktor $\det(g') = 64$ einfügen,

$$\det(g') g'^{il} g'^{jm} g'^{kn} \varepsilon_{lmn} = \varepsilon_{ijk} = \varepsilon^{ijk}. \tag{1.137}$$

Das macht auch Sinn, denn aus der Definition kovarianter Transformationen folgt direkt, dass

$$\det(g') = (\det B)^2 \det g. \tag{1.138}$$

Somit entspricht der Faktor $\det(g')$ gerade dem Faktor $\det B/(\det B)^{-1}$, der beim Hochziehen von (1.133) zu (1.135) im Vergleich zu normalen Tensoren auszugleichen ist.

Im Minkowski-Raum beschränken wir uns in der Regel auf Lorentz-Transformationen, die alle die Determinante 1 haben. So lange wir uns im Rahmen solcher Transformationen bewegen, können wir das vierdimensionale Levi-Civita-Symbol $\varepsilon_{\mu\nu\rho\sigma}$ als Tensor ansehen, bei dem auch das Hoch- und Runterziehen mit der Metrik klappen sollte. Wegen $\eta_{00} = -1$ ist dann allerdings

$$\varepsilon^{\mu\nu\rho\sigma} = -\varepsilon_{\mu\nu\rho\sigma}, \tag{1.139}$$

denn bei von null verschiedenen Einträgen ist genau ein Index gleich null. Setzen wir $\varepsilon^{0123} = 1$, dann ist $\varepsilon_{0123} = -1$, und das kovariante ε hat demnach positive Einträge bei ungeraden Permutationen und negative bei geraden.

Spiegelungen haben $\det B = -1$, was dazu führt, dass der Status von ε als Tensordichte dabei eine Rolle spielt. Insbesondere wechseln Kontraktionen von $\varepsilon^{\mu\nu\rho\sigma}$ mit einem Tensor $T_{\mu\nu\rho\sigma}$ bei Spiegelungen das Vorzeichen, sind also nicht invariant. Im Dreidimensionalen hat das Auswirkungen auf das Kreuzprodukt:

$$\mathbf{u} \times \mathbf{v} = \varepsilon^{ijk} u_j v_k \mathbf{e}_i \quad \underrightarrow{\text{Spiegelung}} \quad \mathbf{u} \times \mathbf{v} = -\varepsilon^{ijk} u'_j v'_k \mathbf{e}'_i. \tag{1.140}$$

Das ist genau die Verletzung der Rechte-Hand-Regel, von der bereits die Rede war.

Abschließend sei noch gesagt, dass die Tensoralgebra und auch vieles von dem, was wir hier über die Metrik ausgeführt haben, für die SRT an sich noch nicht von Bedeutung ist. Der Grund, warum wir uns so ausführlich damit beschäftigt haben, ist, dass das elektromagnetische Feld ein (2,0)-Tensorfeld ist, die Tensoralgebra also für die Theorie des Elektromagnetismus wesentlich ist. Für die Allgemeine Relativitätstheorie sind die Tensoralgebra und das Geschäft mit der Metrik die zentralen mathematischen Bausteine. Sollten Sie eines Tages mit dieser wunderschönen Theorie in Berührung kommen, wird sich die hier geleistete Vorarbeit vielleicht ebenfalls als nützlich erweisen.

1.6   Relativistische Mechanik

Nach diesem Ausflug in die mathematischen Hintergründe und der Aufstellung
von allerlei nützlichen Schreibweisen und Konventionen sind wir nun bereit,
zur eigentlichen Physik zurückzukehren. Wir wissen nun, wie Raum und Zeit
im Minkowski-Raum zusammenhängen. Wie muss die Newton'sche Mechanik
modifiziert werden, um im Einklang mit der Struktur dieser Raumzeit zu stehen?
Unser Ziel ist es, alle Inertialsysteme gleichwertig zu behandeln. Die Naturgesetze
sollen in allen Inertialsystemen die gleiche Form haben. (Diese Forderung ist
zunächst eine ästhetische. Dass die Natur sich tatsächlich so verhält, ergibt sich
dann aus den Experimenten.)

1.6.1   Vierergeschwindigkeit

Da Raum und Zeit in den Lorentz-Boosts miteinander vermengt werden, ist es nötig,
die aus der Newton'schen Mechanik bekannten dreikomponentigen räumlichen
Vektoren zu vierkomponentigen raumzeitlichen (wir nennen sie „Vierervektoren")
auszubauen. Für den Ortsvektor $\mathbf{x}$ war das einfach. Wir haben einfach die drei
räumlichen Komponenten x^i um die Zeitkomponente $x^0 = t$ ergänzt. Wie sieht es
nun mit der Geschwindigkeit aus? In der Newton'schen Mechanik war $\mathbf{v} = d\mathbf{x}/dt$.
Können wir daraus einfach $v^\mu = dx^\mu/dt$ machen? Das Problem dabei ist, dass
Zeitdifferenzen und damit auch Ableitungen d/dt vom Bezugssystem abhängen,
aber wir wollen ja gerade mit Größen arbeiten, die unabhängig vom Bezugssystem
sind oder sich zumindest in einer bezugssystem-unabhängigen Form definieren
lassen.

Die Lösung des Problems ist die sogenannte **Vierergeschwindigkeit** u. Man
nennt sie u, um sie von der rein räumlichen Geschwindigkeit $\mathbf{v}$ zu unterscheiden,
deren Betragsquadrat in den Lorentz-Boosts vorkommt. Um ihre Komponenten
u^μ zu bestimmen, beginnt man am besten in einem Bezugssystem, in dem das
Objekt, um dessen Geschwindigkeit es geht, in Ruhe ist. Dort ist offensichtlich
$u^\mu = (1,0,0,0)$: Das Objekt bewegt sich mit einer Sekunde pro Sekunde in
Zeitrichtung, und mit der Geschwindigkeit null in den räumlichen Richtungen. Von
hier aus müssen wir nur noch via $u'^\mu = \Lambda^\mu_\nu u^\nu$ in ein anderes Bezugssystem boosten.
Für einen Boost in x-Richtung ergibt sich

$$u'^\mu = \left(\frac{1}{\sqrt{1 - v^2}}, \frac{v}{\sqrt{1 - v^2}}, 0, 0 \right). \tag{1.141}$$

Nach einer anschließenden Drehung in eine beliebige Richtung haben wir

$$u'^\mu = \left(\frac{1}{\sqrt{1 - v^2}}, \frac{\mathbf{v}}{\sqrt{1 - v^2}} \right) = \frac{1}{\sqrt{1 - v^2}}(1, \mathbf{v}), \tag{1.142}$$

wobei wir die drei räumlichen Komponenten in einem Ausdruck zusammengefasst haben. Im Vergleich zu unserem ersten Rateversuch dx^μ/dt ergibt sich also der zusätzliche Faktor $1/\sqrt{1-v^2}$. Aber $\sqrt{1-v^2}\,dt$ ist gerade das infinitesimale *Eigenzeit*-Intervall $d\tau$, das mit dem infinitesimalen Zeitintervall dt einhergeht. In der Tat ergibt sich die Eigenzeit direkt aus der Metrik und ist daher unabhängig vom Bezugssystem gegeben. **Die Vierergeschwindigkeit u^μ ist somit definiert als Ableitung der Position nach der Eigenzeit, $dx^\mu/d\tau$. Sie ist zeitartig und hat den Betrag $|u|_- = 1$, stellt also den Einheitsvektor dar, der in Bewegungsrichtung zeigt.** Dies gilt für Objekte, die sich mit Geschwindigkeiten $v < 1$ bewegen. Für Objekte, die sich mit Lichtgeschwindigkeit bewegen, ist u^μ nicht definiert, da es kein zugehöriges Ruhesystem gibt und keinerlei Eigenzeit vergeht.

1.6.2 Impuls, Masse und Energie

Als nächstes kommen wir zum **Viererimpuls**. Diesen können wir in Analogie zur Newton'schen Mechanik als Masse mal Vierergeschwindigkeit definieren:

$$p^\mu := mu^\mu = \frac{m}{\sqrt{1-v^2}}(1,\mathbf{v}). \tag{1.143}$$

Den Vorfaktor bezeichnet man als **relativistische Masse**

$$m_r := \frac{m}{\sqrt{1-v^2}}. \tag{1.144}$$

Um den Unterschied zu betonen, wird m oft **Ruhemasse** genannt und m_0 geschrieben. Wir belassen es hier bei m. Damit ist

$$p^\mu = (m_r, \mathbf{p}_r), \qquad \mathbf{p}_r = m_r\mathbf{v}. \tag{1.145}$$

Sehen wir uns zunächst den räumlichen Teil $\mathbf{p}_r$ an. In der Newton'schen Mechanik war eine Kraft definiert als Zeitableitung des Impulses, $\mathbf{F} = d\mathbf{p}/dt = m\,d\mathbf{v}/dt$. Was passiert, wenn wir nun die Kraft als $\mathbf{F} = d\mathbf{p}_r/dt$ definieren? Das ist noch keine volle relativistische Definition, denn dazu bräuchten wir einen Vierervektor F^μ und dürften keine Zeitableitungen, sondern nur $d/d\tau$ verwenden. Aber wir wollen trotzdem für den Moment mit dieser Definition arbeiten, um den direkten Vergleich mit der Newton'schen Physik herzustellen und die Rolle der relativistischen Masse zu erläutern. Wir sagen also

$$\mathbf{F} := \frac{d\mathbf{p}_r}{dt} = \frac{d(m_r\mathbf{v})}{dt} = \frac{dm_r}{dt}\mathbf{v} + m_r\frac{d\mathbf{v}}{dt}. \tag{1.146}$$

Wir haben also nun zwei Ausdrücke: einen für die zeitliche Änderung der relativistischen Masse und den anderen, aus der Newton'schen Mechanik bekannten, für die Beschleunigung. Für $v \ll 1$ ist die Änderung von m_r vernachlässigbar gering und es bleibt nur der Newton'sche Ausdruck. Für Geschwindigkeiten in der Nähe der Lichtgeschwindigkeit ändert sich hingegen die Geschwindigkeit nur noch wenig, und ein großer Teil der Kraft wandert in die Änderung der relativistischen Masse. Damit haben wir eine schöne Beschreibung dafür gefunden, „worauf eine Kraft wirkt", wenn sie kaum noch beschleunigen kann, weil das Objekt, auf das sie wirkt, sich bereits nahezu mit Lichtgeschwindigkeit bewegt.

Dass das auch quantitativ zusammenpasst, wollen wir für den Fall ausrechnen, dass Geschwindigkeit und Kraft dieselbe Richtung haben. Die geringere Beschleunigung bei hohen Geschwindigkeiten hatten wir bereits im Rahmen des Themas „Addition von Geschwindigkeiten" diskutiert und mit Gl. (1.42) festgestellt, dass die relativistische Beschleunigung im Vergleich zu Newton'schen um den Faktor $(1 - v^2)^{3/2}$ reduziert ist,

$$a_{r\parallel} = (1 - v^2)^{3/2} a_{N\parallel}. \tag{1.147}$$

Das Symbol $\parallel$ soll dabei ausdrücken, dass hier von Beschleunigungen in Bewegungsrichtung die Rede ist. Wenn wir nun Gl. (1.146) weiter ausführen (wobei $\mathbf{F}$ in Bewegungsrichtung zeigen soll und wir daher nur eine Komponente $F_\parallel$ haben), erhalten wir

$$F_\parallel = m \left[\left(\frac{d}{dt} \frac{1}{\sqrt{1 - v^2}} \right) v + \frac{1}{\sqrt{1 - v^2}} \frac{dv}{dt} \right] \tag{1.148}$$

$$= m \left(\frac{v^2}{(1 - v^2)^{3/2}} \frac{dv}{dt} + \frac{1}{\sqrt{1 - v^2}} \frac{dv}{dt} \right) \tag{1.149}$$

$$= m \frac{dv}{dt} \frac{1}{(1 - v^2)^{3/2}} \tag{1.150}$$

$$= m a_{r\parallel} \frac{1}{(1 - v^2)^{3/2}} = m a_{N\parallel}. \tag{1.151}$$

Mit der oben gegebenen Definition für Kraft erhalten wir also den Newton'schen Ausdruck zurück. Der Übergang von der Ruhemasse zur relativistischen Masse kompensiert genau die wegen des Additionsgesetzes von Geschwindigkeiten reduzierte Beschleunigung. Die relativistische Masse bestimmt die Trägheit eines bewegten Körpers, also das Maß dafür, wieviel Kraft aufgewendet werden muss, um den Körper um einen festen Betrag zu beschleunigen. Bei Annäherung an die Lichtgeschwindigkeit geht dieses Maß gegen unendlich, eine weitere Beschreibung dafür, dass die Lichtgeschwindigkeit niemals durch Beschleunigung erreicht werden kann.

In der Allgemeinen Relativitätstheorie zeigt sich, dass auch die **schwere Masse**, also das Maß dafür, wieviel Schwerkraft ein Körper auf den Rest der Welt ausübt (und vom Rest der Welt erfährt), mit der relativistischen Masse einhergeht, weil träge Masse und schwere Masse äquivalent sind. Ein Körper, der sich relativ zu mir mit hoher Geschwindigkeit bewegt, zieht mich also stärker an, als wenn er in Ruhe wäre.

Aber was ist nun die „eigentliche" Masse: die Ruhemasse oder die relativistische? Das ist Geschmackssache. Die Ruhemassen der Elementarteilchen sind Naturkonstanten. Wenn von der Elektronmasse m_e oder der Protonmasse m_p die Rede ist, dann ist damit immer die Ruhemasse gemeint. Denn die relativistische Masse hängt ja vom Bezugssystem ab und lässt sich daher gar nicht allgemeingültig angeben. Es ist aber die relativistische Masse, die die Dynamik, also das Beschleunigungsverhalten und auch die ausgeübte Schwerkraft bestimmt. Dass dies von der Perspektive, nämlich dem Bewegungszustand des Beobachters abhängt, ist gewöhnungsbedürftig, aber konsistent.

Wenden wir uns nun der zeitlichen Komponente des Viererimpulses zu, $p^0 = m_r$. Die relativistische Masse ist also selbst eine Komponente des Impulsvektors. Wenn wir diese in Potenzen von v entwickeln, erhalten wir

$$p^0 = \frac{m}{\sqrt{1 - v^2}} = m + \frac{1}{2}mv^2 + O(v^4). \qquad (1.152)$$

Der Ausdruck $mv^2/2$, sollte Ihnen bekannt vorkommen: Das ist die kinetische Energie aus der Newton'schen Mechanik. Sollte m_r und somit p^0 etwas mit der Energie des Teilchens zu tun haben? Das wäre sehr schön! Denn wir erinnern uns, dass der Energiebegriff in der Newton'schen Physik etwas künstlich vom Himmel fiel. Geschwindigkeit, Impuls, Beschleunigung und Kraft hatten ziemlich einfache, klare Definitionen, wohingegen man sich die Energie so zurechtbiegen musste, dass ein Erhaltugnssatz herauskam. Der Erhaltungssatz war quasi auch die einzige Rechtfertigung dieses Begriffes, er macht nämlich Rechnungen einfacher und ermöglicht Abkürzungen für die Lösung einiger komplizierter Probleme. Dazu musste man die kinetische Energie als $mv^2/2$ definieren, und für die potentielle Energie brauchte man eine Kraft, die als Gradient eines Skalarfeldes geschrieben werden konnte, $\mathbf{F} = -\nabla\phi$. Den Wert dieses Skalarfeldes an der Stelle des Teilchens nannte man dann potentielle Energie. Einfach weil mit diesen Definitionen herauskommt, dass die Summe aus kinetischer und potentieller Energie erhalten ist. Das Ganze wirkte etwas mysteriös.

Wenn sich jetzt herausstellen sollte, dass die Energie eine Komponente des Impulsvektors ist, wäre die Angelegenheit schon etwas „natürlicher". Wenn sich dann auch noch herausstellt, dass die Energie weiterhin eine Erhaltungsgröße ist, hätten wir den Energieerhaltungssatz in den Impulserhaltungssatz integriert, eine wesentliche Vereinfachung! Es wäre außerdem eine gewisse Konsistenz mit der Quantenmechanik hergestellt, die ebenfalls zu dem Ergebnis kommt, dass die Energie sich zur Zeitkoordinate verhält wie der räumliche Impuls $\mathbf{p}$ zu den Ortskoordinaten; und das, obwohl die Quantenmechanik nicht relativistisch ist. Genau genommen weisen bereits der Hamilton-Formalismus und die Poisson-Klammern der Klassischen Mechanik in diese Richtung. Für eine Funktion $f(\mathbf{q}, \mathbf{p})$, wobei mit $\mathbf{q}$ und $\mathbf{p}$ die Gesamtheit der Ort- und Impulskoordinaten des Hamilton'schen Formalismus gemeint ist, gilt: Die Poisson-Klammer von f mit einer Impulskoordinate ergibt die zugehörige Ortsableitung von f. Die Poisson-Klammer von f mit der Hamiltonfunktion H, also der Energie, ergibt die Zeitableitung von f,

$$\{f, p_i\} = \frac{\partial f}{\partial q_i}, \qquad \{f, H\} = \frac{df}{dt}. \tag{1.153}$$

Die Energie als zeitliche Komponente des Impulses zu haben, erschiene in diesen Zusammenhängen also sehr passend.

Um den Energiebegriff für die Komponente p^0 zu etablieren, *definieren* wir zunächst einfach $E := p^0 = m_r$ als die Energie des Teilchens und schauen, was dabei herauskommt. In der Newton'schen Mechanik konnte man die Energie um einen beliebigen konstanten Betrag umdefinieren, $E' = E + \text{const}$, denn es ging ja nur um den Erhaltungssatz, und an dem ändert sich nichts, wenn man alles um eine Konstante erhöht oder verringert. Jetzt scheint es mit Gl. (1.152), dass die Ruhemasse m die Rolle dieser Konstanten einnimmt, und dass wir die Ausdrücke $O(v^4)$ als relativistische Korrekturen zur kinetischen Energie T auffassen können,

$$E = m + T, \qquad T = m_r - m = \frac{1}{2}mv^2 + O(v^4) \tag{1.154}$$

Es stellen sich nun zwei Fragen, die zu einem gewissen Grad miteinander zusammenhängen: (1) Wie kommen wir zum Impulserhaltungssatz (der dann mit der Definition $E = p^0$ automatisch auch den Energieerhaltungssatz beinhaltet)? Müssen wir ihn *postulieren* oder können wir ihn aus einem anderen Prinzip ableiten? (2) Wie bringen wir die potentielle Energie ins Spiel? Bei der Auseinandersetzung mit diesen Fragen werden wir auf einige Schwierigkeiten stoßen, die jedoch erhellend sind.

In der Newton'schen Mechanik folgte die Impulserhaltung aus dem dritten Newton'schen Axiom (das als einziges ein echtes Axiom ist; das zweite können wir als Definition der Kraft ansehen, und das erste folgt aus dem zweiten): *actio = reactio*. Wenn Teilchen A auf Teilchen B die Kraft **F** ausübt, dann übt B auf A die Kraft $-\mathbf{F}$ aus. Die gesamte Impulsänderung ist dann

$$\frac{d\mathbf{p}^{(A)}}{dt} + \frac{d\mathbf{p}^{(B)}}{dt} = -\mathbf{F} + \mathbf{F} = 0. \tag{1.155}$$

Können wir ein solches Postulat auch für die relativistische Mechanik aufstellen? Dazu brauchen wir erst einmal einen relativistischen Kraftbegriff. Den erhalten wir mit der **Viererkraft**

$$F^\mu = \frac{dp^\mu}{d\tau} = m\frac{d^2x^\mu}{d\tau^2} \tag{1.156}$$

Was, wenn wir nun *actio = reactio* anhand dieser Kraft postulieren? Das geht schief, denn τ ist die Eigenzeit entlang der Bahn eines Teilchens, und wenn mehrere Teilchen im Spiel sind, dann hat jedes Teilchen sein eigenes τ, sodass die Ableitungen $d/d\tau^{(A)}$ und $d/d\tau^{(B)}$ nicht miteinander vergleichbar sind. Aus $F^{(A)\mu} = -F^{(B)\mu}$ folgt so keine Impulserhaltung mehr. Wir haben gewissermaßen ein Dilemma bei der Wahl zwischen t und τ: Mit Ableitungen d/dt sind wir nicht **Lorentz-invariant** (also invariant unter Lorentz-Transformationen), denn t hängt vom Bezugssystem ab. Mit Ableitungen $d/d\tau$ können wir die Teilchen nicht mehr in Beziehung zueinander setzen, denn τ hängt von der jeweiligen Teilchenbahn ab.

Und was, wenn wir mit der Kraftdefinition aus Gl. (1.146) arbeiten? Können wir für diese Kraft *actio = reactio* postulieren und daraus eine Impulserhaltung bekommen? Das funktioniert genau dann, wenn die Teilchen an einem Ort zusammenstoßen, und auch dann ergibt es nur die Erhaltung der räumlichen Komponenten des Impulses; die Energieerhaltung müsste separat postuliert werden. Wenn die Teilchen nicht an einem Ort zusammenstoßen, sondern über eine Entfernung miteinander wechselwirken, haben wir ein generelles Problem. Newtons Axiom impliziert ja, dass *actio* und *reactio gleichzeitig* stattfinden. Denn ansonsten wäre die Impulserhaltung zwischenzeitlich verletzt. Im Minkowski-Raum ist Gleichzeitigkeit aber eine Frage des Bezugssystems. Solange die Teilchen nicht bei der Wechselwirkung am selben Ort sind, wird es immer so sein, dass eine gegenseitige Wirkung, die in einem Bezugssystem als gleichzeitig erscheint, in einem anderen so aussieht, als würde A zeitlich vor B reagieren und wieder in einem anderen, als würde B zeitlich vor A beschleunigt.

Es kann in einer relativistischen Theorie keine direkten Fernwirkungen geben, ohne Probleme mit der Kausalität zu bekommen. Deshalb funktioniert hier auch Newtons Gravitationstheorie nicht mehr. Dort beeinflussen sich Körper über beliebige Distanzen hinweg, ohne Zeitverzug. Wenn die Sonne ihre Position ändert, bewegt sich das zugehörige Gravitationspotential im gesamten Universum auf einmal. Das ist mit der Relativität der Gleichzeitigkeit nicht mehr möglich. Eine konsistente relativistische Feldtheorie der Gravitation liegt uns mit der Allgemeinen Relativitätstheorie vor.

Interessant ist, wie der Elektromagnetismus diese Probleme löst, und darum soll es in diesem Buch gehen. Die Lorentz-Kraft, die besagt, wie das elektromagnetische Feld die Bahnen von geladenen Teilchen beeinflusst, lässt sich in der Form einer Viererkraft F_L^μ ausdrücken. Dem elektromagnetischen Feld selbst ist eine Impulsdichte zugeordnet (die Dichte eines Viererimpulses, also sowohl einer Energie als auch eines Impulses im Newton'schen Sinn). Die Lorentz-Kraft überträgt eine bestimmte Impulsmenge auf das Teilchen, und das Feld verliert genau diese Menge, der Gesamtimpuls ist also erhalten. Umgekehrt beeinflussen geladene Teilchen das elektromagnetische Feld mittels der Maxwell-Gleichungen. Auch dabei ist der Viererimpuls erhalten. Diese Beeinflussung des Feldes breitet sich mit Lichtgeschwindigkeit aus und gelangt schließlich an die Position anderer Teilchen, wo diese wiederum mittels der Lorentz-Kraft beschleunigt werden. Die Wechselwirkung zwischen entfernten Teilchen findet also durch Übertragung mithilfe eines Feldes statt, das sich in relativistisch konsistenter Weise verändert. Die Übertragung von Impuls (und damit auch Energie) findet jeweils an einem festen Punkt statt, zunächst von Teilchen A auf das Feld und dann vom Feld auf Teilchen B. Die Maxwell-Gleichungen und die Gleichung für die Lorentz-Kraft sind Gleichungen von Vierervektoren, die in allen Inertialsystemen die gleiche Form haben. Der Übergang von einem Inertialsystem in ein anderes ist durch die zugehörige Lorentz-Transformation gegeben. Die Impulserhaltung folgt für eine Feldtheorie wie diese aus einem Theorem von Emmy Noether: Immer wenn die Naturgesetze, also die Feldgleichungen, an allen Orten und zu allen Zeiten die gleichen sind (in Fachsprache: wenn Translationen eine Symmetrie der Theorie sind), ist automatisch der Viererimpuls erhalten.

All diese Dinge werden wir in Kap. 3 ausführlich besprechen. Aber wir können auch ein paar Erkenntnisse gewinnen, bevor wir diese wunderbare Theorie in den Händen haben. Zunächst können wir untersuchen, wie sich die Energie bei der Bewegung eines relativistischen Teilchens in einem konstanten externen Potential verhält (ohne ins Spiel zu bringen, dass dieses Potential wahrscheinlich von anderen Teilchen erzeugt wurde). Der Impuls kann in einem solchen Fall nicht erhalten sein, weil das Teilchen Impuls vom Potential aufnimmt, ohne etwas zurückzugeben, das war ja auch bei Newton schon so. Aber vielleicht gelingt zumindest die Bilanzgleichung von kinetischer und potentieller Energie. Danach können wir noch Zusammenstöße und Zerfälle relativistischer Teilchen diskutieren, für die wir die Erhaltung des Viererimpulses einfach *postulieren*. Dies sind lokale Prozesse, die an einem bestimmten Punkt der Raumzeit stattfinden und somit kein Problem für die Kausalität darstellen.

Betrachten wir also ein Teilchen in einem konservativen Kraftfeld, mit der Kraftdefinition aus Gl. (1.146) und $\mathbf{F} = -\nabla V(\mathbf{x})$. Diese Gleichung gilt nur in einem bestimmten Bezugssystem; in einem relativ dazu bewegten System ist das Potential zeitabhängig. Wir wollen wissen, ob wir $V(\mathbf{x})$ an der Position des Teilchens wie in der Newton'schen Mechanik als potentielle Energie ansehen können und ob damit die Gesamtenergie des Teilchens erhalten bleibt. Bilden wir das Skalarprodukt mit der Geschwindigkeit des Teilchens,

$$\mathbf{F} \cdot \mathbf{v} = \frac{d\mathbf{p}_r}{dt} \cdot \mathbf{v} = \frac{d}{dt} \left(\frac{m\mathbf{v}}{\sqrt{1 - v^2}} \right) \cdot \mathbf{v} = \frac{d}{dt} \left(\frac{m}{\sqrt{1 - v^2}} \right) = \frac{dm_r}{dt}. \qquad (1.157)$$

Für das vorletzte Gleichheitszeichen müssen Sie eine kleine Zwischenrechnung durchführen, die ich Ihnen hier als Übung überlasse. Andererseits ist

$$\mathbf{F} \cdot \mathbf{v} = -(\nabla V(\mathbf{x})) \cdot \mathbf{v} = -(\partial_i V) \frac{dx^i}{dt} = -\frac{dV(\mathbf{x}(t))}{dt}. \qquad (1.158)$$

Also ist $dm_r/dt = -dV/dt$; es macht also Sinn, $V(\mathbf{x}(t))$ als potentielle Energie anzusehen. Die Gesamtenergie $E := m_r + V$ ist dann konstant, wobei die ganze Überlegung, wie gesagt, nur in dem Bezugssystem gilt, in dem das Potential zeitunabhängig ist. Sie erhärtet aber unsere Vorstellung, dass die relativistische Masse m_r als ein Energieausdruck zu verstehen ist.

In diesem Zusammenhang stellt sich die Frage, ob die Bindungsenergie gebundener Zustände aus mehreren Teilchen sich in der Gesamtmasse niederschlägt, ob also die Äquivalenz „Energie = Masse" solche Formen potentieller Energie miteinbezieht. Leider haben im Rahmen dieses Buches keine Theorie zur Verfügung, mit der wir diese Frage untersuchen können. Denn die Newton'sche Gravitation ist nicht relativistisch und somit für unsere Zwecke ungeeignet. Die Klassische Elektrodynamik hingegen gestattet keine stabilen gebundenen Zustände. Ein negativ geladenes Elektron, das einen positiv geladenen Atomkern umkreist, würde permanent Energie abstrahlen und schließlich in den Kern hineinstürzen. Daher kann es keine Atome geben. Oops, es gibt sie aber doch. Die Quantenmechanik löst das Problem, und ihre fortgeschrittene Variante, die Quantenfeldtheorie, ist sogar relativistisch. Beides geht jedoch über den Horizont dieses Buches hinaus.

Wir können jedoch zumindest die Fragestellung anhand der Gravitation erläutern: Ein Planet umrundet einen Stern auf einer elliptischen Bahn. Nach dem *Virialsatz* ist dabei die durchschnittliche potentielle Energie $\bar{U}$ des Planeten negativ und vom Betrag her doppelt so groß wie die durchschnittliche kinetische Energie $\bar{T}$ (beides im Rahmen der Newton'schen Physik),

$$\bar{U} = -2\bar{T}. \tag{1.159}$$

Insbesondere ist die Summe aus potentieller und kinetischer Energie negativ. Gleiches gilt für den Stern. Wenn Energie und Masse äquivalent sind, bedeutet dies dann, dass die Masse des Planetensystems (also des „gebundenen Zustands" aus Stern und Planet) kleiner ist als die Masse von Planet plus Stern für sich genommen?

In der Atomphysik begegnen uns überall gebundene Zustände: Durch elektrische Kräfte kommen Atome zustande, also gebundene Zustände aus Elektronen und Atomkernen (die nach der klassischen Theorie des Elektromagnetismus, von der dieses Buch handelt, eigentlich nicht existieren dürften). Im Atomkern dominiert die sogenannte starke Kernkraft, die die Protonen und Neutronen zusammenhält. Hier können wir die involvierten Massen experimentell bestimmen – das Sonnensystem als ganzes zu wiegen, fällt deutlich schwerer. Es zeigt sich tatsächlich, dass die gebundenen Zustände leichter sind als die Summe ihrer Bestandteile. Ein stabiler Atomkern ist bis zu 1 % leichter als die Summe seiner Protonen und Neutronen für sich genommen. Durch diesen **Massendefekt** scheint ein Gesetz verletzt zu sein, das in Chemie und Physik lange als unumstößlich galt: die Erhaltung der Masse. Tatsächlich ist die Gesamtmasse aber erhalten: Wenn Teilchen sich zu größeren Bausteinen (z. B. Atomkernen, Atomen) zusammenfügen, wird Energie abgestrahlt, die genau der Bindungsenergie entspricht, plus der kinetischen Energie, die die Teilchen vorher hatten. Diese Energie entspricht auch wieder einer relativistischen Masse m_r, und somit ist die (relativistische) Gesamtmasse doch erhalten. Die Quantenfeldtheorie bestätigt diese Beobachtungen auch von der Theorie-Seite her. Allerdings wird die Terminologie in diesen Theorien so verwendet, dass mit dem Ausdruck Masse immer die Ruhemasse gemeint ist und die relativistische Masse von vornherein als Energie bezeichnet wird. Einsteins berühmtes „$E = mc^2$" lautet damit einfach $E = E$ – ein Beispiel dafür, wie eine tiefe Erkenntnis durch Terminologie „absorbiert" werden kann.

Beim Zerfall eines gebundenen Zustands in seine Bestandteile wirkt der Massendefekt in der umgekehrten Richtung (wir postulieren hier die Erhaltung des Viererimpulses, die in der Quantenfeldtheorie auch bestätigt wird): Ein Teilchen A zerfällt in zwei andere Teilchen B und C, beispielsweise ein instabiler Atomkern in zwei kleinere Atomkerne. Dann ist wegen Energieerhaltung (also der Erhaltung von p^0), betrachtet im Ruhesystem von A:

$$E_A = m_A = E_B + E_C = m_{rB} + m_{rC} > m_B + m_C. \qquad (1.160)$$

Hierbei sind m_A die Ruhemasse von A (also die Energie von A im Ruhesystem von A), m_{rB} und m_{rC} die relativistische Masse von B bzw. C (also die Energie von B bzw. C), m_B und m_C die Ruhemassen von B und C. Die Ruhemassen der Zerfallsprodukte sind demnach in Summe kleiner als die Ruhemasse des zerfallenen Objekts. Um hingegen einen stabilen gebundenen Zustand wieder in die (in Summe schwereren) Bestandteile zu zerlegen, aus denen er entstanden ist, muss immer zusätzliche Energie von außen zugeführt werden.

Generell ist der Viererimpuls p^μ ein zeitartiger Vektor mit Betrag $|p|_- = m$, denn $p^\mu = m u^\mu$ und $|u|_- = 1$. Es gilt also

$$- p_\mu p^\mu = E^2 - \mathbf{p}_r^2 = m^2. \qquad (1.161)$$

Dies ist die sogenannte **Massenschalenbedingung**. Man stellt sich dazu die „Schale" der Viererimpulse im Impulsraum vor, die diese Bedingung erfüllen. Genau genommen handelt es sich um einen Hyperboloid, insofern ist der Ausdruck etwas irreführend.

Wenn wir die Erhaltung des gesamten Viererimpulses postulieren, lässt sich eine Menge an Information über Zerfalls- und Stoßprozesse von Teilchen gewinnen. Nehmen wir beispielsweise den oben diskutierten Fall eines Zerfalls A $\to$ B+C. Wir arbeiten im Ruhesystem von A, wo der Viererimpuls von A vor dem Zerfall durch $p_A^\mu = (m_A, \mathbf{0})$ gegeben ist. Gesucht sind die Viererimpulse p_B^μ und p_C^μ nach dem Zerfall, also insgesamt acht Unbekannte (zwei mal vier Komponenten). Die Gleichungen, die uns dafür zur Verfügung stehen, sind die vier Komponenten der Impulserhaltung

$$p_A^\mu = p_B^\mu + p_C^\mu \qquad (1.162)$$

und die zwei Massenschalenbedingungen

$$E_B^2 - \mathbf{p}_{rB}^2 = m_B^2, \qquad E_C^2 - \mathbf{p}_{rC}^2 = m_C^2. \qquad (1.163)$$

Wir haben sechs Gleichungen für acht Unbekannte, es bleiben also zwei freie Parameter in der Lösung. Diese zwei freien Parameter beschreiben einfach die *Richtung* des Zerfalls (gegeben durch zwei Winkel). Das Problem ist kugelsymmetrisch, also kann der Zerfall in jeder Richtung des Raums gleichermaßen stattfinden; das heißt, B fliegt in irgendeine Richtung und C dann automatisch in die Gegenrichtung. Die Energien können hingegen aus den zur Verfügung stehenden Gleichungen gewonnen werden und man erhält

$$E_B = \frac{m_A^2 + m_B^2 - m_C^2}{2m_A}, \qquad E_C = \frac{m_A^2 + m_C^2 - m_B^2}{2m_A}. \qquad (1.164)$$

Aufgabe 1.5. Zeigen Sie das.   ♦

1.6.3 Masselose Teilchen

Soweit galten unsere Überlegungen für Teilchen mit Masse, die sich mit $v < 1$ bewegen. Ein Teilchen mit Masse, das sich mit $v = 1$ bewegt, ist nicht möglich. Ein masseloses Teilchen, das sich mit $v < 1$ bewegt, ist zwar denkbar, wäre aber nicht bemerkbar, da seine Energie und sein Impuls gleich null wären und es damit keinerlei Effekt auf den Rest der Welt haben könnte. Jede Kraft, die darauf wirkt und ihm eine endliche Energiemenge zuführt, würde es sofort auf Lichtgeschwindigkeit bringen. Bleiben also noch masselose Teilchen mit $v = 1$ zu diskutieren. Hier müssen wir anders vorgehen als bisher, da die Vierergeschwindigkeit u^μ nicht definiert ist und somit auch die bisherige Definition $p^\mu = m u^\mu$ nicht funktioniert.

Um doch noch zu einem geeigneten p^μ zu gelangen, gehen wir davon aus, dass auch masselose Teilchen eine *relativistische* Masse m_r haben, so dass $p^\mu = m_r(1, \mathbf{v})$ ist, nur dass m_r sich nun nicht mehr mit der Formel $m_r = m/\sqrt{1 - v^2}$ berechnen lässt, weil das 0/0 ergäbe. Wegen $v = |\mathbf{v}| = 1$ gilt hier automatisch die Massenschalenbedingung

$$p_\mu p^\mu = -E^2 + \mathbf{p}^2 = -m_r^2(1 - v^2) = 0, \qquad (1.165)$$

d. h., p^μ ist ein lichtartiger Vektor, und der Betrag des räumlichen Impulses entspricht der Energie.

Aber wie groß ist die Energie des Teilchens, also m_r? Da es dafür keinen Zusammenhang mit m und v mehr gibt, brauchen wir andere Kriterien. Entweder entnimmt man diese Kriterien der Quantenfeldtheorie, die das Teilchen beschreibt, oder man erschließt sich die Energie aus Wechselwirkungsprozessen, wie wir unten im Beispiel des Compton-Effekts vorführen werden.

In der klassischen Elektrodynamik, die das Thema dieses Buches ist, gibt es keine masselosen Teilchen. Das elektromagnetische Feld selbst ist kontinuierlich und hat hier noch keinen Teilchencharakter. Die geladenen Teilchen, die damit wechselwirken, haben alle eine Masse. Erst in der Quantenversion der Elektrodynamik, der **Quantenelektrodynamik**, bringt das elektromagnetische Feld Teilchen hervor, die masselosen **Photonen**, und die elektromagnetische Wechselwirkung zwischen geladenen Teilchen kommt durch den Austausch von Photonen zustande.

Um auch für den masselosen Fall ein Beispiel für die Bedeutung der Impulserhaltung und der Massenschalenbedingung vorzuführen, sehen wir uns einen typischen Prozess aus der Quantenelektrodynamik an, den **Compton-Effekt**. Dabei trifft ein Photon auf ein ruhendes Elektron. Durch den Stoß kommt das Elektron in Bewegung; das Photon wird in seiner Bahn um den Winkel θ abgelenkt und verliert einen Teil seiner Energie, die dem Elektron als kinetische Energie gutgeschrieben wird (siehe Abb. 1.6). Wir wollen nun die Energie des Photons vor und nach der Wechselwirkung bestimmen, *ohne* davon Gebrauch zu machen, dass wir diese auch aus der Frequenz ableiten könnten (mit der quantenmechanischen Formel $E = \hbar\omega$).

Die Viererimpulse k^μ, k'^μ des Photons und p^μ, p'^μ des Elektrons vor und nach der Wechselwirkung sind

Abb. 1.6 Compton-Effekt.
Ein Photon trifft auf ein
ruhendes Elektron

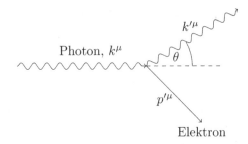

$$k^\mu = (E, \mathbf{k}), \quad k'^\mu = (E', \mathbf{k}'), \quad p^\mu = (m_e, \mathbf{0}), \quad p'^\mu = (m_r, \mathbf{p}'). \qquad (1.166)$$

Dabei ist m_e die Ruhemasse des Elektrons und m_r seine relativistische Masse nach dem Stoß. Die Massenschalenbedingungen lauten

$$E = |\mathbf{k}|, \quad E' = |\mathbf{k}'|, \quad m_r^2 - \mathbf{p}'^2 = m_e^2 \qquad (1.167)$$

Die Erhaltung des Viererimpulses ergibt

$$E + m_e = E' + m_r, \qquad \mathbf{k} = \mathbf{k}' + \mathbf{p}'. \qquad (1.168)$$

Damit können wir zunächst m_r und $\mathbf{p}'$ eliminieren:

$$(E + m_e - E')^2 = m_e^2 + (\mathbf{k} - \mathbf{k}')^2. \qquad (1.169)$$

Mit $\mathbf{k}\mathbf{k}' = EE' \cos\theta$ lässt sich das umformen zu der recht bekannten Formel

$$\frac{1}{E'} - \frac{1}{E} = \frac{1 - \cos\theta}{m_e}. \qquad (1.170)$$

Typischerweise kennt man die Energie E der einlaufenden Photonen und möchte mit dieser Formel einen Zusammenhang herstellen zwischen dem Winkel θ und der Energie, die auf das Elektron übertragen wird. Wir stellen uns hier aber auf den umgekehrten Standpunkt und sagen, dass wir noch nichts über die Photonenergien wissen und diese daher aus den gegebenen Gleichungen ermitteln wollen. Wenn wir m_e als bekannt voraussetzen und m_r sowie θ im Experiment durch Messung ermitteln, dann kommen in Gl. (1.170) und der ersten Gleichung in (1.168) außer E und E' nur bekannte Größen vor. Mit der Definition $\Delta E := m_r - m_e$ können wir dies auflösen zu

$$E, \, E' = \sqrt{\frac{m_e \Delta E}{1 - \cos\theta} + \frac{(\Delta E)^2}{4}} \pm \frac{\Delta E}{2}. \qquad (1.171)$$

Das elektromagnetische Feld

2.1 Stromdichte und Feldstärketensor

Klassische Elektrodynamik

Die Klassische Elektrodynamik handelt von einem Kovektorfeld $A_\mu(x)$ und einem Vektorfeld $j^\mu(x)$ im Minkowski-Raum. Die Dynamik von A_μ wird durch die **Maxwell-Gleichung** beschrieben,

$$\partial_\nu F^{\mu\nu}(x) = j^\mu(x), \tag{2.1}$$

wobei $F_{\mu\nu}$ der **Feldstärketensor** ist, der das **elektromagnetische Feld** darstellt und durch

$$F_{\mu\nu} = \partial_\mu A_\nu - \partial_\mu A_\nu \tag{2.2}$$

definiert ist. Das Kovektorfeld $A_\mu(x)$ nennt man das **elektromagnetische Potential**. Das Vektorfeld $j^\mu(x)$ nennt man **Viererstromdichte**.

Die Klassische Elektrodynamik handelt außerdem von geladenen Teilchen, die durch das elektromagnetische Feld Kräfte erfahren. Dabei ist jedem Teilchen außer seiner Ruhemasse m auch eine elektrische **Ladung** q zugeordnet, wobei q im Gegensatz zur Masse auch negativ sein kann. Die Viererkraft, die das Teilchen im elektromagnetischen Feld erfährt, ist die **Lorentz-Kraft**, gegeben durch

$$\frac{dp^\mu}{d\tau} = q F^\mu{}_\nu u^\nu. \tag{2.3}$$

(Fortsetzung)

Hierbei ist p^μ der Viererimpuls des Teilchens, τ seine Eigenzeitkoordinate und u^ν seine Vierergeschwindigkeit. Das Feld $F^\mu{}_\nu$ wird an der jeweiligen Position des Teilchens ausgewertet.

Jedes Teilchen ist mit einer Viererstromdichte assoziiert, nämlich

$$j^\mu_{\text{Teilchen}}(t, \mathbf{x}) = q \frac{dx'^\mu}{dt} \delta^3(\mathbf{x} - \mathbf{x}'(t)), \tag{2.4}$$

wobei $\mathbf{x}'(t)$ die Trajektorie des Teilchens ist. Die Viererstromdichte beschreibt also die Bewegung elektrischer Ladungen.

Damit ist die Klassische Elektrodynamik vollständig spezifiziert. Wir werden nun zwei Kapitel damit verbringen, die Bedeutung dieser Sätze und Definitionen „auszurollen". In diesem Kapitel beschäftigen wir uns mit der Maxwell-Gleichung und ihren Lösungen, im nächsten dann mit der Lorentz-Kraft und den damit zusammenhängenden Fragen zu Energie und Impuls des elektromagnetischen Feldes. Im vierten und letzten Kapitel dieses Buchs werden wir uns Anwendungen der Theorie ansehen, um das Ganze etwas „handfester" zu machen.

Zunächst fällt uns auf, dass die Theorie irgendwie zweigeteilt ist. Zum einen haben wir die *Feldgleichung* (2.1), die von ausgedehnten Objekten handelt, nämlich dem elektromagnetischen Feld und der Stromdichte, und an jedem Punkt der Raumzeit gilt. Zum andern haben wir Gl. (2.3), die eine Kraft auf ein *punktförmiges Teilchen* beschreibt und sich daher nur auf den Ort bezieht, wo sich das Teilchen gerade aufhält. Schließlich stellt noch Gl. (2.4) eine Verbindung zwischen diesen beiden „Welten" her.

In der Quantenelektrodynamik werden elektromagnetisches Feld und Materie gleichermaßen beschrieben. Beide sind durch *Quantenfelder* gegeben, die *Teilchen* hervorbringen, im einen Fall die *Photonen*, im anderen Fall *Elektronen, Protonen, Neutronen* und so weiter. Wechselwirkungen können größtenteils als Wechselwirkungen zwischen Teilchen ausgedrückt werden, im elektromagnetischen Fall beispielsweise durch die Wechselwirkung von Elektronen und Photonen.

In der Klassischen Elektrodynamik gibt es diese Symmetrie noch nicht. Hier setzen wir Situationen voraus, in denen das elektromagnetische Feld in guter Näherung als kontinuierlich angesehen werden kann, in der seine „Quantelung" in Form von Photonen also keine Rolle spielt. Für viele makroskopische Phänomene ist diese Sichtweise hinreichend, sonst wäre die Maxwell'sche Theorie ja nicht so erfolgreich. Im atomaren Bereich kommt man damit aber oft nicht sehr weit. Was jedoch die Materie angeht, so können wir auch bei makroskopischen Phänomenen oft nicht vernachlässigen, dass sie sich aus Teilchen zusammensetzt. Es ist entscheidend, dass die negative geladenen Bausteine der Materie, die Elektronen, sehr viel leichter und beweglicher sind als die recht schwerfälligen positiv geladenen Atomkerne, so dass es vor allem die Elektronen sind, die durch die Lorentz-Kraft bewegt werden. Viele Experimente beinhalten das Verhältnis e/m_e aus Elektronenladung e und Elektronenmasse m_e – man beachte, dass die linke Seite von Gl. (2.3) mit dem Impuls die Masse enthält. Dadurch erklärt sich die Notwendigkeit der Kombination aus einer Feldgleichung und einer Gleichung für die Bewegung geladener Teilchen.

An der Maxwell-Gleichung wird Sie womöglich der Singular wundern. Es waren doch mehrere? Und sie sahen doch ganz anders aus? Das Schöne an der relativistischen Formulierung mit dem Potential A_μ und dem Feldstärketensor $F_{\mu\nu}$ ist aber gerade, dass es nur eine Gleichung ist, wenn auch eine Gleichung mit vier Komponenten $\mu = 0, 1, 2, 3$. Wie daraus die vier ursprünglichen Maxwell-Gleichungen (mit insgesamt acht Komponenten) zurückgewonnen werden, erfahren Sie in Abschn. 2.6.1, allerdings erst, nachdem wir die *eine* Gleichung bereits allgemein in Form von elektromagnetischen Wellen und retardierten Potentialen gelöst haben. Die makroskopischen Maxwell-Gleichungen in Materie folgen später in Abschn. 4.4.

In der Maxwell-Gleichung kommen zweite Ableitungen von A_μ vor, aber keine Ableitungen von j^ν. Das ist so zu verstehen, dass diese Gleichung die Dynamik von A_μ beschreibt und die Stromdichte j^ν dabei als *Quellterm* dient. Kausal ausgedrückt bedeutet dies, dass das Vorhandensein und die Verteilung von j^ν das Verhalten von A_μ beeinflusst oder sogar A_μ „erzeugt". Umgekehrt kann man natürlich auch Aufgabenstellungen haben, bei denen die Feldverteilung von A_μ vorgegeben ist und j^ν damit aus der Maxwell-Gleichung folgt, so wie aus dem Gravitationspotential der Sonne ja auch auf das Vorhandensein der Sonne geschlossen werden kann. Das ist aber nicht kausal zu verstehen. Die Feldverteilung von A_μ verursacht oder erzeugt das Vorhandensein der Ströme genausowenig, wie das Gravitationspotential der Sonne die Sonne verursacht oder erzeugt. Zumindest wäre das eine sehr seltsame Interpretation. Die Dynamik von j^ν ist durch die Kräfte bestimmt, die auf die geladenen Teilchen wirken, aus denen sich j^ν mittels (2.4) konstituiert. Zu diesen Kräften gehört natürlich die Lorentz-Kraft (2.3).

Als nächstes stellen wir fest, dass die drei Gleichungen im Kasten *Lorentz-invariant* sind, also in jedem Inertialsystem gleich aussehen. Bei den ersten beiden Gleichungen ist dies offensichtlich: Es sind Gleichungen von Tensoren im Minkowski-Raum, wobei klar ist, wie jeder Tensor (inklusive Vektoren und Kovektoren) sich bei einer Lorentz-Transformation verhält. Bei der dritten Gleichung müssen wir kurz nachdenken. Hier werden die Raumkoordinaten separat von der Zeitkoordinate genannt, was daran liegt, dass die Trajektorie des Teilchens in der Zeit ausgedehnt ist, aber nicht im Raum. Wir müssen uns daher noch davon überzeugen, dass die Gleichung nach einem Lorentz-Boost noch genauso aussieht. Dazu erinnern wir uns, dass

$$\frac{dx'^\mu}{dt} = \sqrt{1 - v^2} \frac{dx'^\mu}{d\tau} = \sqrt{1 - v^2}\, u^\mu \qquad (2.5)$$

ist, wobei u^μ ein Vierervektor ist. Damit bleibt uns zu zeigen, dass der Ausdruck

$$\sqrt{1 - v^2(t)}\, \delta^3(\mathbf{x} - \mathbf{x}'(t)) \tag{2.6}$$

Lorentz-invariant ist, eine nützliche Übung. Wählen wir einen bestimmten Zeitpunkt t aus und legen unser Koordinatensystem so, dass die Position des Teilchens zu dieser Zeit im Ursprung liegt und seine Geschwindigkeit in x_1-Richtung läuft. In der Nähe dieses Zeitpunkts gilt also $\mathbf{x}'(t) = (vt, 0, 0) + O(t^2)$. Von hier aus boosten wir ins momentane Ruhesystem des Teilchens. Die neuen Koordinaten nennen wir y'^μ, weil x' bereits für die Bahn des Teilchens vergeben ist. Die Bahn $\mathbf{y}'(y^0)$ in den neuen Koordinaten lautet in der Umgebung des Zeitpunkts $y^0 = 0$: $\mathbf{y}'(y^0) = (0,0,0) + O((y^0)^2)$. Die Delta-Distribution in y_1-Richtung rechnen wir in die alten Koordinaten um:

$$\delta(y_1 - y_1'(y^0)) = \delta(y_1) = \delta\left(\frac{1}{\sqrt{1 - v^2}}(x_1 - vt) \right) = \sqrt{1 - v^2}\, \delta(x_1 - x_1'(t)). \tag{2.7}$$

Die Geschwindigkeit des Boosts entspricht genau der Teilchengeschwindigkeit im alten System, deshalb haben wir den selben Buchstaben v verwendet. Im neuen System ist die momentane Teilchengeschwindigkeit gleich null, die Delta-Distributionen in x_2- und x_3-Richtung bleiben unverändert, und daher gibt Gl. (2.7) gerade die Invarianz von (2.6) wieder. Wir haben dabei die allgemeine Regel

$$\delta(a(x - b)) = \frac{1}{a}\delta(x - b) \tag{2.8}$$

verwendet, was aus der Definition der Delta-Distribution und der Variablensubstitution $x - b = a(y - b)$, $dx = a\,dy$ folgt:

$$f(b) = \int_{-\infty}^{\infty} dx\ f(x)\delta(x - b) = a \int_{-\infty}^{\infty} dy f(y)\ \delta(a(y - b)). \tag{2.9}$$

2.2 Die Kontinuitätsgleichung

Der Feldstärketensor $F_{\mu\nu}$ ist antisymmetrisch. Somit ist auch $F^{\mu\nu} = \eta^{\mu\alpha}\eta^{\nu\beta}F_{\alpha\beta}$ antisymmetrisch. Daraus folgt, wegen der Vertauschbarkeit partieller Ableitungen,

$$\partial_\mu \partial_\nu F^{\mu\nu} = -\partial_\mu \partial_\nu F^{\nu\mu} = -\partial_\nu \partial_\mu F^{\nu\mu} = -\partial_\mu \partial_\nu F^{\mu\nu} = 0. \tag{2.10}$$

Mit der Maxwellgleichung (2.1) ergibt das

$$\partial_\mu j^\mu = 0. \tag{2.11}$$

Das ist die sogenannte **Kontinuitätsgleichung**. Um ihre Bedeutung zu verstehen, erinnern wir uns an den Gauß'schen Integralsatz für ein Vektorfeld $\mathbf{j}(\mathbf{x})$ im dreidimensionalen Raum:

$$\int_{\partial V} d\mathbf{F} \cdot \mathbf{j} = \int_V d^3 x \, \nabla \cdot \mathbf{j}. \tag{2.12}$$

Das Volumenintegral über die Divergenz von $\mathbf{j}$ entspricht dem Flächenintegral von $\mathbf{j}$ entlang des Randes des betrachteten Volumens (das Flächenelement $d\mathbf{F}$ zeigt senkrecht zur Fläche nach außen; für einen Kubus mit Seiten parallel zu den Koordinatenachsen ist das Flächenelement auf der oberen Randfläche $dx_1 dx_2 \mathbf{e}_3$, auf der unteren $-dx_1 dx_2 \mathbf{e}_3$). Wenn nun $\rho(\mathbf{x})$ die Dichte von irgend etwas (z. B. Ladungsdichte oder Energiedichte) und

$$Q = \int_V d^3 x \, \rho \tag{2.13}$$

die Gesamtmenge von diesem Etwas in einem bestimmten Volumen ist, dann können wir die Gleichung

$$\frac{dQ}{dt} = -\int_{\partial V} d\mathbf{F} \cdot \mathbf{j} \tag{2.14}$$

so interpretieren: Das Vektorfeld $\mathbf{j}$ beschreibt die Strömung von dem Etwas, und Gl. (2.14) stellt einen **Erhaltungssatz** dar: Im Volumen V geht die Menge von dem Etwas um genau so viel zurück, wie durch die Oberfläche nach außen strömt. Wegen (2.12) und (2.13) können wir (2.14) auch in lokaler, also auf einen Punkt bezogener Form schreiben:

$$\frac{\partial \rho}{\partial t} = -\nabla \cdot \mathbf{j}. \tag{2.15}$$

Wenn wir nun auch noch das Glück haben, dass ρ und $\mathbf{j}$ Bestandteile eines vierdimensionalen Vektorfelds im Minkowski-Raums sind, $j^\mu = (\rho, \mathbf{j})$, dann vereinfacht sich Gl. (2.15) zu (2.11), und der Erhaltungssatz ist damit in lorentz-invarianter Form ausgedrückt. Das Etwas, dessen Erhaltung in (2.11) oben ausgedrückt wird, ist offensichtlich die elektrische Ladung, und $\rho := j^0$ stellt somit die Ladungsdichte dar. Alles deutet darauf hin, dass die Gesamtladung im Universum nur sehr wenig von null abweicht, dass also positive und negative Ladungen sich fast vollständig ausgleichen. Aus der Kontinuitätsgleichung folgt, dass dies dann schon immer so gewesen ist und auch in Zukunft so bleiben wird.

2.3 Die Lorentz-Eichung

Sowohl in der Maxwell-Gleichung (2.1) als auch in der Lorentz-Kraft (2.3) kommt A_μ nur in der Kombination $F_{\mu\nu} = \partial_\mu A_\nu - \partial_\mu A_\nu$ vor. An diesen Gleichungen, die beschreiben, wie A_μ mit dem Rest der Welt interagiert, ändert sich also nichts, wenn wir zu $A_\mu(x)$ einen Term $\partial_\mu \chi(x)$ hinzufügen, für ein beliebiges Skalarfeld $\chi(x)$. Denn mit

$$A'_\mu(x) = A_\mu(x) + \partial_\mu \chi(x) \tag{2.16}$$

ist

$$\partial_\mu A'_\nu - \partial_\mu A'_\nu = \partial_\mu A_\nu - \partial_\mu A_\nu + \partial_\mu \partial_\nu \chi - \partial_\nu \partial_\mu \chi = \partial_\mu A_\nu - \partial_\mu A_\nu. \tag{2.17}$$

Die Transformation (2.16) heißt **Eichtransformation**, und wir haben gerade erkannt, dass die Elektrodynamik invariant unter Eichtransformationen ist. Da A_μ nicht direkt beobachtbar ist, wissen wir nicht, ob es ein „wahres" A_μ gibt, und können χ so wählen, dass das A_μ, das dabei herauskommt, Eigenschaften hat, die uns beim Rechnen nützlich sind. Die Wahl eines solchen χ, die zu einer bestimmten Form von A_μ führt, nennt man eine **Eichung**.

Für unsere derzeitigen allgemeinen Überlegungen am nützlichsten ist die **Lorentz-Eichung**,

$$\partial_\mu A^\mu = 0. \tag{2.18}$$

Diese Eichbedingung hat die schöne Eigenschaft, dass sie lorentz-invariant ist, also in jedem Inertialsystem gleichermaßen gilt. Um ausgehend von irgendeinem A_μ diese Bedingung zu erreichen, müssen wir χ so wählen, dass

$$\partial_\mu \partial^\mu \chi = -\partial_\mu A^\mu \tag{2.19}$$

im gesamten Minkowski-Raum gilt. Kann man ein solches χ immer finden? Glücklicherweise hat die Maxwell-Gleichung in der Lorentz-Eichung eine ähnliche Form wie (2.19). Indem wir zeigen, wie die Maxwell-Gleichung in dieser Form zu lösen ist, zeigen wir zugleich, dass wir auch ein geeignetes χ finden können, dass also die Lorentz-Eichung existiert.

Wir können sogar noch weiter gehen, denn es gibt unendlich viele Lösungen zu (2.19). Wenn wir eine Lösung gefunden haben, können wir zu χ ein beliebiges weiteres Skalarfeld ξ hinzufügen, $\chi \to \chi + \xi$, sofern ξ die **homogene Wellengleichung**

$$\partial_\mu \partial^\mu \xi = 0 \tag{2.20}$$

erfüllt. Das neue χ erfüllt dann noch immer die Lorentz-Bedingung (2.19). Diese zusätzliche Freiheit können wir nutzen, um A^μ weiter zu verschönern. Ein Beispiel dafür werden wir im weiteren Verlauf dieses Kapitels kennenlernen. Den Operator

$$\partial_\mu \partial^\mu = -\partial_t^2 + \nabla^2 \tag{2.21}$$

nennt man übrigens **d'Alembert-Operator**, wobei $\nabla^2 = \partial_i \partial^i$ der Laplace-Operator ist, mit dem Sie vermutlich schon in Berührung gekommen sind.

In der Lorentz-Eichung ist

$$\partial_\mu F^{\nu\mu} = \partial_\mu \partial^\nu A^\mu - \partial_\mu \partial^\mu A^\nu = \partial^\nu (\partial_\mu A^\mu) - \partial_\mu \partial^\mu A^\nu = -\partial_\mu \partial^\mu A^\nu. \qquad (2.22)$$

Die Maxwell-Gleichung nimmt in dieser Eichung also die Form

$$\partial_\mu \partial^\mu A^\nu = -j^\nu \qquad (2.23)$$

an, und in dieser Form wollen wir sie nun lösen, wobei wir das Vektorfeld j^ν als vorgegeben ansehen.

Da die Maxwell-Gleichung linear ist (d. h., alle Felder kommen nur in der ersten Potenz vor), gilt das **Superpositionsprinzip**: Wenn $(A^\mu(x), j^\mu(x))$ sowie $(A'^\mu(x), j'^\mu(x))$ Lösungen der Maxwell-Gleichung sind, dann ist auch jede Linearkombination $(a A^\mu(x) + b A'^\mu(x), a j^\mu(x) + b j'^\mu(x))$ eine Lösung. Insbesondere, wenn wir für gegebenes j^μ zwei Lösungen $A^\mu(x)$ und $A'^\mu(x)$ haben, ist deren Differenz $A''^\mu = A^\nu - A'^\nu$ eine Lösung der homogenen Wellengleichung

$$\partial_\mu \partial^\mu A''^\nu = 0. \qquad (2.24)$$

Diese Überlegung suggeriert folgendes Vorgehen: Wir suchen zunächst *alle* Lösungen der homogenen Wellengleichung (2.24) zusammen. Anschließend suchen wir uns *eine* Lösung der inhomogenen Wellengleichung (2.23). Die Gesamtmenge der Lösungen zu (2.23) ist dann die eine Lösung, überlagert mit (also addiert zu) allen Lösungen von (2.24). In jedem Fall müssen wir uns aber anschließend noch auf die Lösungen einschränken, die die Lorentz-Eichung erfüllen, um konsistent zu bleiben.

Das Schöne an der Lorentz-Eichung (und den dazugehörigen Wellengleichungen) ist, dass die verschiedenen Komponenten entkoppelt sind: Die vier Komponenten A^μ können unabhängig voneinander gelöst werden, und jede Komponente von A^μ hängt auch nur von der *gleichen* Komponente von j^μ ab. In einer Situation, in der beispielsweise nur eine statische Ladungsverteilung $\rho(\mathbf{x})$, aber keine Ströme $\mathbf{j}$ vorhanden sind, können wir uns ausschließlich auf das **elektrostatische Potential** $\phi := A^0$ konzentrieren. Haben wir es nur mit zirkulierenden Strömen $\mathbf{j}$ zu tun, ohne dass irgendwo ein Ladungsüberschuss $\rho \neq 0$ vorhanden ist, beschränken wir uns auf das **Vektorpotential A** $= (A_1, A_2, A_3)$. Mehr zu diesen speziellen Situationen finden Sie in Kap. 4.

2.4 Homogene Lösungen

2.4.1 Fourier-Transformationen

Um die Maxwell-Gleichung in der Lorentz-Eichung zu lösen, werden wir von Fourier-Transformationen Gebrauch machen. Ich gehe davon aus, dass Sie bereits etwas mit diesem Thema vertraut sind, z. B. im Rahmen eines Kurses über mathematische Methoden der Physik. Das Folgende dient daher einer Übersicht und

der Hervorhebung einiger spezieller Aspekte, ohne dass größere Rechnungen oder
Beweise vorgeführt werden.

Zunächst ein paar Formeln zu Sinus, Cosinus und Exponentialfunktion, die wir
später brauchen:

$$\sin(\alpha + \beta) = \sin\alpha\cos\beta + \cos\alpha\sin\beta. \tag{2.25}$$

Daher und wegen $\sin\alpha = \cos(\alpha - \frac{\pi}{2})$ lässt sich jede Linearkombination $a\sin\alpha +$
$b\cos\alpha$ schreiben als

$$a\sin\alpha + b\cos\alpha = c\,\sin(\alpha + \beta) = c\,\cos(\alpha + \beta - \frac{\pi}{2}) \tag{2.26}$$

mit

$$c = \sqrt{a^2 + b^2}, \qquad \beta = \arctan\frac{b}{a}. \tag{2.27}$$

Der Zusammenhang zwischen Sinus, Cosinus und Exponentialfunktion ist gegeben
durch

$$e^{i\alpha} = \cos\alpha + i\sin\alpha, \qquad e^{-i\alpha} = \cos\alpha - i\sin\alpha, \tag{2.28}$$

$$\cos\alpha = \frac{1}{2}(e^{i\alpha} + e^{-i\alpha}), \qquad \sin\alpha = \frac{1}{2i}(e^{i\alpha} - e^{-i\alpha}). \tag{2.29}$$

Nun zum eigentlichen Thema. Wir betrachten die Menge Four($[-1, 1], \mathbb{R}$) von
reellen Funktionen f auf dem Intervall $[-1,1]$, die eine Entwicklung in eine
Fourier-Reihe gestatten. Grundvoraussetzung ist dabei $f(-1) = f(1)$. Es gibt
noch einige weitere Eigenschaften, die f haben muss, die uns hier allerdings nicht
weiter interessieren. Wichtig ist jedoch, dass Four($[-1,1], \mathbb{R}$) einen unendlichdimensionalen Vektorraum bildet, d. h. eine Linearkombination von Funktionen in
Four($[-1,1], \mathbb{R}$) liegt wieder in Four($[-1,1], \mathbb{R}$). Auf diesem Vektorraum ist ein
Skalarprodukt zweier Funktionen f und g definiert durch

$$f \cdot g := \int_{-1}^{1} dx f(x)g(x). \tag{2.30}$$

Dies ähnelt dem Skalarprodukt $\mathbf{u} \cdot \mathbf{v} = \sum_i u_i v_i$ auf endlichdimensionalen Vektorräumen, nur dass die endliche Summe über i durch ein Integral über x ersetzt wurde.
Mit diesem Skalarprodukt bilden die Funktionen

$$g_0(x) = \frac{1}{\sqrt{2}}, \qquad g_{2n}(x) = \cos(n\pi x), \qquad g_{2n-1}(x) = \sin(n\pi x) \tag{2.31}$$

für $n \in \mathbb{N}$ eine Orthonormalbasis von Four($[-1,1], \mathbb{R}$). Das heißt:

1. $g_k \cdot g_k = \int_{-1}^{1} dx\, g_k^2(x) = 1$ für alle $k \in \mathbb{N}_0$
2. $g_k \cdot g_l = \int_{-1}^{1} dx\, g_k(x)g_l(x) = 0$ für $k \neq l$
3. Jede Funktion $f \in \text{Four}([-1,1], \mathbb{R})$ lässt sich als eine – möglicherweise unendliche – Linearkombination dieser Funktionen schreiben, genauer gesagt als eine punktweise konvergierende Reihe

$$f(x) = \sum_{k=0}^{\infty} a_k g_k(x) = \frac{a_0}{\sqrt{2}} + \sum_{n=1}^{\infty} [a_{2n-1}\sin(n\pi x) + a_{2n}\cos(n\pi x)], \qquad (2.32)$$

wobei a_k die Projektion von f auf g_k ist:

$$a_k = g_k \cdot f = \int_{-1}^{1} dx\, g_k(x)f(x). \qquad (2.33)$$

Wegen (2.26) kann (2.32) auch umgeschrieben werden zu

$$f(x) = \frac{a_0}{\sqrt{2}} + \sum_{n=1}^{\infty} b_n \sin(n\pi x + \varphi_n) = \frac{a_0}{\sqrt{2}} + \sum_{n=1}^{\infty} b_n \cos(n\pi x + \vartheta_n), \qquad (2.34)$$

mit $\vartheta_n = \varphi_n - \frac{\pi}{2}$.

Verallgemeinert auf komplexwertige Funktionen, also auf Elemente von $\text{Four}([-1,1], \mathbb{C})$, nimmt man am besten die Funktionen

$$h_0(x) = \frac{1}{\sqrt{2}}, \qquad h_{2n}(x) = \frac{1}{\sqrt{2}}e^{in\pi x}, \qquad \frac{1}{\sqrt{2}}h_{2n-1}(x) = e^{-in\pi x} \qquad (2.35)$$

als Basis. Auch diese Basis ist orthonormal, allerdings mit einem Skalarprodukt, das eine komplexe Konjugation enthält:

$$f \cdot g := \int_{-1}^{1} dx\, f^*(x)g(x). \qquad (2.36)$$

Als Fourier-Reihe ergibt sich

$$f(x) = \sum_{k=0}^{\infty} c_k h_k(x) = \frac{1}{\sqrt{2}} \left[c_0 + \sum_{n=1}^{\infty} (c_{2n-1}e^{-in\pi x} + c_{2n}e^{in\pi x}) \right], \qquad (2.37)$$

wobei die Koeffizienten $c_k = h_k \cdot f$ diesmal komplexwertig sind. Wir können das als Basistransformation im Vergleich zu (2.32) auffassen,

$$\begin{pmatrix} h_{2n-1} \\ h_{2n} \end{pmatrix} = \frac{1}{\sqrt{2}} \begin{pmatrix} -i & 1 \\ i & 1 \end{pmatrix} \begin{pmatrix} g_{2n-1} \\ g_{2n} \end{pmatrix}. \qquad (2.38)$$

Formal können wir (2.37) umschreiben zu

$$f(x) = \frac{1}{2} \sum_{k=-\infty}^{\infty} \tilde{f}_k e^{ik\pi x} \tag{2.39}$$

mit den Koeffizienten

$$\tilde{f}_k = \int_{-1}^{1} dx\, e^{-ik\pi x} f(x). \tag{2.40}$$

Dabei haben wir die Nummerierung der Koeffizienten den Exponenten angepasst und in (2.39) einen weiteren Faktor $\frac{1}{\sqrt{2}}$, der sonst im Integral (2.40) auftauchen würde, nach vorne gezogen. Das heißt, es ist $\tilde{f}_k = \sqrt{2}\, c_{2k}$ für $k \geq 0$, $\tilde{f}_k = \sqrt{2}\, c_{-2k-1}$ für $k < 0$. Die Funktion f ist genau dann reell, wenn $\tilde{f}_{-k} = \tilde{f}_k^*$ für alle k gilt.

Im nächsten Schritt vergrößern wir das Intervall, d. h., wir verallgemeinern von Four($[-1,1]$, $\mathbb{C}$) auf Four($[-L,L]$, $\mathbb{C}$). Das bedeutet eine einfache Variablensubstitution $x \to x/L$ und ergibt

$$f(x) = \frac{1}{2L} \sum_{k=-\infty}^{\infty} \tilde{f}_k e^{ik\pi x/L} \tag{2.41}$$

mit den Koeffizienten

$$\tilde{f}_k = \int_{-L}^{L} dx\, e^{-ik\pi x/L} f(x), \tag{2.42}$$

wobei wir wieder einen Faktor $1/L$, der sonst im Integral (2.42) auftauchen würde, in (2.41) nach vorne gezogen haben. Mit $\alpha_k := k\pi/L$, $\Delta\alpha := \pi/L$ schreibt sich das

$$f(x) = \frac{1}{2\pi} \sum_{k=-\infty}^{\infty} \Delta\alpha\, \tilde{f}_k e^{i\alpha_k x} \tag{2.43}$$

mit den Koeffizienten

$$\tilde{f}_k = \int_{-L}^{L} dx\, e^{-i\alpha_k x} f(x). \tag{2.44}$$

Im Grenzfall $L \to \infty$ wird aus der Summe ein Integral. Mit der Umbenennung $\alpha_k \to k$ wird daraus

$$f(x) = \frac{1}{2\pi} \int_{-\infty}^{\infty} dk\, \tilde{f}(k) e^{ikx} \tag{2.45}$$

mit

$$\tilde{f}(k) = \int_{-\infty}^{\infty} dx\, e^{-ikx} f(x). \tag{2.46}$$

Dies ist nun keine Reihenentwicklung mehr, sondern eine Integral-Transformation, die **Fourier-Transformation**, die mehr oder weniger symmetrisch ist (auch der Faktor $\frac{1}{2\pi}$ kann beliebig zwischen (2.45) und (2.46) aufgeteilt werden; ihn vor (2.45) zu schreiben, ist nur eine Konvention) und zwei Funktionen in Four($\mathbb{R}, \mathbb{C}$) miteinander verknüpft.

Einsetzen von (2.46) in (2.45) ergibt

$$f(x) = \frac{1}{2\pi} \int_{-\infty}^{\infty} dk \int_{-\infty}^{\infty} dx'\, e^{ik(x-x')} f(x') \tag{2.47}$$

$$= \int_{-\infty}^{\infty} dx' \left(\frac{1}{2\pi} \int_{-\infty}^{\infty} dk\, e^{ik(x-x')} \right) f(x'). \tag{2.48}$$

Der Vergleich mit der Definition der Delta-Distribution

$$f(x) = \int_{-\infty}^{\infty} dx'\, \delta(x - x') f(x') \tag{2.49}$$

legt die Gleichsetzung

$$\delta_{x'}(x) := \delta(x - x') = \frac{1}{2\pi} \int_{-\infty}^{\infty} dk\, e^{ik(x-x')} = \frac{1}{2\pi} \int_{-\infty}^{\infty} dk\, e^{ikx}\, e^{-ikx'} \tag{2.50}$$

und somit eine Fourier-Transformation

$$\tilde{\delta}_{x'}(k) = e^{-ikx'} \tag{2.51}$$

der Delta-Distribution nahe. Diese nur formale Gleichsetzung (denn $\int_{-\infty}^{\infty} dk\, e^{ik(x-x')}$ ist eigentlich nicht definiert) läuft etwas „außer der Reihe", ist aber außerordentlich nützlich. Die Umkehrtransformation

$$e^{-ikx'} = \int_{-\infty}^{\infty} dx\, e^{-ikx} \delta(x - x') \tag{2.52}$$

ist jedenfalls evident.

Fourier-Transformationen lassen sich ohne größere Probleme auf Funktionen mehrerer Variablen, also auf Four($\mathbb{R}^n, \mathbb{C}$) verallgemeinern:

$$f(x_1, \cdots, x_n) = \frac{1}{(2\pi)^n} \int dk^n\, \tilde{f}(k_1, \cdots, k_n) e^{i \sum_j k_j x_j} \tag{2.53}$$

mit

$$\tilde{f}(k_1, \cdots, k_n) = \int dx^n e^{-i \sum_j k_j x_j} f(x_1, \cdots, x_n). \tag{2.54}$$

Sollte es sich bei den x_i um Komponenten eines Vektors in einem Vektorraum mit Skalarprodukt handeln, so können Sie dies auch in der Form

$$f(\mathbf{x}) = \frac{1}{(2\pi)^n} \int dk^n \tilde{f}(\mathbf{k}) e^{i\mathbf{k}\cdot\mathbf{x}}, \tag{2.55}$$

$$\tilde{f}(\mathbf{k}) = \int dx^n e^{-i\mathbf{k}\cdot\mathbf{x}} f(\mathbf{x}) \tag{2.56}$$

schreiben. Das geht sogar, wenn es sich um ein Pseudo-Skalarprodukt mit Minuszeichen handelt. Denn die Rollen von $e^{-ik_j x_j}$ und $e^{ik_j x_j}$ sind austauschbar, und Sie können diesen Austausch frei nach Belieben für einzelne Komponenten durchführen.

Für reelle Funktionen $f(\mathbf{x})$ ist $\tilde{f}(-\mathbf{k}) = \tilde{f}(\mathbf{k})^*$. Der Ausdruck (2.55) lässt sich dann auch so schreiben:

$$f(\mathbf{x}) = \frac{1}{(2\pi)^n} \int dk^n g(\mathbf{k}) \cos(\mathbf{k} \cdot \mathbf{x} + \varphi(\mathbf{k})), \tag{2.57}$$

mit geeigneten Funktionen $g(\mathbf{k})$ und $\varphi(\mathbf{k})$.

2.4.2 Elektromagnetische Wellen

Wir wollen zunächst die Lösungen der homogenen Wellengleichungen

$$\partial_\mu \partial^\mu A^\nu = 0 \tag{2.58}$$

ausfindig machen. Eine Klasse von Lösungen erhalten wir, wenn jede Komponente A^μ eine lineare Funktion der Koordinaten ist, also

$$A_\mu(x) = T_{\mu\nu} x^\nu + c_\mu, \tag{2.59}$$

mit einem konstanten Tensor $T_{\mu\nu}$ und einem konstanten Kovektor c_μ. Dann verschwinden alle zweiten Ableitungen. Die Lorentz-Bedingung (2.18) ist erfüllt, wenn $T^\mu{}_\mu = 0$ ist. Diese Lösung führt zu konstanten elektromagnetischen Feldern

$$F_{\mu\nu}(x) = T_{\nu\mu} - T_{\mu\nu}. \tag{2.60}$$

In der Tat handeln einfache Aufgaben zur Lorentz-Kraft, wie man sie bereits aus der Schulphysik kennt, immer von einem geladenen Teilchen in einem konstanten äußeren Feld. Die Lösung (2.59) scheint also, wenn wir diesen Aufgaben trauen dürfen, sehr verbreitet zu sein. Trotzdem haben wir ein Problem damit: Das Feld A_μ steigt zum Unendlichen hin linear an, was uns viele Rechnungen in diesem Buch verdirbt, die davon ausgehen, dass die Lösungen im Unendlichen entweder abfallen oder höchstens oszillieren. Nun könnte das natürlich ein Problem unserer Rechnungen sein, und es wäre möglich, dass wir in solchen Situationen den Fall (2.59) immer separat behandeln müssen. Zum Glück scheint es aber kein konstantes elektromagnetisches Feld zu geben, das das ganze Universum durchzieht. Wenn es eines gäbe, würden wir es durch die überall gleiche Lorentz-Kraft, die auf jedes geladene Teilchen wirkt (zusätzlich zu der Lorentz-Kraft, die von unseren irdischen, teils menschengemachten Feldern ausgeht) bemerken. Ein solches Feld würde die Symmetrie des Universums erheblich stören, und daher ist es sehr erfreulich, dass es nicht da ist. Mit technischen Mitteln können wir elektromagnetische Felder erzeugen, die in einem begrenzten Raumbereich so gut wie konstant sind (konstant im Sinne von zeitlich konstant und räumlich homogen). Solche Felder sind es, die in den besagten Aufgaben gemeint sind.

Nachdem wir diesen Spezialfall besprochen haben, schränken wir unsere weitere Suche auf solche Lösungen ein, für die eine Fourier-Transformation möglich ist. Insbesondere schließen wir Lösungen aus, die im Unendlichen ansteigen. (Wenn A_μ stärker als linear ansteigt, dann steigt auch $F_{\mu\nu}$ an und würde einen Kollaps entfernter Regionen des Universums auslösen.) Um allgemein zu bleiben, lösen wir die Wellengleichung für eine beliebige Funktion $f(x)$,

$$\partial_\mu \partial^\mu f(x) = 0 \qquad (2.61)$$

mit der Fourier-Zerlegung

$$f(x) = \frac{1}{(2\pi)^4} \int d^4k\, g(k) \cos(k \cdot x + \varphi(k)), \qquad (2.62)$$

wobei x und k Vierervektoren sind (wie üblich identifizieren wir die Koordinaten x^μ mit den Komponenten eines „Ortsvektors"). Einsetzen in (2.61) führt für jede Fourier-Komponente zu der Bedingung

$$k_\mu k^\mu = 0. \qquad (2.63)$$

Separieren wir räumliche von zeitlichen Komponenten,

$$x^\mu = (t, \mathbf{x}), \qquad k^\mu = (\omega, \mathbf{k}), \qquad k \cdot x = \mathbf{k} \cdot \mathbf{x} - \omega t \qquad (2.64)$$

dann liest sich diese Bedingung

$$-\omega^2 + \mathbf{k}^2 = 0 \qquad \Rightarrow \qquad \omega = \pm|\mathbf{k}|. \qquad (2.65)$$

Die Lösungsmenge besteht demnach aus allen Funktionen

$$f(t, \mathbf{x}) = \frac{1}{(2\pi)^3} \int d^3k \ \big(\ g_1(\mathbf{k}) \cos(\mathbf{k} \cdot \mathbf{x} - |\mathbf{k}|t + \varphi_1(\mathbf{k}))$$

$$+ \ g_2(\mathbf{k}) \cos(\mathbf{k} \cdot \mathbf{x} + |\mathbf{k}|t + \varphi_2(\mathbf{k}))\big) \qquad (2.66)$$

Den Fall $\omega = -|\mathbf{k}|$ (also den Term mit $g_2(\mathbf{k})$) können wir aber loswerden. Denn aufgrund der Symmetrie des Cosinus, $\cos(-\alpha) = \cos\alpha$, können wir die Ersetzung

$$\cos(\mathbf{k} \cdot \mathbf{x} + |\mathbf{k}|t + \varphi_2(\mathbf{k}, \omega)) = \cos(-\mathbf{k} \cdot \mathbf{x} - |\mathbf{k}|t - \varphi_2(\mathbf{k}, \omega)) \qquad (2.67)$$

$$= \cos(\tilde{\mathbf{k}} \cdot \mathbf{x} - |\tilde{\mathbf{k}}|t - \varphi_2(-\tilde{\mathbf{k}}, \omega)) \qquad (2.68)$$

mit $\tilde{\mathbf{k}} = -\mathbf{k}$ durchführen, also den Beitrag mit $g_2(\mathbf{k})$ und $\omega = -|\mathbf{k}|$ dem Beitrag mit $g_1(-\mathbf{k})$ und $\omega = +|\mathbf{k}|$ zuschlagen. Dabei sind dann g_1, g_2, φ_1 und φ_2 zu neuen Funktionen $g(\mathbf{k})$, $\varphi(\mathbf{k})$ zu verrechnen, so dass am Ende also die Lösungen von der Form

$$f(t, \mathbf{x}) = \frac{1}{(2\pi)^3} \int d^3k \ g(\mathbf{k}) \cos(\mathbf{k} \cdot \mathbf{x} - |\mathbf{k}|t + \varphi(\mathbf{k})) \qquad (2.69)$$

sind. Jede dieser Fourier-Komponenten $\cos(\mathbf{k} \cdot \mathbf{x} - |\mathbf{k}|t + \varphi_1(\mathbf{k}))$ beschreibt eine Welle, die sich mit der Geschwindigkeit 1, also Lichtgeschwindigkeit, in der Richtung von $\mathbf{k}$ fortpflanzt, mit der **Frequenz** $\nu = \omega/2\pi = |\mathbf{k}|/2\pi$ und der **Wellenlänge** $\lambda = 2\pi/|\mathbf{k}|$. Die gesamte Lösung ist eine beliebige Überlagerung solcher Wellen.

Kehren wir zum elektromagnetischen Potential A_μ zurück. Hier soll jede Komponente einzeln die Wellengleichung erfüllen, also

$$A_\mu(t, \mathbf{x}) = \frac{1}{(2\pi)^3} \int d^3k \, \tilde{A}_\mu(\mathbf{k}) \cos(\mathbf{k} \cdot \mathbf{x} - |\mathbf{k}|t + \varphi_\mu(\mathbf{k})) \qquad (2.70)$$

mit zunächst 8 unabhängigen Funktionen $\tilde{A}_\mu(\mathbf{k})$ und $\varphi_\mu(\mathbf{k})$. Wir sind aber noch nicht fertig, denn es muss ja zusätzlich noch die Lorentz-Bedingung $\partial_\mu A^\mu = 0$ gelten. Für eine feste Fourier-Komponente

$$A_\mu^{(\mathbf{k})}(t, \mathbf{x}) = \tilde{A}_\mu(\mathbf{k}) \cos(\mathbf{k} \cdot \mathbf{x} - |\mathbf{k}|t + \varphi_\mu(\mathbf{k})) \qquad (2.71)$$

ist

$$\partial_\nu A_\mu^{(\mathbf{k})} = -k_\nu \tilde{A}_\mu(\mathbf{k}) \sin(\mathbf{k} \cdot \mathbf{x} - |\mathbf{k}|t + \varphi_\mu(\mathbf{k})) \qquad (2.72)$$

Daraus folgt zunächst, dass die Lorentz-Bedingung für jedes $\mathbf{k}$ separat gelten muss, da die Sinus-Funktionen zu unterschiedlichen $\mathbf{k}$'s nicht in der ganzen Raumzeit aufeinander abgestimmt werden können. Für ein festes $\mathbf{k}$ ist die Lorentz-Bedingung erfüllt, wenn $k_\mu \tilde{A}^\mu = 0$ ist und die vier Werte $\varphi_\mu(\mathbf{k})$ identisch sind (denn mit unterschiedlichen φ's passen die Sinus-Funktionen wieder nicht zusammen). Wir können aber mehrere solche Lösungen miteinander überlagern, d.h., anstatt mit vier unterschiedlichen φ_μ's zu arbeiten, schreiben wir eine Summe von Anteilen mit *jeweils* identischem $\varphi_\mu = \varphi$:

$$A_\mu^{(\mathbf{k})}(t, \mathbf{x}) = \sum_i \tilde{A}_\mu^{(i)}(\mathbf{k}) \cos(\mathbf{k} \cdot \mathbf{x} - |\mathbf{k}|t + \varphi^{(i)}(\mathbf{k})), \tag{2.73}$$

wobei jeweils $k^\mu \tilde{A}_\mu^{(i)} = 0$ sein soll.

Um uns das noch etwas genauer anzusehen, legen wir unser Koordinatensystem so, dass $\mathbf{k}$ in x_1-Richtung zeigt, also $k^\mu = (\omega, \omega, 0, 0)$. Dann sehen wir, dass wir $\tilde{A}_\mu(\mathbf{k})$ in drei Anteile $\tilde{A}_\mu^{(i)}(\mathbf{k})$ zerlegen können, die jeweils $k^\mu \tilde{A}_\mu^{(i)} = 0$ erfüllen:

$$\tilde{A}_\mu^{(1)} = (-\tilde{A}_1, \tilde{A}_1, 0, 0), \qquad \tilde{A}_\mu^{(2)} = (0, 0, \tilde{A}_2, 0), \qquad \tilde{A}_\mu^{(3)} = (0, 0, 0, \tilde{A}_3). \tag{2.74}$$

Die gesamte Lösung für die Fourier-Komponente $\mathbf{k}$ lautet dann

$$A_0^{(\mathbf{k})}(t, \mathbf{x}) = -\tilde{A}_1 \cos(\omega x_1 - \omega t + \varphi_1), \tag{2.75}$$

$$A_1^{(\mathbf{k})}(t, \mathbf{x}) = \tilde{A}_1 \cos(\omega x_1 - \omega t + \varphi_1), \tag{2.76}$$

$$A_2^{(\mathbf{k})}(t, \mathbf{x}) = \tilde{A}_2 \cos(\omega x_1 - \omega t + \varphi_2), \tag{2.77}$$

$$A_3^{(\mathbf{k})}(t, \mathbf{x}) = \tilde{A}_3 \cos(\omega x_1 - \omega t + \varphi_3). \tag{2.78}$$

Allerdings verschwindet das elektromagnetische Feld, das sich aus dem Anteil $\tilde{A}_\mu^{(1)}$, also aus (2.75) und (2.76), ergibt:

$$F_{01} = \partial_0 A_1 - \partial_1 A_0 = -(\omega \tilde{A}_1 - \omega \tilde{A}_1) \sin(\omega x_1 - \omega t + \varphi_1) = 0. \tag{2.79}$$

Dieser Anteil hat also keinerlei physikalische Auswirkungen und es liegt nahe, dass wir ihn durch eine Eichtransformation beseitigen können. In der Tat bringt die Eichtransformation mit

$$A_\mu' = A_\mu + \partial_\mu \chi, \qquad \chi(t, \mathbf{x}) = -\frac{\tilde{A}_1}{\omega} \sin(\omega x_1 - \omega t + \varphi_1) \tag{2.80}$$

gerade diesen Anteil zum Verschwinden. Dies ist ein Beispiel für die in Gl. (2.20) besprochene zusätzliche Eichfreiheit, die in der Lorentz-Eichung gegeben ist. In der Tat gilt $\partial_\mu \partial^\mu \chi = 0$, wir befinden uns nach dieser Transformation also immer noch in der Lorentz-Eichung.

Der verbliebene Teil der Fourier-Komponente $\mathbf{k}$ ist

$$A_0^{(\mathbf{k})}(t, \mathbf{x}) = A_1^{(\mathbf{k})}(t, \mathbf{x}) = 0, \tag{2.81}$$

$$A_2^{(\mathbf{k})}(t, \mathbf{x}) = \tilde{A}_2 \cos(\omega x_1 - \omega t + \varphi_2), \tag{2.82}$$

$$A_3^{(\mathbf{k})}(t, \mathbf{x}) = \tilde{A}_3 \cos(\omega x_1 - \omega t + \varphi_3). \tag{2.83}$$

Das Vektorpotential $\mathbf{A} = (A_1, A_2, A_3)$ steht also senkrecht zum Vektor $\mathbf{k}$. Man kann nun noch ein paar Unterscheidungen nach der Beziehung zwischen φ_2 und φ_3 treffen: Wenn $\varphi_2 = \varphi_3$ ist, spricht man von einer **linear polarisierten** Welle. Wenn $\varphi_2 = \varphi_3 \pm \frac{\pi}{2}$ ist, nennt man die Welle **zirkular polarisiert**. Der Betrag von $\mathbf{A}$ ist dann an allen Orten und zu allen Zeiten gleich, nur seine Richtung zirkuliert in der (x_2, x_3)-Ebene. In allen anderen Fällen heißt die Welle **elliptisch polarisiert**.

Die hier diskutierten Lösungen beschreiben **elektromagnetische Wellen**. Unser menschliches Auge ist dabei empfindlich für die Fourier-Komponenten mit Wellenlängen $\lambda = 400$ bis 780 nm. Diese Komponenten stellen für uns das **sichtbare Licht** dar, wobei die Wellenlängen innerhalb dieses Bereichs als Farben wahrgenommen werden, 400 nm als violett, 780 nm als rot. Die Gesamtheit aller Wellenlängen von null bis unendlich bildet das **elektromagnetische Spektrum**, wobei der Bereich unterhalb 400 nm als **ultraviolett** und der Bereich oberhalb von 780 nm als **infrarot** bezeichnet wird. Innerhalb davon werden weitere Bereiche unterschieden und nach ihrem jeweiligen spezifischem Auftreten und technischen Anwendungsbereichen. So gibt es im Ultravioletten den Bereich der sogenannten Gamma-Strahlung und den Bereich der Röntgen-Strahlung, im Infraroten den Bereich der Mikrowellen und den der Radiowellen.

2.5   Inhomogene Lösungen mit retardierten Potentialen

Als nächstes wollen wir eine Lösung für die inhomogene Wellengleichung (2.23) suchen. Dazu benötigen wir zwei mathematische Techniken, die im Folgenden kurz eingeführt werden

2.5.1   Green'sche Funktionen

Nehmen wir an, wir wollen eine Vektorgleichung der Form

$$A_\nu^\mu u^\nu = v^\mu \tag{2.84}$$

lösen, wobei der Vektor v^μ gegeben und u^ν gesucht ist. Die Lösung besteht darin, die zu A_ν^μ inverse Matrix B_ν^μ zu finden, also die Matrix mit der Eigenschaft

$$A_\lambda^\mu B_\nu^\lambda = \delta_\nu^\mu. \tag{2.85}$$

Dann lässt sich nämlich Gl. (2.84) auflösen zu

$$u^\nu = B_\mu^\nu v^\mu. \tag{2.86}$$

Der Ansatz der Green'schen Funktionen besteht darin, das Gleiche auch für Differentialoperatoren zu versuchen, wobei die diskreten Indizes μ, ν durch kontinuierliche Koordinaten x^μ, x'^μ ersetzt werden.

Gegeben sei ein Differentialoperator D, also eine Kombination aus irgendwelchen Ableitungen, und eine Differentialgleichung

$$D\, f(x) = g(x), \tag{2.87}$$

auf einem d-dimensionalen Raum, wobei die Funktion g gegeben und f gesucht ist. Eine **Green'sche Funktion** zum Operator D ist eine Funktion $G(x, x')$, die das „Inverse" zu D bildet, in dem Sinne, dass

$$D\, G(x, x') = \delta^d(x - x') \tag{2.88}$$

ist. Der Operator D wirkt dabei auf x, nicht auf x'. Dann ist eine Lösung zu (2.87) gegeben durch

$$f(x) = \int d^d x'\, G(x, x') g(x'), \tag{2.89}$$

was direkt aus der Definition der Delta-Distribution folgt. Da D auf x wirkt, das Integral aber über x' ausgeführt wird, kann man D einfach unters Integral ziehen, wo es dann aus $G(x, x')$ ein $\delta^d(x - x')$ macht, das mit der Integration aus $g(x')$ ein $g(x)$ macht.

Im Gegensatz zur Inversen B_ν^μ ist die Green'sche Funktion $G(x, x')$ nicht eindeutig. Man kann nämlich zu G immer noch eine Funktion $H(x, x')$ hinzuaddieren, die die zugehörige homogene Differentialgleichung

$$D\, H(x, x') = 0 \tag{2.90}$$

löst.

Es ist meistens ratsam, die Green'sche Funktion über ihre Fourier-Transformierte zu ermitteln,

$$G(x, x') = \frac{1}{(2\pi)^d} \int d^d k\, \tilde{G}(k) e^{i \sum_\mu k_\mu (x_\mu - x'_\mu)}. \tag{2.91}$$

Dann ist die Wirkung von ∂_μ nämlich eine Multiplikation mit $i\, k_\mu$,

$$\partial_\mu G(x, x') = \frac{1}{(2\pi)^d} \int d^d k\, i\, k_\mu\, \tilde{G}(k) e^{i \sum_\mu k_\mu (x_\mu - x'_\mu)}, \tag{2.92}$$

und die Wirkung von D kann mit einer Funktion $\tilde{f}(k)$ beschrieben werden,

$$D\, G(x, x') = \frac{1}{(2\pi)^d} \int d^d k\, \tilde{f}(k)\, \tilde{G}(k) e^{i \sum_\mu k_\mu (x_\mu - x'_\mu)}. \tag{2.93}$$

Wegen

$$\delta^d(x - x') = \frac{1}{(2\pi)^d} \int d^d k e^{i \sum_\mu k_\mu (x_\mu - x'_\mu)} \tag{2.94}$$

folgt aus (2.88) sofort

$$\tilde{G}(k) = \frac{1}{\tilde{f}(k)}. \tag{2.95}$$

Im k-Raum ist die Green'sche Funktion daher buchstäblich das Inverse des Operators D. Eingesetzt in (2.91) ergibt sich $G(x, x')$.

2.5.2 Residuensatz

Der Grund für den Residuensatz ist letztlich, dass $e^{2\pi i} = 1$ ist. Daraus folgt nämlich, dass der komplexe Logarithmus $\log(z)$ beim Umrunden des Ursprungs der komplexen Ebene entlang des Einheitskreises die Werte von 0 bis $2\pi i$ durchläuft. Wenn wir eine andere Kurve nehmen, die um den Ursprung führt, sagen wir

$$[0, 2\pi] \to \mathbb{C}, \qquad \phi \mapsto r(\phi)e^{i\phi} \tag{2.96}$$

mit reellem Radius $r(\phi)$ (wobei $r(2\pi) = r(0)$ sein soll, so dass die Kurve geschlossen ist), dann durchläuft der Logarithmus entlang dieses Weges Werte von $\log(r(0)) + 0$ bis $\log(r(0)) + 2\pi i$, die Differenz ist also wieder $2\pi i$. Weil $\log(z)$ die Stammfunktion von $\frac{1}{z}$ ist, folgt daraus wiederum, dass

$$\oint dz \frac{a}{z} = 2\pi a i \tag{2.97}$$

ist, wobei das Integral entlang irgendeiner geschlossenen Kurve ausgeführt wird, die die Polstelle $z = 0$ gegen den Uhrzeigersinn umschließt.

Der **Residuensatz** ist eine einfache Verallgemeinerung davon. Gegeben sei eine analytische Funktion $f(z)$ mit n Polstellen erster Ordnung z_i,

$$f(z) = \sum_{i=1}^{n} \frac{a_i}{z - z_i} + g(z), \tag{2.98}$$

wobei $g(z)$ frei von Polstellen erster Ordnung ist; Polstellen hörerer Ordnung wie etwa $(z - z_j)^{-2}$ kann es geben. Dann hat ein Wegintegral entlang einer geschlossenen Kurve gegen den Uhrzeigersinn den Wert

$$\oint dz \, f(z) = 2\pi i \sum a_i, \tag{2.99}$$

wobei nur solche **Residuen** a_i in die Summe aufzunehmen sind, deren zugehörige Polstellen z_i innerhalb der Kurve liegen.

Der Residuensatz erlaubt das trickreiche Ausrechnen einiger Integrale. Nehmen wir an, wir wollen ein Integral der Form

$$\int_{-\infty}^{\infty} dx \, f(x)e^{ikx} \tag{2.100}$$

berechnen, wie es im Zusammenhang mit Fourier-Transformationen ständig auftritt, wobei $\lim_{x\to\pm\infty} f(x) = 0$ sein soll. Für den Fall $k > 0$ können wir die Berechnung mit dem Residuensatz so ausführen:

$$\int_{-\infty}^{\infty} dx \, f(x)e^{ikx} = \lim_{L\to\infty} \int_{-L}^{L} dx \, f(x)e^{ikx} \tag{2.101}$$

$$= \lim_{L\to\infty} \oint dz \, f(z)e^{ikz} = 2\pi i \sum a_i. \tag{2.102}$$

Dabei haben wir die reelle Funktion $f(x)$ zu einer komplexen Funktion $f(z)$ erweitert (Voraussetzung ist natürlich, dass dies möglich ist). Dann haben wir das Integral entlang der reellen Achse um einen Halbkreis in der oberen Hälfte der komplexen Ebene ergänzt (siehe Abb. 2.1) und dadurch zum Integral über eine geschlossene Kurve gemacht. Dieses Integral ist durch die Summe der Residuen a_i aller Polstellen z_i von $f(z)$ gegeben, die innerhalb der Kurve liegen. Im Limes $L \to \infty$ sind das alle Polstellen in der oberen Halbebene. Weiterhin berücksichtigen wir, dass der Exponent $ikz = ik(x + iy) = -ky + ikx$ in der oberen Halbebene ($y > 0$) negativ wird und e^{ikz} daher exponentiell abfällt, wenn wir uns von der reellen Achse entfernen. Zusammen mit $\lim_{x\to\pm\infty} f(x) = 0$ führt dies dazu, dass das Integral entlang des Halbkreises in diesem Limes gar nichts mehr beiträgt. Das Integral entlang der reellen Achse ist also genau so groß wie das Intergral entlang der geschlossenen Kurve, wodurch der Übergang von (2.101) zu (2.102) gerechtfertigt ist.

Wenn stattdessen k negativ ist, dann müssen wir die Kurve in der unteren Halbebene schließen (siehe Abb. 2.2), um den exponentiellen Abfall zu erreichen,

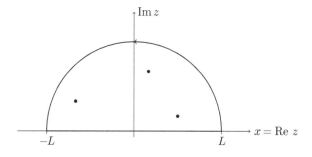

Abb. 2.1 Berechnung eines Integrals mit dem Residuensatz: Für eine Funktion der Form $f(x)e^{ikx}$ mit $k > 0$ wird der Integrationsweg in der oberen Halbebene geschlossen und umschließt so die Pole mit positivem Imaginärteil

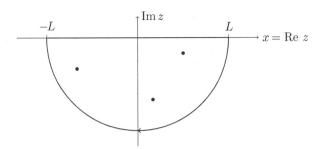

Abb. 2.2 Berechnung eines Integrals mit dem Residuensatz: Für eine Funktion der Form $f(x)e^{ikx}$ mit $k < 0$ wird der Integrationsweg in der unteren Halbebene geschlossen und umschließt so die Pole mit negativem Imaginärteil

während wir uns von der reellen Achse entfernen. In diesem Fall lautet das Resultat $-2\pi i \sum a_i$, wobei a_i diesmal die Residuen in der unteren Halbebene sind und das Minuszeichen daher kommt, dass die Kurve jetzt im Uhrzeigersinn verläuft.

2.5.3 Retardierte Potentiale

Mit diesen Werkzeugen ausgestattet, machen wir uns nun an unsere Aufgabe. Es wird trotz dieser Vorbereitung die schwierigste Rechnung, die wir in diesem Buch durchführen, aber auch eine der wichtigsten. Also gut anschnallen und loslegen! Die zu lösende Differentialgleichung lautet

$$- \partial_\mu \partial^\mu f(x) = g(x) \tag{2.103}$$

mit vorgegebenem $g(x)$. Wir suchen demnach eine Green'sche Funktion mit der Eigenschaft

$$- \partial_\mu \partial^\mu G(x, x') = \delta^4(x - x') \tag{2.104}$$

Auf die Fourier-Transformierte

$$G(x, x') = \frac{1}{(2\pi)^4} \int d^4k \, \tilde{G}(k) e^{i \sum_\mu k^\mu (x^\mu - x'^\mu)} \tag{2.105}$$

wirkt $-\partial_\mu \partial^\mu$ in der Form

$$- \partial_\mu \partial^\mu G(x, x') = \frac{1}{(2\pi)^4} \int d^4k \, k_\mu k^\mu \tilde{G}(k) e^{i \sum_\mu k^\mu (x^\mu - x'^\mu)}. \tag{2.106}$$

Nach Gl. (2.95) ist demnach

$$G(k) = \frac{1}{k_\mu k^\mu}. \tag{2.107}$$

Mit $k^\mu = (\omega, \mathbf{k})$ schreiben wir dies in der Form

$$G(\omega, \mathbf{k}) = \frac{1}{-\omega^2 + \mathbf{k}^2} = \frac{1}{2|\mathbf{k}|}\left(\frac{1}{\omega + |\mathbf{k}|} - \frac{1}{\omega - |\mathbf{k}|}\right). \tag{2.108}$$

Mit $x^\mu = (t, \mathbf{x})$, $x'^\mu = (t', \mathbf{x}')$ ist dann

$$G(t, \mathbf{x}, t', \mathbf{x}') = \frac{1}{32\pi^4} \int d^3k \frac{e^{i\mathbf{k}\cdot(\mathbf{x}-\mathbf{x}')}}{|\mathbf{k}|} \tag{2.109}$$

$$\times \int d\omega e^{i\omega(t-t')}\left(\frac{1}{\omega + |\mathbf{k}|} - \frac{1}{\omega - |\mathbf{k}|}\right).$$

Um das ω-Integral auszuführen, würden wir gern den Residuensatz nutzen. Dabei stört uns, dass die beiden Polstellen $\omega = \pm|\mathbf{k}|$ auf der reellen Achse liegen. Deshalb wenden wir einen richtig fiesen Trick an: Wir verschieben die Pole einfach nach oben. Das heißt, wir ersetzen das ω-Integral durch $\lim_{\epsilon \to 0} I_\epsilon$ mit

$$I_\epsilon = \int d\omega e^{i\omega(t-t')}\left(\frac{1}{\omega + |\mathbf{k}| - i\epsilon} - \frac{1}{\omega - |\mathbf{k}| - i\epsilon}\right). \tag{2.110}$$

Jetzt lauten die Polstellen $\omega = \pm|\mathbf{k}| + i\epsilon$, liegen also in der oberen Halbebene. Man beachte, dass diese Integrale nicht gleich sind,

$$\int d\omega e^{i\omega(t-t')}\left(\frac{1}{\omega + |\mathbf{k}|} - \frac{1}{\omega - |\mathbf{k}|}\right) \neq \lim_{\epsilon \to 0} I_\epsilon. \tag{2.111}$$

Die Verschiebung der Pole selbst um einen infinitesimalen Betrag verändert das Integral um einen endlichen Wert. Was wir mit diesem Trick ausrechnen, ist de facto eine andere Green'sche Funktion! Aber eben auch eine gültige, und sogar eine besonders sinnvolle, wie wir gleich sehen werden.

Wenn $t - t' > 0$ ist, schließen wir das Linienintegral gemäß Abb. 2.1 in der oberen komplexen Halbebene. Dort liegen auch die Polstellen. Die Residuen der beiden Pole sind (für $\epsilon \to 0$) $-e^{i|\mathbf{k}|(t-t')}$ und $e^{-i|\mathbf{k}|(t-t')}$, so dass also

$$\lim_{\epsilon \to 0} I_\epsilon = -2\pi i(e^{i|\mathbf{k}|(t-t')} - e^{-i|\mathbf{k}|(t-t')}) = 4\pi \sin(|\mathbf{k}|(t - t')). \tag{2.112}$$

Damit können wir weiterrechnen:

$$G(t, \mathbf{x}, t', \mathbf{x}') = \frac{1}{8\pi^3} \int d^3k \frac{e^{i\mathbf{k}\cdot(\mathbf{x}-\mathbf{x}')}}{|\mathbf{k}|} \sin(|\mathbf{k}|(t - t')) \tag{2.113}$$

$$= \frac{1}{8\pi^3} \int_0^\infty |\mathbf{k}|^2 \, d|\mathbf{k}| \int_{-1}^1 d\cos\theta \int_0^{2\pi} d\phi \frac{e^{i|\mathbf{k}||\mathbf{x}-\mathbf{x}'|\cos\theta}}{|\mathbf{k}|}$$
$$\times \sin(|\mathbf{k}|(t - t')) \tag{2.114}$$

$$= \frac{1}{4\pi^2} \int_0^\infty |\mathbf{k}| \, d|\mathbf{k}| \sin(|\mathbf{k}|(t - t'))$$
$$\times \int_{-1}^1 d\cos\theta \, e^{i|\mathbf{k}||\mathbf{x}-\mathbf{x}'|\cos\theta} \tag{2.115}$$

$$= \frac{1}{2\pi^2|\mathbf{x}-\mathbf{x}'|} \int_0^\infty d|\mathbf{k}| \sin(|\mathbf{k}|(t - t')) \sin(|\mathbf{k}||\mathbf{x}-\mathbf{x}'|). \tag{2.116}$$

Da der Integrand eine gerade Funktion von $|\mathbf{k}|$ ist können wir das Integral formal auf den Bereich $[-\infty, \infty]$ erweitern:

$$G(t, \mathbf{x}, t', \mathbf{x}') = \frac{1}{4\pi^2|\mathbf{x}-\mathbf{x}'|} \int_{-\infty}^\infty dk \sin(k|(t - t')) \sin(k|\mathbf{x}-\mathbf{x}'|) \tag{2.117}$$

$$= \frac{1}{8\pi^2|\mathbf{x}-\mathbf{x}'|} \int_{-\infty}^\infty dk \Big[e^{ik(t-t'-|\mathbf{x}-\mathbf{x}'|)}$$
$$- e^{ik(t-t'+|\mathbf{x}-\mathbf{x}'|)} \Big] \tag{2.118}$$

$$= \frac{1}{4\pi|\mathbf{x}-\mathbf{x}'|} \Big[\delta(t - t' - |\mathbf{x}-\mathbf{x}'|)$$
$$- \delta(t - t' + |\mathbf{x}-\mathbf{x}'|) \Big]. \tag{2.119}$$

Um die Gleichheit zwischen (2.117) und (2.118) zu verifizieren, müssen Sie die Exponentialfunktionen in der Form $e^{i\phi} = \cos\phi + i\sin\phi$ ausschreiben, die Additionstheoreme für Sinus und Cosinus anwenden und schließlich die ungeraden Funktionen von k streichen, da das Integral von $-\infty$ bis ∞ ausgeführt wird.

Aufgabe 2.1. Führen Sie diese Zwischenrechnung durch.   ♦

Da wir soweit vorausgesetzt hatten, dass $t > t'$ ist, ist das Argument der zweiten Delta-Distribution immer größer als null, sie liefert also keinen Beitrag. Damit lautet unsere Green'sche Funktion, der wir den Beinamen „retardiert" geben,

$$G_{\mathrm{ret}}(t, \mathbf{x}, t', \mathbf{x}') = \frac{\delta(t' - t + |\mathbf{x}-\mathbf{x}'|)}{4\pi|\mathbf{x}-\mathbf{x}'|}. \tag{2.120}$$

Für $t < t'$ müssen wir wieder beim ω-Integral I_ϵ ansetzen. In diesem Fall müssen wir das Integral entlang der unteren Halbebene schließen. Dort liegen keine Pole, das Integral verschwindet daher, und somit auch die ganze Green'sche Funktion! Es ändert sich nichts an unserem Ausdruck für G_{ret}, denn die darin vorkommende Delta-Distribution liefert ebenfalls keinen Beitrag für $t < t'$.

Uff, das war ein hartes Stück Arbeit! Aber es hat sich gelohnt, wir haben eine Lösung für die Maxwell-Gleichung in der Lorentz-Eichung gefunden, nämlich die **retardierte Lösung**

$$A_{\text{ret}}^\mu(t, \mathbf{x}) = \int d^3 x' \int dt' \frac{j^\mu(t', \mathbf{x}')}{4\pi |\mathbf{x} - \mathbf{x}'|} \delta(t' - t_{\text{ret}}) \tag{2.121}$$

$$= \int d^3 x' \frac{j^\mu(t_{\text{ret}}, \mathbf{x}')}{4\pi |\mathbf{x} - \mathbf{x}'|}. \tag{2.122}$$

Hierbei haben wir die **retardierte Zeit**

$$t_{\text{ret}} = t - |\mathbf{x} - \mathbf{x}'| \tag{2.123}$$

eingeführt.

Nachdem wir nun diese Lösung gefunden haben, wollen wir sie interpretieren. Zunächst fällt auf, dass hier Ursache und Wirkung so verteilt sind, wie wir es Anfang des Kapitels besprochen haben: Der Stromdichte j^μ verursacht das Potential A^μ. Das Potential sammelt hierbei Beiträge von j^μ aus der Vergangenheit auf, wobei die Wirkung dieser Beiträge mit dem Inversen des Abstands $|\mathbf{x} - \mathbf{x}'|$ abnimmt. Die Stromdichten, die zu $A_{\text{ret}}^\mu(t, \mathbf{x})$ beitragen, liegen alle auf dem Vergangenheits-Lichtkegel von $(t, \mathbf{x})$, es tragen genau die Punkte mit $t - t' = |\mathbf{x} - \mathbf{x}'|$ bei. Die Wirkung der Stromdichten auf die Potentiale breitet sich also mit Lichtgeschwindigkeit aus. Wenn die Stromdichte zeitlich konstant ist, $j_\mu(t_{\text{ret}}, \mathbf{x}') = j_\mu(\mathbf{x}')$, dann ist es auch das davon erzeugte Potential, $A^\mu(t, \mathbf{x}) = A^\mu(\mathbf{x})$.

Wir sind noch nicht ganz fertig, denn wir müssen ja noch sicherstellen, dass die Lorentz-Bedingung $\partial_\mu A^\mu = 0$ für die retardierten Potentiale (2.122) erfüllt ist. Erfreulicherweise ist das der Fall, ohne dass wir noch weitere Einschränkungen machen müssen. Das wollen wir nun zeigen. Allerdings sollten wir uns vorher ein paar Dinge überlegen, um uns hinterher nicht mit den verschiedenen Variablen zu verzetteln.

Zunächst hatten wir oben j^μ als Funktion von t' und $\mathbf{x}'$ stehen, bevor wir mit der Integration der Delta-Distribution $t' = t_{\text{ret}}$ gesetzt hatten. In dieser Form gilt die Kontinuitätsgleichung

$$\partial_\mu' j^\mu(t', \mathbf{x}') = 0 \quad \Rightarrow \quad \partial_0' j^0(t', \mathbf{x}') = -\partial_i' j^i(t', \mathbf{x}'). \tag{2.124}$$

Dabei ist,

$$\partial'_\mu := \frac{\partial}{\partial x'^\mu}, \qquad \text{insbesondere} \qquad \partial'_i = \frac{\partial}{\partial x'^i}|_{t'\text{ fest}} \tag{2.125}$$

Wenn wir dann

$$t' = t_{\text{ret}}(t, \mathbf{x}, \mathbf{x}') = t - |\mathbf{x} - \mathbf{x}'| \tag{2.126}$$

einsetzen, dann wird

$$j^\mu(t', \mathbf{x}') \quad \rightarrow \quad j^\mu(t_{\text{ret}}(t, \mathbf{x}, \mathbf{x}'), \mathbf{x}') = j^\mu(t, \mathbf{x}, \mathbf{x}'). \tag{2.127}$$

Mit dieser neuen Funktion j^μ können wir nun Ableitungen $\partial_0 j^\mu$, $\partial_i j^\mu$ und $\hat{\partial}'_i j^\mu$ bilden, wobei

$$\hat{\partial}'_i = \frac{\partial}{\partial x'^i}|_{t\text{ fest},\mathbf{x}\text{ fest}} \tag{2.128}$$

nicht dasselbe ist wie ∂'_i. Wegen

$$\partial_0 t_{\text{ret}}(t, \mathbf{x}, \mathbf{x}') = 1, \qquad \partial_i t_{\text{ret}}(t, \mathbf{x}, \mathbf{x}') = -\hat{\partial}'_i t_{\text{ret}}(t, \mathbf{x}, \mathbf{x}') \tag{2.129}$$

sind die Zusammenhänge gegeben durch

$$\partial_0 j^\mu(t, \mathbf{x}, \mathbf{x}') = (\partial_0 t_{\text{ret}}) \partial'_0 j^\mu(t', \mathbf{x}')|_{t'=t_{\text{ret}}} = \partial'_0 j^\mu(t', \mathbf{x}')|_{t'=t_{\text{ret}}} \tag{2.130}$$

$$\partial_i j^\mu(t, \mathbf{x}, \mathbf{x}') = (\partial_i t_{\text{ret}}) \partial'_0 j^\mu(t', \mathbf{x}')|_{t'=t_{\text{ret}}} \tag{2.131}$$

$$= -(\hat{\partial}'_i t_{\text{ret}}) \partial'_0 j^\mu(t', \mathbf{x}')|_{t'=t_{\text{ret}}} \tag{2.132}$$

$$\hat{\partial}'_i j^\mu(t, \mathbf{x}, \mathbf{x}') = \partial'_i j^\mu(t', \mathbf{x}')|_{t'=t_{\text{ret}}} + (\hat{\partial}'_i t_{\text{ret}}) \partial'_0 j^\mu(t', \mathbf{x}')|_{t'=t_{\text{ret}}}. \tag{2.133}$$

Nachdem das geklärt wäre, können wir nun loslegen:

$$4\pi \, \partial_\mu A^\mu_{\text{ret}}(t, \mathbf{x})$$

$$= \partial_\mu \int d^3x' \frac{j^\mu(t, \mathbf{x}, \mathbf{x}')}{|\mathbf{x} - \mathbf{x}'|} \tag{2.134}$$

$$= \int d^3x' \partial_\mu \frac{j^\mu(t, \mathbf{x}, \mathbf{x}')}{|\mathbf{x} - \mathbf{x}'|} \tag{2.135}$$

$$= \int d^3x' \left[\frac{\partial_0 j^0(t, \mathbf{x}, \mathbf{x}')}{|\mathbf{x} - \mathbf{x}'|} + \frac{\partial_i j^i(t, \mathbf{x}, \mathbf{x}')}{|\mathbf{x} - \mathbf{x}'|} + j^i(t, \mathbf{x}, \mathbf{x}') \partial_i \frac{1}{|\mathbf{x} - \mathbf{x}'|} \right] \tag{2.136}$$

$$= \int d^3x' \left[\frac{\partial'_0 j^0(t', \mathbf{x}')}{|\mathbf{x} - \mathbf{x}'|} - \frac{(\hat{\partial}'_i t_{\text{ret}}) \partial'_0 j^i(t', \mathbf{x}')}{|\mathbf{x} - \mathbf{x}'|} - j^i(t, \mathbf{x}, \mathbf{x}') \hat{\partial}'_i \frac{1}{|\mathbf{x} - \mathbf{x}'|} \right]_{t'=t_{\text{ret}}} \tag{2.137}$$

$$= \int d^3x' \left[-\frac{\partial_i' j^i(t', \mathbf{x}')}{|\mathbf{x} - \mathbf{x}'|} - \frac{(\hat{\partial}_i' t_{\text{ret}})\partial_0' j^i(t', \mathbf{x}')}{|\mathbf{x} - \mathbf{x}'|} - j^i(t, \mathbf{x}, \mathbf{x}')\hat{\partial}_i' \frac{1}{|\mathbf{x} - \mathbf{x}'|} \right]_{t'=t_{\text{ret}}} \tag{2.138}$$

$$= -\int d^3x' \left[\frac{\hat{\partial}_i' j^i(t, \mathbf{x}, \mathbf{x}')}{|\mathbf{x} - \mathbf{x}'|} + j^i(t, \mathbf{x}, \mathbf{x}')\hat{\partial}_i' \frac{1}{|\mathbf{x} - \mathbf{x}'|} \right] \tag{2.139}$$

$$= -\int d^3x' \hat{\partial}_i' \left(\frac{j^i(t, \mathbf{x}, \mathbf{x}')}{|\mathbf{x} - \mathbf{x}'|} \right). \tag{2.140}$$

In der letzten Zeile steht eine Divergenz bzgl. der $\mathbf{x}'$-Koordinaten bei festem $(t, \mathbf{x})$. Das Integral über diese Divergenz kann nach dem Gauß'schen Satz in ein Oberflächenintegral „im Unendlichen" umgewandelt werden. Da wir annehmen müssen, dass j^μ „im Unendlichen" verschwindet (sonst wäre auch das Integral in 2.122 sehr problematisch), verschwindet auch das Integral über die Divergenz und wir haben wie gewünscht gezeigt, dass $\partial_\mu A^\mu_{\text{ret}} = 0$ ist.

2.5.4 Avancierte Potentiale und Kausalität

Die Wahl von I_ϵ in Gl. (2.110) erscheint zu einem gewissen Grad willkürlich. Wir hätten die Pole ja auch nach unten verschieben können:

$$I_\epsilon' = \int d\omega e^{i\omega(t-t')} \left(\frac{1}{\omega + |\mathbf{k}| + i\epsilon} - \frac{1}{\omega - |\mathbf{k}| + i\epsilon} \right), \tag{2.141}$$

mit den Polstellen $\omega = \pm|\mathbf{k}| - i\epsilon$. Wenn wir das tun, liefert nur der Fall $t < t'$ einen Beitrag, da nur dann das Integral über die untere Halbebene geschlossen wird und somit die Residuen dieser Polstellen aufsammelt.

Aufgabe 2.2. Ersetzen Sie oben in der Rechnung I_ϵ durch I_ϵ', setzen Sie $t < t'$ voraus, und schauen Sie, was sich ändert. Der Trick besteht, wie so oft, nur darin, an genau den richtigen Stellen Vorzeichen zu ändern. ◆

Das Ergebnis ist die *avancierte* Green'sche Funktion

$$G_{\text{av}}(t, \mathbf{x}, t', \mathbf{x}') = \frac{\delta(t' - t - |\mathbf{x} - \mathbf{x}'|)}{4\pi |\mathbf{x} - \mathbf{x}'|}, \tag{2.142}$$

und man erhält damit die **avancierte Lösung**

$$A^\mu_{\text{av}}(t, \mathbf{x}) = \int d^3x \int dt \frac{j^\mu(t, \mathbf{x}')}{4\pi |\mathbf{x} - \mathbf{x}'|} \delta(t' - t_{\text{av}}) \tag{2.143}$$

$$= \int d^3x \frac{j^\mu(t_{\text{av}}, \mathbf{x}')}{4\pi |\mathbf{x} - \mathbf{x}'|} \tag{2.144}$$

mit der **avancierten Zeit**

$$t_{\text{ret}} = t + |\mathbf{x} - \mathbf{x}'| \qquad\qquad (2.145)$$

Wie ist diese Lösung nun zu verstehen? Hier sind im Vergleich zu oben
Ursache und Wirkung vertauscht. Das Potential A^μ sammelt nun Beiträge der
Stromdichte aus der Zukunft auf, genauer gesagt vom Zukunfts-Lichtkegel. Wenn
wir darauf bestehen, dass Ursachen zeitlich vor ihren Wirkungen liegen, müssen
wir demnach die Logik umdrehen: Jetzt sind es die Stromdichten, die durch die
Potentiale verursacht werden. Dies ist, wie wir Anfang des Kapitels diskutiert
hatten, eine abwegige Interpretation, die in etwa der Aussage entspricht, die Sonne
würde durch ihr Gravitationspotential verursacht. Da die avancierten Lösungen
aber mathematisch korrekt sind, müssen wir dieses Thema etwas ausführlicher
diskutieren:

- Zunächst einmal ist klar, dass es die avancierten Lösungen geben muss. Dies folgt
  aus der **Zeitumkehr-Invarianz** der Elektrodynamik. Es ist ähnlich wie mit der
  Gravitation: Sehen Sie sich ein Video an, das die Bewegungen der Planeten um
  die Sonne zeigt. Und dann sehen Sie sich dasselbe Video noch einmal rückwärts
  an. Es wirkt genau so realistisch. Es *ist* genau so realistisch. Wenn Sie in der
  Bewegungsgleichung t durch $-t$ und dementsprechend auch ∂_t durch $\partial_{-t} = -\partial_t$
  ersetzen, ändert sich nichts. Die Gleichung ist zeitumkehr-invariant. Damit gibt
  es zu jeder Lösung $L(t)$ der Bewegungsgleichung (wobei L alle physikalischen
  Variablen umfasst, um die es in der Bewegungsgleichung geht) eine Lösung
  $\tilde{L}(t) = L(-t)$, in der alles exakt genauso, nur in umgekehrter Reihenfolge
  passiert. Das Gleiche gilt auch für die Elektrodynamik. In solchen Theorien kann
  man auf fundamentaler Ebene Ursache und Wirkung nicht eindeutig zuordnen,
  weil die Richtung der Zeit austauschbar ist. Die avancierte Lösung ist die
  zeitumgekehrte Variante der retardierten.
- Auch in der Teilchenphysik sind die Gesetze zeitumkehr-invariant. Auch hier gibt
  es auf fundamentaler Ebene keine Ursachen und Wirkungen. (Nur im Falle der
  schwachen Kernkraft muss man zusätzlich noch rechts mit links und positive mit
  negativen Ladungen vertauschen, was aber nichts Prinzipielles an dem Problem
  ändert.) Dass wir überhaupt von Ursachen und Wirkungen sprechen können
  und die Ursache dabei immer zeitlich *vor* der Wirkung erwarten, hat mit einer
  speziellen Eigenschaft unserer Welt zu tun, die nicht aus den fundamentalen
  Naturgesetzen folgt und sich nur in makroskopischen Bereichen und nur im
  Rahmen der Statistischen Physik zeigt: dem zeitlichen Verhalten einer Größe
  namens *Entropie*. Dieses Verhalten ist als empirisches Gesetz im 2. Hauptsatz der
  Thermodynamik festgelegt. Aus der Zeitumkehr-Invarianz der fundamentalen
  Naturgesetze folgt hingegen, dass der 2. Hauptsatz der Thermodynamik in fast
  allen möglichen Welten falsch ist. Wir leben also, aus Sicht der fundamentalen
  (bzw. mikroskopischen) Gesetze, in einer sehr speziellen Welt.
- Wenn wir uns aber einmal darauf geeinigt haben, dass man sinnvoll über
  Ursachen und Wirkungen sprechen kann und dass Ursachen zeitlich *vor* ihren

Wirkungen liegen, dann stellt sich die immer noch vorhandene Zeitumkehr-Invarianz der Gesetze auf Teilchenebene folgendermaßen dar. Wenn ein Glas zu Boden geht und in Scherben zerbricht, dann sieht das zugehörige Ursache-Wirkung Schema relativ einfach aus; wir können es makroskopisch verstehen, ohne uns anzusehen, was jedes einzelne Teilchen macht. Der umgekehrte Prozess, dass die Scherben spontan vom Boden hochspringen und sich zu einem Glas zusammensetzen, ist wegen der Zeitumkehr-Invarianz der fundamentalen Naturgesetze auch möglich. Er ist sogar, was das Phasenraumvolumen aller an dem Prozess beteiligten Teilchen angeht (inklusive der Teilchen des Bodens), *genau so wahrscheinlich.* (Das Ensemble der Zustände, die das Glas zu Boden gehen lassen, ist genau so groß wie das Ensemble, das es wiederauferstehen lässt.) Aber um diesen Prozess in einem Ursache-Wirkung Schema zu erklären, müssen wir verstehen, wie sich die Wärme, die über den ganzen Erdboden verteilt ist, durch spezielle Teilchenbewegungen konspirativ an einer Stelle zusammen-zieht, in kinetische Energie verwandelt und den Scherben genau den Schubs nach oben gibt, den sie brauchen, um in der richtigen Position zueinander zu finden. Das wirkt auf uns noch unrealistischer als die krudesten Verschwörungstheorien. Wir halten es für extrem unwahrscheinlich. Dass es auch tatsächlich nie passiert und unsere Illusion (zumindest aus der Sicht der mikroskopischen Naturgesetze ist es eine Illusion), dass es Ursache und Wirkung gebe, bestätigt wird, ist das Außergewöhnliche an der speziellen Welt, in der wir leben.

- In diesem Zusammenhang sind auch die avancierten Lösungen der Elektrody-namik zu sehen. Aus unserer Sicht bestehen Ströme aus bewegten geladenen Teilchen, die durch Kräfte in Bewegung gesetzt werden. Das können elektro-magnetische Kräfte sein, aber eben auch andere, zum Beispiel die Schwerkraft. In den avancierten Lösungen ist aber von Kräften gar nicht die Rede, hier kommen ja auch die Massen der geladenen Teilchen gar nicht vor. Im Rahmen eines Ursache-Wirkung Schemas sehen diese Lösungen für uns daher so aus, als würden elektromagnetische Felder konspirativ und aufeinander abgestimmt aus dem Unendlichen herbeiströmen, um an einem Punkt zusammenzutreffen und dort eine Ladung und eine Stromdichte zu „verursachen", die genau dem entspricht, was andere Kräfte zugleich mit einem geladenen Teilchen an dieser Stelle anrichten. Diese Sichtweise ergibt keinen Sinn für uns.

- Trotzdem bleiben die avancierten Lösungen aber mathematisch korrekt. Mehr noch, sie sind in den retardierten Lösungen enthalten! Denn da beides Lösungen zur selben inhomogenen Wellengleichung sind, ist ihre Differenz eine Lösung der homogenen Gleichung, also eine Überlagerung von elektromagnetischen Wellen,

$$A_{\text{ret}}^{\mu}(t, \mathbf{x}) = A_{\text{av}}^{\mu}(t, \mathbf{x}) + A_{\text{hom}}^{\mu}(t, \mathbf{x}). \tag{2.146}$$

Jede retardierte Lösung ist also zugleich eine avancierte Lösung plus ein Gemisch elektromagnetischer Wellen. Die spezielle Welt, in der wir leben, die uns die Existenz von Ursache und Wirkung vorgaukelt, hat es nun so eingerichtet, dass die retardierten Lösungen in der Praxis immer mit relativ einfachen elektromagnetischen Wellen überlagert sind, Wellen, deren *Ursachen* wir ausfindig machen können, indem wir herausfinden, wer sie abgestrahlt hat. Die avancierten Lösungen hingegen gehen mit eher komplizierten, aus dem Unendlichen kommenden Kugelwellen einher, die konspirativ gerade die avancierten Effekte wieder auslöschen und uns damit geschickt auf die retardierte Lösung hinstoßen. Mit den avancierten Lösungen ist daher in der Praxis nichts anzufangen.

- Mehr zum faszinierenden Thema der Zeitumkehr finden Sie in Carroll (2010) und Zeh (1989).

Es gibt noch weitere Alternativen zu I_ϵ und I'_ϵ, die aber nichts Sinnvolles mehr beitragen. Wir hätten beispielsweise die Pole einfach an ihrer Stelle lassen können, auf der reellen Achse. Auch dieses Integral ist lösbar, nur eben nicht mit dem Residuensatz (man kann über einfache Polstellen hinwegintegrieren). Es kommt dabei gerade der Mittelwert zwischen I_ϵ und I'_ϵ heraus, also letztlich eine Mischung aus retardierter und avancierter Lösung. Außerdem hätten wir einen Pol nach oben, den andern nach unten verschieben können,

$$I''_\epsilon = \int d\omega e^{i\omega(t-t')} \left(\frac{1}{\omega + |\mathbf{k}| + i\epsilon} - \frac{1}{\omega - |\mathbf{k}| - i\epsilon} \right), \qquad (2.147)$$

$$I'''_\epsilon = \int d\omega e^{i\omega(t-t')} \left(\frac{1}{\omega + |\mathbf{k}| - i\epsilon} - \frac{1}{\omega - |\mathbf{k}| + i\epsilon} \right), \qquad (2.148)$$

Auch hierbei kommen Mischungen aus retardierten und avancierten Potentialen heraus. In der Quantenfeldtheorie spielt eine solche gemischte Kombination in der Form des *Feynman-Propagators* eine Rolle, aber nicht in der Klassischen Elektrodynamik.

Ergebnis dieser Diskussion ist die Überzeugung, dass wir uns an die retardierte Lösung halten sollten und die anderen Varianten getrost ignorieren können.

2.6   E- und B-Feld

2.6.1   Maxwell-Gleichungen

Maxwell hatte die Gleichungen der Elektrodynamik bereits ein paar Jahrzehnte, bevor die Spezielle Relativitätstheorie gefunden wurde, formuliert. In dieser nichtrelativistischen Form waren sie in Bezug auf zwei dreidimensionale Vektorfelder ausgedrückt: das **elektrische Feld** $\mathbf{E}(t, \mathbf{x})$ und das **Magnetfeld** $\mathbf{B}(t, \mathbf{x})$. Der räumliche und zeitliche Anteil von $A^\mu = (\phi, \mathbf{A})$ waren noch nicht zum Viererpotential A^μ vereinigt, sondern wurden separat genannt. Die beiden Felder hängen in folgender Weise mit dem Potential zusammen (und man kann dies als ihre Definition auffassen):

$$\mathbf{E}(t, \mathbf{x}) = -\partial_t \mathbf{A}(t, \mathbf{x}) - \nabla \phi(t, \mathbf{x}) \qquad (2.149)$$

$$\mathbf{B}(t, \mathbf{x}) = \nabla \times \mathbf{A}(t, \mathbf{x}). \qquad (2.150)$$

Vergleicht man dies mit der Definition $F_{\mu\nu} = \partial_\mu A_\nu - \partial_\mu A_\nu$, dann ergibt sich folgende Zusammensetzung von $F_{\mu\nu}$ aus den Komponenten von $\mathbf{E}$ und $\mathbf{B}$:

$$F_{\mu\nu} = \begin{pmatrix} 0 & -E_1 & -E_2 & -E_3 \\ E_1 & 0 & B_3 & -B_2 \\ E_2 & -B_3 & 0 & B_1 \\ E_3 & B_2 & -B_1 & 0 \end{pmatrix}. \qquad (2.151)$$

Mit einem oder zwei hochgezogenen Indizes erhalten wir

$$F^\mu{}_\nu = \begin{pmatrix} 0 & E_1 & E_2 & E_3 \\ E_1 & 0 & B_3 & -B_2 \\ E_2 & -B_3 & 0 & B_1 \\ E_3 & B_2 & -B_1 & 0 \end{pmatrix}, \quad F_\mu{}^\nu = \begin{pmatrix} 0 & -E_1 & -E_2 & -E_3 \\ -E_1 & 0 & B_3 & -B_2 \\ -E_2 & -B_3 & 0 & B_1 \\ -E_3 & B_2 & -B_1 & 0 \end{pmatrix}, \qquad (2.152)$$

$$F^{\mu\nu} = \begin{pmatrix} 0 & E_1 & E_2 & E_3 \\ -E_1 & 0 & B_3 & -B_2 \\ -E_2 & -B_3 & 0 & B_1 \\ -E_3 & B_2 & -B_1 & 0 \end{pmatrix}. \qquad (2.153)$$

Damit übersetzt sich die Maxwell-Gleichung $\partial_\nu F^{\mu\nu} = j^\mu$ auf folgende Weise in Gleichungen für $\mathbf{E}$ und $\mathbf{B}$ (mit $j^\mu = (\rho, \mathbf{j})$):

$$\nabla \cdot \mathbf{E} = \rho, \qquad (2.154)$$

$$\nabla \times \mathbf{B} - \partial_t \mathbf{E} = \mathbf{j}. \qquad (2.155)$$

Gemeinsam mit den homogenen Gleichungen

$$\nabla \cdot \mathbf{B} = 0, \qquad (2.156)$$

$$\nabla \times \mathbf{E} + \partial_t \mathbf{B} = 0 \qquad (2.157)$$

bilden sie die vier ursprünglichen **Maxwell-Gleichungen**. Die beiden homogenen Gleichungen folgen aus der sogenannten **Bianchi-Identität**

$$\partial_\lambda F_{\mu\nu} + \partial_\mu F_{\nu\lambda} + \partial_\nu F_{\lambda\mu} = 0, \qquad (2.158)$$

und diese wiederum aus der Definition $F_{\mu\nu} = \partial_\mu A_\nu - \partial_\mu A_\nu$, wie man durch Einsetzen schnell erkennt. Sie muss also nicht zusätzlich postuliert werden. Die

Gleichung mit $\nabla \cdot \mathbf{B}$ folgt aus der Bianchi-Identität mit drei räumlichen Indizes (i, j, k), die Gleichung mit $\nabla \times \mathbf{E}$ aus der Bianchi-Identität mit zwei räumlichen und einem zeitlichen Index $(0, i, j)$.

Aufgabe 2.3. Verifizieren Sie das.   ◆

Die Bianchi-Identität kann auch in der Form

$$\partial_\nu G^{\mu\nu} = 0 \tag{2.159}$$

geschrieben werden, wobei

$$G^{\mu\nu} = \frac{1}{2}\varepsilon^{\mu\nu\alpha\beta} F_{\alpha\beta} \tag{2.160}$$

der zu F **duale Feldstärketensor** ist. Bei ihm sind die Rollen von $\mathbf{E}$ und $\mathbf{B}$ gerade vertauscht:

$$G^{\mu\nu} = \begin{pmatrix} 0 & B_1 & B_2 & B_3 \\ -B_1 & 0 & E_3 & -E_2 \\ -B_2 & -E_3 & 0 & E_1 \\ -B_3 & E_2 & -E_1 & 0 \end{pmatrix}. \tag{2.161}$$

2.6.2 Lösungen

Die Lösungen der Maxwell-Gleichungen für $\mathbf{E}$ und $\mathbf{B}$ folgen aus den Lösungen für A^μ, die wir bereits ausgerechnet haben. Wir sehen uns hier zur Illustration das $\mathbf{E}$- und $\mathbf{B}$-Feld für eine linear polarisierte elektromagnetische Welle an, also gemäß Gl. (2.81)–(2.83) mit $\varphi = \varphi_2 = \varphi_3$:

$$\phi = 0, \qquad \mathbf{A}(t, \mathbf{x}) = \tilde{\mathbf{A}} \cos(\mathbf{k} \cdot \mathbf{x} - \omega t + \varphi), \tag{2.162}$$

mit

$$\omega = |\mathbf{k}|, \qquad \mathbf{k} \cdot \tilde{\mathbf{A}} = 0. \tag{2.163}$$

Das zugehörige $\mathbf{E}$- und $\mathbf{B}$-Feld ergibt sich aus (2.149) und (2.150):

$$\mathbf{E}(t, \mathbf{x}) = -\partial_t \mathbf{A} = -\omega\tilde{\mathbf{A}} \sin(\mathbf{k} \cdot \mathbf{x} - \omega t + \varphi) \tag{2.164}$$

$$\mathbf{B}(t, \mathbf{x}) = \nabla \times \mathbf{A} = -\mathbf{k} \times \tilde{\mathbf{A}} \sin(\mathbf{k} \cdot \mathbf{x} - \omega t + \varphi). \tag{2.165}$$

Somit stehen $\mathbf{E}$ und $\mathbf{B}$ senkrecht zu $\mathbf{k}$,

$$k \cdot E = k \cdot B = 0, \qquad (2.166)$$

bilden also **Transversalwellen** (E wegen der Parallelität zu $\tilde{A}$, B wegen des Kreuzprodukts). Sie stehen auch senkrecht zueinander, wobei

$$k \times E = \omega B, \qquad k \times B = -\omega E. \qquad (2.167)$$

Bei einer elliptischen oder zirkularen Polarisierung ($\varphi_2 \neq \varphi_3$ in Gl. 2.82 und 2.83) gelten (2.164)–(2.166) für die beiden Anteile separat. Da E für jeden Anteil parallel zu A ist und nur in der Phase um jeweils $\frac{\pi}{2}$ hinterherhinkt, gilt für E dieselbe Form der Polarisierung wie für A, nur phasenverschoben. Im gleichen Takt und mit gleicher Amplitude wie E zirkuliert dann auch B, nur eben senkrecht dazu.

2.6.3 Elektromagnetische Phänomene

Die Maxwell-Gleichungen für E und B fassen viele elektromagnetische Beobachtungen und Zusammenhänge zusammen, die im 19. Jahrhundert bereits unabhängig voneinander beschrieben worden waren. Hier ein kurzer Überblick:

- **Coulomb-Gesetz**: Aus (2.154) folgt mit dem Satz von Gauß für ein Volumen V:

$$\oint_{\partial V} dF \cdot E(t, x) = \int_V d^3x \rho(t, x) =: Q(t) \qquad (2.168)$$

Für ein kugelförmiges Volumen V mit Radius r hat die Oberfläche ∂V die Größe $4\pi r^2$. Bei einer statischen, kugelsymmetrischen Ladungsverteilung mit Gesamtladung Q und Mittelpunkt x_0 folgt daraus das Coulomb-Gesetz

$$E(x) = Q \frac{x - x_0}{4\pi |x - x_0|^3}. \qquad (2.169)$$

Das hätten wir, zumindest für eine punktförmige Ladung, auch direkt aus der retardierten Lösung für A^0, Gl. (2.122), ablesen können. Das Potential nimmt mit (Abstand)$^{-1}$, die Feldstärke mit (Abstand)$^{-2}$ von der Ladung ab, ähnlich wie beim Gravitationsfeld.
- **Ampere'sches Gesetz**: Aus (2.155) folgt, in Abwesenheit eines elektrischen Feldes, mit dem Satz von Stokes für eine Fläche F:

$$\oint_{\partial F} dl \cdot B(t, x) = \int_F dF \cdot j(t, x) =: I(t) \qquad (2.170)$$

Ein elektrischer Strom induziert also ein Magnetfeld, das ihn umkreist. Die **Stromstärke** I ist dabei das Flächenintegral über die Stromdichte **j**.

- **Biot-Savart-Gesetz**: Für eine statische Stromverteilung lässt sich (2.155) allgemein lösen. Das Ergebnis ist

$$\mathbf{B}(\mathbf{x}) = \int d^3 x' \mathbf{j}(\mathbf{x}') \times \frac{\mathbf{x} - \mathbf{x}'}{4\pi |\mathbf{x} - \mathbf{x}'|^3}. \tag{2.171}$$

Auch das können wir direkt aus der retardierten Lösung (2.122) ablesen, diesmal für den räumlichen Anteil **A**.

- **Faraday'sches Induktionsgesetz**: Aus (2.154) folgt mit dem Satz von Stokes für eine Fläche F:

$$\oint_{\partial F} d\mathbf{l} \cdot \mathbf{E}(t, \mathbf{x}) = -\int_F d\mathbf{F} \cdot \partial_t \mathbf{B}(t, \mathbf{x}). \tag{2.172}$$

Die zeitliche Änderung eines Magnetfelds induziert ein elektrisches Feld, das diese Änderung „umkreist". Definieren wir die **Induktionsspannung** entlang einer geschlossenen Kurve ∂F

$$V(t) = \oint_{\partial F} d\mathbf{l} \cdot \mathbf{E}(t, \mathbf{x}) \tag{2.173}$$

und den **magnetischen Fluss** durch die Fläche F

$$\Phi_m(t) = \int_F d\mathbf{F} \cdot \mathbf{B}(t, \mathbf{x}), \tag{2.174}$$

dann lautet das Faraday'sche Induktionsgesetz

$$V(t) = -\frac{d\Phi_m(t)}{dt}. \tag{2.175}$$

Wegen des Begriffs des magnetischen Flusses wird **B** oft auch *magnetische Flussdichte* genannt.

An den hier auftretenden Namen erkennt man, dass Elektrodynamik für lange Zeit eine vorrangig französische Angelegenheit war. Erst Mitte des 19. Jahrhunderts wurden mit dem Experimentator Faraday und dem Theoretiker Maxwell entscheidende Fortschritte in Großbritannien gemacht.

2.6.4 Lorentz-Transformation

In der Form (2.1) ist die Maxwell-Gleichung direkt als lorentz-invariant ersichtlich und es ist auch klar, wie sich $F^{\mu\nu}$ bei einem Boost verhält. In der Form (2.154)–(2.157) sieht man ihnen diese Invarianz nicht an. Es schien den Physikern des späten 19. und frühen 20. Jahrhunderts, als könnten diese Gleichungen nur in einem bestimmten Bezugssystem gelten, dem Bezugssystem, in dem der **Äther** ruhte, ein hypothetisches Medium, das als Träger des elektrischen und magnetischen Feldes galt. Erst mit der SRT und dem Tensor $F^{\mu\nu}$, der **E**- und **B**-Feld gemeinsam in sich vereinte, wurde das Ganze konsistent und der Äther überflüssig. Wir können $F^{\mu\nu}$ ablesen, wie **E** und **B** sich bei einem Lorentz-Boost transformieren – und dabei teilweise ineinander verwandeln. Wir wollen das hier für einen Boost in x-Richtung zeigen,

$$\Lambda^{\mu}_{\nu} = \begin{pmatrix} \frac{1}{\sqrt{1-v^2}} & \frac{-v}{\sqrt{1-v^2}} & 0 & 0 \\ \frac{-v}{\sqrt{1-v^2}} & \frac{1}{\sqrt{1-v^2}} & 0 & 0 \\ 0 & 0 & 1 & 0 \\ 0 & 0 & 0 & 1 \end{pmatrix}. \tag{2.176}$$

Damit ist

$$F'^{01} = \Lambda^0_0\Lambda^1_1 F^{01} + \Lambda^0_1\Lambda^1_0 F^{10} = \frac{1-v^2}{1-v^2} F^{01} = F^{01}, \tag{2.177}$$

$$F'^{02} = \Lambda^0_0\Lambda^2_2 F^{02} + \Lambda^0_1\Lambda^2_2 F^{12} = \frac{1}{\sqrt{1-v^2}} F^{02} - \frac{v}{\sqrt{1-v^2}} F^{12}, \tag{2.178}$$

$$F'^{03} = \Lambda^0_0\Lambda^3_3 F^{03} + \Lambda^0_1\Lambda^3_3 F^{13} = \frac{1}{\sqrt{1-v^2}} F^{03} - \frac{v}{\sqrt{1-v^2}} F^{13}, \tag{2.179}$$

$$F'^{23} = \Lambda^2_2\Lambda^3_3 F^{23} = F^{23}, \tag{2.180}$$

$$F'^{31} = \Lambda^3_3\Lambda^1_1 F^{31} + \Lambda^3_3\Lambda^1_0 F^{30} = \frac{1}{\sqrt{1-v^2}} F^{31} + \frac{v}{\sqrt{1-v^2}} F^{03}, \tag{2.181}$$

$$F'^{12} = \Lambda^1_1\Lambda^2_2 F^{12} + \Lambda^1_0\Lambda^2_2 F^{02} = \frac{1}{\sqrt{1-v^2}} F^{12} - \frac{v}{\sqrt{1-v^2}} F^{03}. \tag{2.182}$$

In **E** und **B** übersetzt heißt das

$$E'_1 = E_1 \tag{2.183}$$

$$E'_2 = \frac{1}{\sqrt{1-v^2}} E_2 - \frac{v}{\sqrt{1-v^2}} B_3 \tag{2.184}$$

$$E'_3 = \frac{1}{\sqrt{1-v^2}} E_3 + \frac{v}{\sqrt{1-v^2}} B_2 \tag{2.185}$$

$$B'_1 = B'_1 \tag{2.186}$$

$$B'_2 = \frac{1}{\sqrt{1-v^2}} B_2 + \frac{v}{\sqrt{1-v^2}} E_3 \tag{2.187}$$

$$B'_3 = \frac{1}{\sqrt{1-v^2}} B_3 - \frac{v}{\sqrt{1-v^2}} E_2. \qquad (2.188)$$

Dies können wir zusammenfassen und gleichzeitig auf Boosts in beliebige Richtungen verallgemeinern, indem wir den Anteil der Felder in x-Richtung, also parallel zur Richtung des Boosts, mit $\mathbf{E}_\parallel$ und $\mathbf{B}_\parallel$ bezeichnen, die Anteile in y- und z-Richtung, also senkrecht zur Richtung des Boosts, mit $\mathbf{E}_\perp$ und $\mathbf{B}_\perp$. Das ergibt

$$\mathbf{E}'_\parallel = \mathbf{E}_\parallel \qquad (2.189)$$

$$\mathbf{B}'_\parallel = \mathbf{B}_\parallel \qquad (2.190)$$

$$\mathbf{E}'_\perp = \frac{1}{\sqrt{1-v^2}} (\mathbf{E}_\perp + \mathbf{v} \times \mathbf{B}_\perp) \qquad (2.191)$$

$$\mathbf{B}'_\perp = \frac{1}{\sqrt{1-v^2}} (\mathbf{B}_\perp - \mathbf{v} \times \mathbf{E}_\perp). \qquad (2.192)$$

Den Effekt dieser Transformation kann man sehr gut an der Lorentz-Kraft (2.3) erkennen. Diese lautet, in $\mathbf{E}$ und $\mathbf{B}$ umgeschrieben:

$$\mathbf{F}_L = \frac{d\mathbf{p}}{dt} = q(\mathbf{E} + \mathbf{v} \times \mathbf{B}). \qquad (2.193)$$

Nehmen wir an, wir haben in unserem Bezugssystem nur ein $\mathbf{B}$-, aber kein $\mathbf{E}$-Feld. Das Teilchen erfährt dann eine Kraft proportional zu $\mathbf{v} \times \mathbf{B}$. Aber was passiert, wenn wir ins momentane Ruhesystem des Teilchens boosten? Dort ist die Geschwindigkeit des Teilchens null, es kann also dort keine Kraft durch das $\mathbf{B}$-Feld erfahren. Aber die Kraft, die das Teilchen erfährt, muss doch in beiden Systemen gleich sein! Glücklicherweise sagt uns Gl. (2.191), dass das $\mathbf{E}$-Feld im Ruhesystem des Teilchens, $\mathbf{E}'_\perp = \mathbf{v} \times \mathbf{B}_\perp$ (wir bleiben bei der Annahme $v \ll 1$), genau den Effekt hat, den das $\mathbf{B}$-Feld im ursprünglichen System hatte. Die Lorentz-Kraft auf das Teilchen ist tatsächlich in beiden Systemen gleich.

Nachdem wir nun gesehen haben, wie die Felder sich transformieren, interessiert uns die Frage, welche Kombinationen von $\mathbf{E}$ und $\mathbf{B}$ sich unter Lorentz-Transformationen *nicht* ändern. Das sind genau die Kombinationen von Produkten von $F_{\mu\nu}$, die **Lorentz-Skalare** darstellen, also Produkte von Tensoren, bei denen alle Indizes kontrahiert sind. Die einfachsten Skalare, die sich mit $F_{\mu\nu}$ bilden lassen, sind

$$F_{\mu\nu} F^{\mu\nu} = 2(\mathbf{B}^2 - \mathbf{E}^2) \qquad (2.194)$$

und

$$\varepsilon^{\mu\nu\alpha\beta} F_{\mu\nu} F_{\alpha\beta} = 8\mathbf{E} \cdot \mathbf{B}. \qquad (2.195)$$

Die Kombinationen $\mathbf{B}^2 - \mathbf{E}^2$ und $\mathbf{E} \cdot \mathbf{B}$ sind somit Lorentz-Skalare und haben daher in allen Inertialsystemen den gleichen Wert. Insbesondere gilt: Wenn in irgendeinem Bezugssystem $\mathbf{E}$ senkrecht zu $\mathbf{B}$ ist, dann ist dies in allen Bezugssystemen so. Vorsicht ist allerdings bei Spiegelungen geboten: Dabei wechselt $\mathbf{E} \cdot \mathbf{B}$ das Vorzeichen. Auf der linken Seite von (2.195) sieht man das an der Eigenschaft von ε als Pseudotensor, siehe Abschn. 1.5.6. Auf der rechten Seite sieht man es daran, dass bei einer Spiegelung $x_1 \to -x_1$ die Komponenten $E_1 = F^{01}$, $B_2 = F^{31}$ und $B_3 = F^{12}$ das Vorzeichen wechseln. Werden alle drei Komponenten gespiegelt, $\mathbf{x} \to -\mathbf{x}$, dann wechselt $\mathbf{E}$ das Vorzeichen, $\mathbf{B}$ aber nicht, da F^{ij} bei der Transformation zweimal den Faktor -1 erhält!

2.7 Einheiten

Die Interessen und Vorlieben von Theoretikern und Experimentalphysikern sind nicht immer identisch. Der Theoretiker möchte die Gleichungen seiner Theorie in möglichst einfacher und symmetrischer Form schreiben. Die Einheiten, die er den einzelnen physikalischen Größen zuweist, sind auf Minimalismus ausgelegt. Wir haben zum Beispiel die Lichtgeschwindigkeit $c = 1$ gesetzt, weil sich die Gleichungen damit deutlich vereinfachen. Auf diese Weise haben wir eine „natürliche" Beziehung zwischen Metern und Sekunden hergestellt, $1\,s = 299.792.458\,m$. In der Quantenmechanik ist $\hbar$ eine fundamentale Konstante, und auch diese wird von Theoretikern gleich 1 gesetzt, weil sich auch damit die Gleichungen kompakter schreiben lassen. Dadurch wird nun eine „natürliche" Beziehung zwischen Kilogramm und inversen Metern hergestellt. Mit $\hbar = c = 1$ gibt es nur noch eine Einheit, wir haben die Wahl, welche wir nehmen; sagen wir, Meter. Dann lässt sich alles in Potenzen von Metern ausdrücken: Längen, Zeiten, Massen, Energien, Impulse, Kräfte. Aus Sicht der Theoretiker ist das sehr schön.

Experimentatoren sehen das oft anders. Für sie werden die physikalischen Größen durch bestimmte Messapparaturen ermittelt. Dabei sind die Mechanismen, um Längen, Zeiten, Massen etc. zu messen, sehr unterschiedlich, und es ist naheliegend, unterschiedliche Einheiten dafür zu verwenden. Aus experimenteller Sicht ist ein Meter etwas ganz anderes als eine Sekunde, und erst recht als ein Kilogramm-Hoch-Minus-Eins. Hier sollen die Gleichungen lieber etwas komplizierter aussehen, wenn sie dadurch einen direkteren Bezug zum Experiment haben und sich die gemessenen Größen einfach einsetzen lassen. Manchmal werden aber auch Einheiten verwendet, die sich historisch einmal durchgesetzt haben, ohne dass sie – selbst aus experimenteller Sicht – besonders sinnvoll erscheinen. Das ist natürlich besonders im angelsächsischen Bereich der Fall, wo mittelalterliche krumme Einheiten wie Meilen, Fuß, Zoll, Unzen, Pfund und Gallonen immer noch verbreitet sind. Zum Glück sind die Physiker auch dieser Länder längst auf das metrische System umgesprungen. Aber in der Elektrodynamik hat man die Dinge etwas komplizierter gemacht, als es vielleicht nötig gewesen wäre.

Es scheint eine Übereinkunft zu geben, jedem bedeutenden Physiker früherer Jahrhunderte eine Einheit zu widmen, und bei der Elektrodynamik war man besonders großzügig: Ampere, Coulomb, Faraday (in der Einheit Farad), Volta (in der Einheit Volt), Ohm, Tesla und einige andere hat man untergebracht. Aus irgendeinem Grund wurde die Stromstärke I zur fundamentalen Größe erklärt und ihre Einheit Ampere auf folgende, etwas barock anmutende Weise definiert: „*1 Ampere ist die Stärke des zeitlich konstanten elektrischen Stromes, der im Vakuum zwischen zwei parallelen, unendlich langen, geraden Leitern mit vernachlässigbar kleinem, kreisförmigem Querschnitt und dem Abstand von 1 m zwischen diesen Leitern eine Kraft von $2 \cdot 10^{-7}$ Newton pro Meter Leiterlänge hervorrufen würde*". Die Kraft zwischen zwei stromdurchflossenen Leitern kann man aus den Maxwell-Gleichungen und der Lorentz-Kraft ermitteln (wir werden in Abschn. 4.2 darauf zurückkommen), aber es ist nun nicht gerade der elementarste aller Zusammenhänge, der hier für die Definition einer Basisgröße des SI-Einheitensystems herangezogen wird.

Die weiteren Einheiten der Elektrodynamik sind vom Ampere abgeleitet. Ein Coulomb beispielsweise, die Einheit der Ladung, ist ein Ampere mal eine Sekunde. Es enstpricht also der Ladungsmenge, die von einem Strom der Stärke $1\,A$ in der Zeit $1\,s$ durch einen Querschnitt des Leiters fließt. Ein Proton hat die **Elementarladung**

$$e = 1{,}602 \cdot 10^{-19}\,C, \qquad (2.196)$$

ein Elektron die entsprechende negative Ladung $-e$. **Spannung**, also die Energiemenge, die eine Ladung vom elektrischen Feld auf dem Weg von A nach B aufnimmt, wird in Volt gemessen. Ein Volt ist ein Joule pro Coulomb. In der Elektrotechnik, die wir in Abschn. 4.6 besprechen, tauchen weitere Einheiten dieser Art auf.

Aus der Sicht eines Theoretikers sind all diese Einheiten überflüssig. In der Form, wie wir die Maxwell-Gleichung (2.1) und die Lorentz-Kraft (2.3) ausgedrückt haben, lassen sich alle Einheiten aus Metern und Kilogramm ableiten (wobei wir mit $c = 1$ sowohl Zeit als auch räumliche Distanzen in Metern messen). Wenn wir die Einheit der Ladung mit $[Q]$ bezeichnen, dann hat die rechte Seite von (2.1) die Einheit $[Q]\mathrm{m}^{-3}$, denn die Ladungsdichte $\rho = j^0$ ist Ladung pro Volumen, und die Stromdichte $\mathbf{j}$ ist Ladung pro Zeit pro Fläche. Die linke Seite hat natürlich die gleiche Einheit, und da eine Ableitung ∂_μ die Einheit m^{-1} hat, wird die Feldstärke $F^{\mu\nu}$ demnach in $[Q]\mathrm{m}^{-2}$ gemessen. Die linke Seite von (2.3) wird in Newton, also $\mathrm{kg} \cdot \mathrm{m}^{-1}$ ausgedrückt. Geschwindigkeiten sind einheitslos. Mit der Ladung und der Feldstärke auf der rechten Seite ergibt sich

$$\mathrm{kg} \cdot \mathrm{m}^{-1} = [Q]^2 \mathrm{m}^{-2} \quad \Rightarrow \quad [Q] = (\mathrm{kg} \cdot \mathrm{m})^{1/2}. \qquad (2.197)$$

Hätten wir nicht $c = 1$ gesetzt und stattdessen Zeit in Sekunden gemessen, dann wäre

$$[Q] = \mathrm{kg}^{1/2}\mathrm{m}^{3/2}s^{-1} \qquad (2.198)$$

herausgekommen. Diese Einheit der Ladung, nur mit Gramm statt Kilogramm und Zentimeter statt Meter, wird im Gauß'schen CGS-Einheitensystem verwendet. Es ist also gar nicht nötig, mit etwas völlig Neuem wie Ampere und Coulomb zu kommen.

Wenn wir allerdings die SI-Einheiten Ampere und Coulomb verwenden wollen, dann müssen wir dem Rechnung tragen, indem wir eine Konstante μ_0 in die Maxwell-Gleichung einführen, die unter dem Namen **magnetische Feldkonstante**, **Permeabilität des Vakuums** und auch unter anderen Namen bekannt ist:

$$\partial_\nu F^{\mu\nu} = \mu_0 j^\mu, \qquad \mu_0 = 1{,}257 \cdot 10^{-6}\,\text{kg}\,\text{m}\,\text{A}^{-2}\text{s}^{-2}. \tag{2.199}$$

Diese Konstante ist entsprechend in die inhomogenen Maxwell-Gleichungen (2.154) und (2.155) zu übernehmen. Leider taucht in der „herkömmlichen" Schreibweise dieser Gleichungen in SI-Einheiten noch eine weitere Konstante auf, weil (2.154) aus historischen Gründen mit dem Vorfaktor $1/\epsilon_0$ statt μ_0 belegt wurde. Die Gleichungen lauten nun also

$$\nabla \cdot \mathbf{E} = \frac{1}{\varepsilon_0}\rho, \tag{2.200}$$

$$\nabla \times \mathbf{B} - \partial_t \mathbf{E} = \mu_0 \mathbf{j}. \tag{2.201}$$

Dabei ist

$$\varepsilon_0 = \frac{1}{\mu_0} = \frac{1}{\mu_0 c^2} = 8{,}854 \cdot 10^{-12}\,\text{A}^2\text{s}^4\text{kg}^{-1}\text{m}^{-3} \tag{2.202}$$

die **elektrische Feldkonstante**, auch unter dem Namen **Dielektrizitätskonstante** und **Permittivität des Vakuums** bekannt.

Weitere Verwirrung entsteht dadurch, dass manche Autoren und auch das Gauß'sche CGS-System einen Faktor 4π in die Felder „hineindefinieren", um die Faktoren $\frac{1}{4\pi}$ in den Lösungen (2.122), (2.169) und (2.171) zu vermeiden. Die Maxwell-Gleichung lautet dann

$$\partial_\nu F^{\mu\nu} = 4\pi j^\mu. \tag{2.203}$$

Sobald Sie konkrete Werte mit konkreten Einheiten in die Gleichungen einsetzen, müssen Sie höllisch aufpassen, welche Version Sie verwenden. Dieses Buch dient der Theoretischen Physik. Es geht darum, erstens die inneren Zusammenhänge der klassischen Elektrodynamik zu erkunden und zweitens zu zeigen, wie man die Gleichungen prinzipiell löst und wie sich die Felder in diesen Lösungen prinzipiell verhalten. Daher haben wir den Luxus, die kompakteste Version der Gleichungen verwenden zu können, ohne konkrete Werte einsetzen zu müssen. Mehr zum Thema Einheitensysteme finden Sie im großen Klassiker der Elektrodynamik, Jackson (2013).

Die Lorentz-Kraft

3.1   Die Kraft auf ein geladenes Teilchen

Auf ein Teilchen mit der Ladung q wirkt im elektromagnetischen Feld $F_{\mu\nu}$ die Lorentz-Kraft

$$F_L^\mu = \frac{dp^\mu}{d\tau} = q F^\mu{}_\nu u^\nu. \tag{3.1}$$

Da p^0 die Energie E des Teilchens repräsentiert, ist F_L^0 die *Leistung* $dE/d\tau$, die das elektromagnetische Feld an das Teilchen abgibt. Den Komponenten von $F^\mu{}_\nu$ (2.152) und der Definition

$$u^\mu = \frac{dx^\mu}{d\tau} = \frac{1}{\sqrt{1-v^2}}(1, \mathbf{v}) \tag{3.2}$$

entnehmen wir

$$F_L^0 = \frac{q}{\sqrt{1-v^2}}\mathbf{E} \cdot \mathbf{v}. \tag{3.3}$$

Nur das elektrische, nicht das magnetische Feld führt also zu einer Änderung der Energie des Teilchens, „verrichtet Arbeit" an ihm. Das passt zu dem, was wir für die räumlichen Komponenten F_L^i ablesen:

$$F_L^i = \frac{q}{\sqrt{1-v^2}}(\mathbf{E} + \mathbf{v} \times \mathbf{B})^i. \tag{3.4}$$

Das B-Feld wirkt demnach immer senkrecht zur Bewegungsrichtung und verrichtet daher keine Arbeit. Ein Vergleich der Kraft-Definitionen aus (1.146) und (1.156) ergibt

© Der/die Autor(en), exklusiv lizenziert an Springer-Verlag GmbH, DE, ein Teil von Springer Nature 2023
J.-M. Schwindt, *Von der Relativitätstheorie zu den Maxwell-Gleichungen*, https://doi.org/10.1007/978-3-662-67581-6_3

$$F_L^\mu = \frac{1}{\sqrt{1-v^2}} \left(\frac{dE}{dt}, \mathbf{F}_L \right), \tag{3.5}$$

und damit erhalten wir den dreidimensionalen Lorentz-Kraftvektor

$$\mathbf{F}_L = \frac{d\mathbf{p}_r}{dt} = q(\mathbf{E} + \mathbf{v} \times \mathbf{B}). \tag{3.6}$$

Fokussieren wir uns auf den nichtrelativistischen Fall $v \ll 1$. In einem konstanten $\mathbf{E}$-Feld erfährt das Teilchen dann eine konstante Beschleunigung $\dot{\mathbf{v}} = \frac{q}{m}\mathbf{E}$ und bewegt sich dementsprechend auf einer Parabelbahn. In einem konstanten $\mathbf{B}$-Feld hingegen bewegt es sich auf einer spiralförmigen Bahn: Zeigt das $\mathbf{B}$-Feld in z-Richtung, $\mathbf{B} = B\mathbf{e}_z$, dann bleibt v_z konstant, der dazu senkrechte Anteil $\mathbf{v}_\perp = (v_x, v_y, 0)$ hingegen rotiert gemäß dem Kreuzprodukt $\mathbf{v} \times \mathbf{B}$ in der (x, y)-Ebene. Die Lorentz-Kraft spielt hier also die Rolle einer Zentripetalkraft, durch die auch der Radius der Bahn bestimmt ist:

$$\frac{mv_\perp^2}{R} = |q|Bv_\perp \quad \Rightarrow \quad R = \frac{mv_\perp}{|q|B}. \tag{3.7}$$

Die Umlaufzeit T ist unabhängig von der Geschwindigkeit,

$$T = \frac{2\pi R}{v_\perp} = \frac{2\pi m}{|q|B} \tag{3.8}$$

Die Bahn lautet damit

$$\mathbf{x}(t) = (R\cos\omega t, \pm R\sin\omega t, v_z t), \qquad \omega = \frac{2\pi}{T} = \frac{|q|B}{m}, \tag{3.9}$$

wobei das $\pm$ in der y-Komponente ein Plus (Minus) ist, falls q negativ (positiv) ist.

Das Coulomb-Gesetz (2.169) beschreibt das elektrische Feld, das durch ein Teilchen der Ladung Q am Ort $\mathbf{x}_0$ erzeugt wird. Ein zweites Teilchen mit der Ladung q am Ort $\mathbf{x}$ erfährt in diesem Feld die **Coulomb-Kraft**

$$\mathbf{F}_L = \frac{qQ}{4\pi} \frac{\mathbf{x} - \mathbf{x}_0}{|\mathbf{x} - \mathbf{x}_0|^3} \tag{3.10}$$

Wenn q und Q das gleiche Vorzeichen haben, ist diese Kraft abstoßend, bei unterschiedlichen Vorzeichen anziehend. Im letzteren Fall gleicht dieses Kraftgesetz, abgesehen vom Vorfaktor, der Gravitationskraft. Die möglichen Bahnen sind also auch hier die Kegelschnitte: Hyperbeln, Parabeln, Ellipsen oder Kreise, je nach Anfangsbedingung.

Aufgabe 3.1. Welchen Abstand muss ein Elektron von einem Proton haben, damit es dieses in genau einem Jahr auf einer Kreisbahn umläuft? Welche Geschwindigkeit hat es dabei? Um welchen Faktor übersteigt die elektrische Kraft zwischen Elektron und Proton die Gravitationskraft, die zwischen ihnen wirkt? Wie lange würde das Elektron demnach bei gleichem Abstand für seine Umkreisung des Protons brauchen, wenn es elektrisch neutral wäre? ◆

Die oben beschriebenen Bahnen gelten, so lange die Beschleunigungen nicht allzu groß sind. Bei großen Beschleunigungen sendet das geladene Teilchen seinerseits in signifikantem Maße elektromagnetische Strahlung aus, wie wir in Abschn. 4.3 sehen werden. Der „Rückstoß" dieser Strahlung wirkt sich wiederum auf die Bahn des Teilchens aus. Im atomaren Bereich, wo die Abstände gering sind, spielt das eine Rolle. Statt das Proton auf konstanten Bahnen zu umkreisen, würde sich das Elektron diesem spiralförmig annähern und schließlich hineinstürzen und so das Proton in ein Neutron verwandeln. Deshalb kann es, wie bereits betont, in der klassischen Elektrodynamik keine stabilen Atome geben.

Die Lorentz-Kraft beschreibt, wie geladene Teilchen Energie und Impuls vom elektromagnetischen Feld aufnehmen oder an das Feld abgeben (die elektrische Kraft kann ja auch bremsend wirken). Wir vermuten, dass bei dieser Wechselwirkung auch in irgendeiner Form ein Energie- und Impulserhaltungssatz gilt. Die Frage ist nur, wie dieser zu formulieren ist. Da das elektromagnetische Feld ein ausgedehntes, kontinuierliches Gebilde ist, sind auch seine Energie und sein Impuls über den Raum verteilt. Wir müssen daher von einer Energie- und Impuls*dichte* sprechen.
Der Vergleich zwischen Ladung und Ladungsdichte gibt uns einen Anhaltspunkt, wie dabei vorzugehen ist. Solange wir von Teilchen sprechen, bedeutet Ladungserhaltung, dass bei jeder Wechselwirkung die Summe der einzelnen Ladungen q_i gleich bleibt. Wenn also ein Atomkern mit Ladung $92e$ (Uran) bei einem Zerfall zu einem Atomkern mit der Ladung $90e$ (Thorium) wird, dann muss irgendwo ein Teilchen mit der Ladung $2e$ (Helium) geblieben sein, damit die Rechnung aufgeht. Wenn wir hingegen von einer kontinuierlichen Ladungsverteilung sprechen, dann bedeutet Ladungserhaltung, dass $\partial_\mu j^\mu = 0$ ist. Das heißt, wir haben der Ladungs*dichte* ρ eine Stromdichte **j** hinzugefügt, so dass die beiden zusammen einen Vierervektor j bilden, dessen Viererdivergenz $\partial_\mu j^\mu$ verschwindet. Damit wird ausgedrückt, dass die Änderung der Ladungsdichte ρ genau dem entspricht, was die Stromdichte **j** von dem Ort wegströmen oder in den Ort hineinströmen lässt. Können wir etwas Ähnliches auch mit Energie und Impuls machen?

3.2 Der Energie-Impuls-Tensor

Energie und Impuls eines Teilchens bilden den Vierervektor p^μ. Jede der vier Komponenten wird im kontinuierlichen Fall zu einer Dichte. Jede dieser vier Dichten muss um eine zugehörige „Stromdichte" ergänzt werden, die ausdrückt, wieviel von der jeweiligen Impulskomponente in eine bestimmte Richtung „davongetragen" wird. Das Ergebnis dieser Prozedur ist der **Energie-Impuls-Tensor** $T^{\mu\nu}$.

(Genau genommen handelt es sich um ein Tensorfeld $T^{\mu\nu}(x)$.) Die Erhaltung der
Impulskomponente p^ν drückt sich dann so aus:

$$\partial_\mu T^{\mu\nu} = 0, \tag{3.11}$$

wobei $T^{0\nu}$ jeweils die Dichte der Impulskomponente p^ν ist. Dieses Konzept erweist
sich als extrem bedeutsam nicht nur in der Elektrodynamik, sondern noch mehr in
der Allgemeinen Relativitätstheorie. In deren zentraler Gleichung,

$$R_{\mu\nu} - \frac{1}{2}Rg_{\mu\nu} = 8\pi G\, T_{\mu\nu} \tag{3.12}$$

bildet er die rechte Seite, während auf der linken Seite ein Tensorfeld steht, das
die Krümmung der Raumzeit ausdrückt. Diese Krümmung wird also durch den
Energie-Impuls-Tensor hervorgerufen, ähnlich wie in der Elektrodynamik elektromagnetische Felder durch die Stromdichte hervorgerufen werden. Die Krümmung
der Raumzeit wiederum führt zu der Illusion, dass es eine Schwerkraft gebe. Auch
in der Elektrodynamik ist dieser Tensor wichtig genug, um ihm dieses ganze Kapitel
zu widmen.

Als vorbereitendes Beispiel sehen wir uns eine Staubwolke an, die aus Teilchen
mit der Masse m besteht. Die ortsabhängigen Strömungen des Staubs wollen wir in
einem Energie-Impuls-Tensor ausdrücken. Aus der allgemeinen Konzeption dieses
Tensors folgt, dass die Komponente T^{00} der Energiedichte entspricht. Um $T^{\mu\nu}(x)$
an einem Punkt x zu bestimmen, boosten wir zunächst ins lokale Ruhesystem des
Staubs, also das Inertialsystem, in dem die Strömung am Punkt x verschwindet
(wir bewegen uns „mit dem Wind"). In diesem System führen zwar die einzelnen
Teilchen in der Umgebung von x ungeordnete Wärmebewegungen aus, aber im
Schnitt mitteln diese sich weg, so dass die gesamte Impulsdichte verschwindet
und auch keine Strömungen die lokale Energie oder die Impulse irgendwo anders
hintragen. In diesem System ist dann T^{00} die einzige von null verschiedene
Komponente am Punkt x.

Wir gehen davon aus, dass die Temperatur niedrig genug ist, um die kinetische
Energie aus der Wärmebewegung der Teilchen im Vergleich zur Masse als vernachlässigbar ansehen zu können. Die Energie entspricht somit im wesentlichen
der Ruhemasse der Teilchen. Die Energiedichte ist dann $T^{00}(x) = mn(x)$, wobei
$n(x)$ die Anzahldichte der Teilchen am Punkt x ist (also die Anzahl der Teilchen pro
Volumen in der näheren Umgebung von x). In diesem Bezugssystem gilt demnach

$$T^{\mu\nu}(x) = \begin{pmatrix} mn(x) & 0 & 0 & 0 \\ 0 & 0 & 0 & 0 \\ 0 & 0 & 0 & 0 \\ 0 & 0 & 0 & 0 \end{pmatrix}. \tag{3.13}$$

Der Boost zurück ins System, in dem die Vierergeschwindigkeit der Strömung u^μ
ist, ergibt

$$T^{\mu\nu} = mnu^{\mu}u^{\nu}. \tag{3.14}$$

Wir brauchen diese Lorentz-Transformation nicht explizit auszurechnen. Die Gleichung gilt offensichtlich im Ruhesystem, wo $u^{\mu} = (1, \mathbf{0})$ ist, und als Gleichung von (2,0)-Tensoren ist sie damit in jedem Bezugssystem erfüllt. Die Energiedichte ist nun

$$T^{00} = mn(u^0)^2 = \frac{mn}{1 - v^2}. \tag{3.15}$$

Im Vergleich zum Wert im Ruhesystem sind also *zwei* Faktoren $1/\sqrt{1 - v^2}$ dazugekommen, die physikalisch auch leicht zu erklären sind: ein Faktor ergibt sich durch den Übergang von der Ruhemasse zur relativistischen Masse, der andere durch die Längenkontraktion, die das Volumenelement in Strömungsrichtung zusammenschrumpfen lässt und damit die Dichte ebenfalls erhöht.

Der Tensor ist symmetrisch, und wir haben

$$T^{0i} = T^{i0} = mnu^0u^i = \frac{mn}{1 - v^2}v^i. \tag{3.16}$$

Der Ausdruck auf der rechten Seite erfüllt somit zwei Funktionen: In den Komponenten T^{0i} drückt er die relativistische Impulsdichte des Staubs aus. In den Komponenten T^{i0} beschreibt er, wie Energie sich in der Staubwolke fortbewegt. Die Gleichung für die Energieerhaltung lautet

$$\partial_{\mu}T^{\mu 0} = 0, \quad \Rightarrow \quad \partial_t \frac{n}{1 - v^2} = -\nabla \cdot \left(\frac{n}{1 - v^2}\mathbf{v} \right), \tag{3.17}$$

wobei sowohl die Teilchendichte n wie auch die Strömungsgeschwindigkeit $\mathbf{v}$ vom Ort und von der Zeit abhängen.

Eine besondere Bedeutung haben außerdem die Diagonalkomponenten T^{ii}. Diese drücken den Strom der p^i-Komponente in x^i-Richtung aus, und das ist nichts anderes als der **Druck**. Um dies zumindest für den nichtrelativistischen Fall $v^2 \ll 1$ etwas genauer zu erläutern, setzen wir

$$n = \frac{dN}{dx \, dy \, dz} \tag{3.18}$$

und erhalten z. B. in x-Richtung

$$T^{11} = mnv^1v^1 = (mv^1)\frac{dN}{dx \, dy \, dz}\frac{dx}{dt} \tag{3.19}$$

$$= (mv^1)\frac{dN}{dt}\frac{1}{dy \, dz}. \tag{3.20}$$

Das ist die Impulsmenge in x-Richtung, die pro Zeiteinheit auf ein Flächenelement $dy\,dz$ einprasselt, was gerade dem Druck in dieser Richtung entspricht.

Die Besonderheit am Staub ist, dass der Druck ausschließlich von der Strömung herkommt. Bei einem Gas oder einer Flüssigkeit erzeugen die permanenten Stöße zwischen den Teilchen auch dann einen Druck, wenn keine Strömung vorhanden ist. Dieser Druck ist dann in alle Richtungen der gleiche. Der Energie-Impuls-Tensor eines Gases oder einer Flüssigkeit hat daher im lokalen Ruhesystem die Form

$$T^{\mu\nu}(x) = \begin{pmatrix} \rho & 0 & 0 & 0 \\ 0 & p & 0 & 0 \\ 0 & 0 & p & 0 \\ 0 & 0 & 0 & p \end{pmatrix}. \tag{3.21}$$

Dabei ist der Zusammenhang zwischen dem Druck p und der Energiedichte ρ durch eine **Zustandsgleichung** gegeben. Bei einem idealen Gas und konstanter Temperatur ist p einfach proportional zu ρ.

Wie sieht das $T^{\mu\nu}$ aus Gl. (3.21) in einem anderen Bezugssystem als dem lokalen Ruhesystem aus? Wieder ist es nicht nötig, die Lorentz-Transformation explizit durchzuführen. Es genügt einen Tensor-Ausdruck $S^{\mu\nu}$ zu finden, der im Ruhesystem die Form (3.21) annimmt, dann gilt die Gleichung $T^{\mu\nu} = S^{\mu\nu}$ automatisch in allen Bezugssystemen. Nach kurzem Probieren findet man so

$$T^{\mu\nu} = (\rho + p)u^{\mu}u^{\nu} + p\eta^{\mu\nu}. \tag{3.22}$$

Die Erhaltungsgleichung $\partial_{\mu}T^{\mu\nu} = 0$ führt hier im nichtrelativistischen Limit $v^2 \ll 1$ gerade auf die beiden Grundgleichungen der Mechanik der Flüssigkeiten und Gase: die Kontinuitätsgleichung

$$\partial_t \rho + \nabla \cdot (\rho \mathbf{v}) = 0 \tag{3.23}$$

und die **Euler-Gleichung**

$$\rho \left(\partial_t \mathbf{v} + (\mathbf{v} \cdot \nabla)\mathbf{v} \right) = -\nabla p. \tag{3.24}$$

Aufgabe 3.2. Zeigen Sie das, indem Sie (3.22) einmal mit u_{ν} und einmal mit dem Projektionstensor $P^{\lambda}_{\nu} := \delta^{\lambda}_{\nu} + u^{\lambda}u_{\nu}$ multiplizieren und dabei jeweils geeignete Terme vernachlässigen (im nichtrelativistischen Limit gilt $u^{\mu} = (1, \mathbf{v})$, $|\mathbf{v}| \ll 1$ und $p \ll \rho$). Zeigen Sie außerdem, dass P^{λ}_{ν} einen Vierervektor s^{μ} auf den Anteil senkrecht zu u^{μ} projiziert. ◆

Nach diesen Vorüberlegungen wenden wir uns nun dem elektromagnetischen Feld zu. Wie könnte dessen Energie-Impuls-Tensor aussehen? Wie beim Staub gehen wir so vor, dass wir zunächst die Energiedichte erraten und dann versuchen,

einen Tensor daraus zu machen. In die Energiedichte sollten elektrisches und
magnetisches Feld gleichermaßen eingehen. Dabei sollten nur die Beträge der
beiden Felder eine Rolle spielen, nicht ihre Richtungen. Es bietet sich demnach
ein Versuch mit einem Vielfachen von $(\mathbf{E}^2 + \mathbf{B}^2)$ an,

$$T^{00} = a(\mathbf{E}^2 + \mathbf{B}^2), \qquad (3.25)$$

mit einer noch zu bestimmenden Konstanten a. Wir brauchen also einen Tensor,
dessen $(0, 0)$-Komponente diesen Wert annimmt. Der geratene Ausdruck ist quadra-
tisch in den Feldern, wir müssen ihn somit aus quadratischen Ausdrücken von $F_{\mu\nu}$
konstruieren. (Da A_μ nur in der Kombination $F_{\mu\nu}$ von physikalischer Bedeutung
ist, vermuten wir, dass das beim Energie-Impuls-Tensor auch der Fall ist und darin
kein „rohes" A_μ auftritt.) Es gibt aber nur zwei linear unabhängige $(2,0)$-Tensoren
mit dieser Eigenschaft:

$$S^{(1)\mu\nu} = F_{\alpha\beta}F^{\alpha\beta}\eta^{\mu\nu} = 2(\mathbf{B}^2 - \mathbf{E}^2)\eta^{\mu\nu}, \qquad (3.26)$$

$$S^{(2)\mu\nu} = F^\mu{}_\lambda F^{\nu\lambda} = \begin{pmatrix} \mathbf{E}^2 & (\mathbf{E} \times \mathbf{B})_j \\ (\mathbf{E} \times \mathbf{B})_i & \mathbf{B}^2 - E_i E_j - B_i B_j \end{pmatrix}. \qquad (3.27)$$

Hingegen wechselt

$$\varepsilon^{\rho\sigma\alpha\beta} F_{\rho\sigma} F_{\alpha\beta}\eta^{\mu\nu} = 8\mathbf{E} \cdot \mathbf{B}\eta^{\mu\nu} \qquad (3.28)$$

unter Spiegelungen das Vorzeichen (siehe Abschn. 2.6.4), was wir für die Energiedichte sicher nicht erwarten; daher kommt diese Kombination hier nicht in
Frage.

Aufgabe 3.3. Führen Sie die Matrixmultiplikation $F^\mu{}_\lambda F^{\nu\lambda}$ von Hand aus und
bestätigen Sie damit die Komponenten von $S^{(2)\mu\nu}$. ◆

Mit unserem Ansatz muss also $T^{\mu\nu}$ eine Linearkombination

$$T^{\mu\nu} = bS^{(1)\mu\nu} + cS^{(2)\mu\nu} \qquad (3.29)$$

sein. Der Vergleich mit (3.25) ergibt

$$b = -\frac{a}{2}, \qquad c = 2a. \qquad (3.30)$$

Im Vakuum erwarten wir, dass $\partial_\mu T^{\mu\nu}$ verschwindet. In der Wechselwirkung mit
geladenen Teilchen hingegen erwarten wir, dass $\partial_\mu T^{\mu\nu}$ genau das wiedergibt,
was an Energie und Impuls mittels der Lorentz-Kraft an das jeweilige Teilchen
übertragen wird. Rechnen wir es nach:

$$\partial_\mu T^{\mu\nu} = \partial_\mu \left(-\frac{a}{2} F_{\alpha\beta} F^{\alpha\beta} \eta^{\mu\nu} + 2a F^\mu{}_\lambda F^{\nu\lambda} \right) \tag{3.31}$$

$$= a \left[-(\partial_\mu F^{\alpha\beta}) F_{\alpha\beta} \eta^{\mu\nu} + 2(\partial_\mu F^{\mu\lambda}) F^\nu{}_\lambda + 2 F^\mu{}_\lambda \partial_\mu F^{\nu\lambda} \right] \tag{3.32}$$

$$= a \left[-(\partial^\nu F^{\alpha\beta}) F_{\alpha\beta} - 2 j^\lambda F^\nu{}_\lambda + 2 F^\mu{}_\lambda \partial_\mu F^{\nu\lambda} \right] \tag{3.33}$$

$$= a \left[-2 F^\nu{}_\lambda j^\lambda + (\partial^\alpha F^{\beta\nu} + \partial^\beta F^{\nu\alpha} + 2\partial^\alpha F^{\nu\beta}) F_{\alpha\beta} \right] \tag{3.34}$$

$$= a \left[-2 F^\nu{}_\lambda j^\lambda + (\partial^\alpha F^{\nu\beta} + \partial^\beta F^{\nu\alpha}) F_{\alpha\beta} \right] \tag{3.35}$$

$$= -2a F^\nu{}_\lambda j^\lambda. \tag{3.36}$$

In der dritten Zeile dieser Rechnung haben wir im zweiten Term die Maxwell-Gleichung eingesetzt. In der vierten Zeile wurde die Bianchi-Identität (2.158) verwendet und im letzten Term die Indizes umbenannt. In der vorletzten Zeile kommen die Indizes α und β oben symmetrisch und unten antisymmetrisch vor. Ein solches (symmetrisch mal antisymmetrisch)-Produkt ergibt immer null. Es bleibt also nur der Term $-2a F^\nu{}_\lambda j^\lambda$, der sich aus der Maxwell-Gleichung ergeben hatte.

Das Vektorfeld

$$f^\nu(x) = F^\nu{}_\lambda(x) j^\lambda(x) \tag{3.37}$$

stellt eine kontinuierliche Version der Lorentz-Kraft dar, eine **Kraftdichte**. Das räumliche Integral über die räumlichen Komponenten, $\int d^3x f^i$, beschreibt die akkumulierte Lorentz-Kraft $\mathbf{F}_L$ auf eine gegebene Stromdichteverteilung,

$$(\mathbf{F}_L)^i(t) = \int d^3x F^i{}_\lambda(t, \mathbf{x}) j^\lambda(t, \mathbf{x}). \tag{3.38}$$

Setzen wir die Stromdichte (2.4) eines einzelnen geladenen Teilchens ein, erhalten wir in der Tat den dreidimensionalen Lorentz-Kraftvektor aus Gl. (3.6) zurück.

Kraft ist nichts anderes als Impulsübertrag pro Zeit. Der Term $F^\nu{}_\lambda j^\lambda$ beschreibt also den Viererimpuls, der vom elektromagnetischen Feld an die Stromdichteverteilung abgegeben wird. Wenn wir das mit (3.36) vergleichen, dann sehen wir, dass die Energie-Impuls-Bilanz genau aufgeht, wenn wir $a = \frac{1}{2}$ setzen. Es geht dem elektromagnetischen Feld dann genau so viel verloren, wie die geladenen Teilchen dazugewinnen.

Unser Ansatz hat also einen korrekten Energie-Impuls-Tensor des elektromagnetischen Feldes geliefert:

$$T^{\mu\nu} = F^\mu{}_\lambda F^{\nu\lambda} - \frac{1}{4} F_{\alpha\beta} F^{\alpha\beta} \eta^{\mu\nu} \tag{3.39}$$

$$= \begin{pmatrix} \frac{1}{2}(\mathbf{E}^2 + \mathbf{B}^2) & (\mathbf{E} \times \mathbf{B})_j \\ (\mathbf{E} \times \mathbf{B})_i & \frac{1}{2}(\mathbf{E}^2 + \mathbf{B}^2)\delta_{ij} - E_i E_j - B_i B_j \end{pmatrix}. \tag{3.40}$$

Korrekt ist er dadurch, dass er die korrekte Energie-Impuls-Bilanz

$$\partial_\mu T^{\mu\nu} = -F^\nu{}_\lambda j^\lambda \tag{3.41}$$

liefert (ein anderes Kriterium für Korrektheit haben wir derzeit nicht). Der **Poynting-Vektor**

$$\mathbf{S} := \mathbf{E} \times \mathbf{B} \tag{3.42}$$

erfüllt darin zwei Funktionen: In den Komponenten T^{0i} drückt er die Impulsdichte des elektromagnetischen Feldes aus. In den Komponenten T^{i0} beschreibt er, wie Energie sich im elektromagnetischen Feld fortbewegt. Das passt zu dem, was wir über elektromagnetische Wellen wissen: Nach Gl. (2.167) zeigt dort $\mathbf{E} \times \mathbf{B}$ in $\mathbf{k}$-Richtung, also in Ausbreitungsrichtung der Welle. Es ist intuitiv einleuchtend, das mit einem Energiestrom und auch mit dem Impuls der Welle zu assoziieren.

Die Komponente $\nu = 0$ von Gl. (3.41) liefert die Energie-Bilanz. Sie lautet

$$\partial_t \rho_{\text{em}} = -\nabla \cdot \mathbf{S} - \mathbf{E} \cdot \mathbf{j}, \tag{3.43}$$

wobei

$$\rho_{\text{em}} = \frac{1}{2}(\mathbf{E}^2 + \mathbf{B}^2) \tag{3.44}$$

die Energiedichte des elektromagnetischen Feldes ist. Der Poynting-Vektor beschreibt den Transport von Energie innerhalb des Feldes, der Term $\mathbf{E} \cdot \mathbf{j}$ ist gerade der Energiebetrag, der an den Strom, also an die geladenen Teilchen mittels der Lorentz-Kraft abgegeben wird. Dieser Übertrag fließt in die *kinetische* Energie der Teilchen, ist auf der Seite der Teilchen also als Zuwachs an mechanischer Energie zu verstehen:

$$\partial_t \rho_{\text{mech}} = \mathbf{E} \cdot \mathbf{j}. \tag{3.45}$$

Integriert über den Raum ergibt sich die Bilanzgleichung für die Gesamtenergie (bezogen auf ein bestimmtes Inertialsystem und ein Volumen V):

$$\frac{d}{dt} E_{\text{em}}(V) = -\oint_{\partial V} d\mathbf{F} \cdot \mathbf{S} - \frac{d}{dt} E_{\text{mech}}(V) \tag{3.46}$$

Wenn die Felder im Unendlichen hinreichend schnell abfallen, konvergiert das Integral für $V \to \mathbb{R}^3$, das Oberflächenintegral verschwindet, und die Änderungen der elektromagnetischen und der mechanischen Energie gleichen sich aus.

Die räumlichen Komponenten

$$T^{ij} = T_{ij} = \frac{1}{2}(\mathbf{E}^2 + \mathbf{B}^2)\delta_{ij} - E_i E_j - B_i B_j \tag{3.47}$$

des Energie-Impuls-Tensors bilden den sog. **Maxwell'schen Spannungstensor**, ein Tensorfeld im dreidimensionalen Raum. Er ist zentraler Bestandteil der Impulsbilanzgleichung

$$\partial_\mu T^{\mu i} = \partial_t S^i + \partial_j T^{ji} = -F^i{}_\lambda j^\lambda. \tag{3.48}$$

Der Begriff der Spannung hat hier nichts mit elektrischer Spannung zu tun, sondern mit mechanischer. Der Spannungstensor ist ein Begriff aus der Kontinuumsmechanik und Festkörperphysik und beschreibt allgemein den Druck und die Scherkräfte in einer ausgedehnten Materieverteilung. Wie die Komponenten des Maxwell'schen Spannungstensors in diesem Sinne zu interpretieren sind, können Sie beispielsweise in Bartelmann et al. (2018) nachlesen.

Wir sind in Kap. 2 und 3 bisher so vorgegangen, dass wir die Lorentz-Kraft postuliert, dann einen Energie-Impuls-Tensor erraten und schließlich gezeigt haben, dass dies zu einer konsistenten Bilanzgleichung führt. Wir hätten auch umgekehrt den Energie-Impuls-Tensor postulieren und daraus die Lorentz-Kraft ableiten können. Noch fundamentaler ist es allerdings, den Energie-Impuls-Tensor *und* die Lorentz-Kraft aus der Feldgleichung (2.1) *abzuleiten*. Interessanterweise ist das tatsächlich möglich (wenn auch mit ein paar Feinheiten), erfordert allerdings den Einblick in einige formale Aspekte der Feldtheorie. In diese Gewässer wollen wir uns nun vorwagen.

3.3   Der Lagrange-Formalismus für relativistische Teilchen

Nach Newton wurde die Klassische Mechanik im 18. und 19. Jahrhundert formal weiterentwickelt und einige nützliche Konzepte aufgestellt. Dazu zählen insbesondere der Formalismus von Lagrange und der von Hamilton, die zusammen den Großteil einer typischen Theorie-Vorlesung über Mechanik ausfüllen. In Abschn. 1.6 haben wir uns nur um die gute alte Newton'sche Formulierung gekümmert. Dabei kam uns entgegen, dass sich Geschwindigkeit, Impuls und Energie in sehr ansprechender Weise zu Vierervektoren verallgemeinern ließen: Die Vierergeschwindigkeit u erwies sich als ein Boost des Vektors $(1, 0, 0, 0)$, der Viererimpuls, der auch die Energie enthält, als ein Boost des Vektors $(m, 0, 0, 0)$.

Beim Kraftbegriff stießen wir dann bereits auf ein paar Schwierigkeiten: Wir konnten uns entweder auf die Zeitkoordinate eines bestimmten Bezugssystems beziehen und es bei einem Dreiervektor belassen, was zur Definition in Gl. (1.146) führte, oder alternativ die Viererkraft (1.156) mit Hilfe der invarianten Ableitung nach $d\tau$ definieren. Die erste Definition hat den Nachteil, dass sie sich auf Zeitableitungen eines bestimmten Bezugssystems stützt und daher nicht „relativistisch invariant" ist. Die zweite Definition hat den Nachteil, dass sie zwar für ein einzelnes Teilchen sehr hübsch ist, aber bei mehreren Teilchen das Problem besteht, dass jedes davon seine eigene Eigenzeit hat, so dass auch $d/d\tau$ für jedes Teilchen etwas anderes bedeutet.

Hinzu kamen noch Probleme mit der Kausalität bei Fernwirkungen wie der New-ton'schen Gravitation. Wir hatten festgestellt, dass Kräfte zwischen Teilchen, die das *actio = reactio* Prinzip, also die Erhaltung des Impulses beinhalten, eigentlich nur dann konsistent sind, wenn sich beide Teilchen am selben Ort aufhalten, also miteinander zusammenstoßen. Bei punktfömig gedachten Teilchen ist allerdings die Wahrscheinlichkeit eines Zusammenstoßes gleich null! In einer Welt, die aus einem Minkowski-Raum besteht, in dem punktförmige Teilchen herumfliegen (aber keine Felder) und der Impulserhaltungssatz gilt, würden also niemals irgendwelche Kräfte zur Geltung kommen!

Probleme dieser Art ergeben sich auch zuhauf, wenn man den Lagrange- und Hamilton-Formalismus auf relativistische Teilchen erweitern möchte. Beide Formalismen machen einen besonderen Gebrauch von der Zeitkoordinate, die man jeweils wieder zu einer Eigenzeitkoordinate τ machen kann, was bei mehreren Teilchen aber wieder zu einer Vielfalt an verschiedenen Zeitkoordinaten führt. Insgesamt ist mit der Mechanik der Teilchen allein in einer relativistischen Welt anscheinend nicht viel anzufangen. Tatsächlich zeigt uns die Elektrodynamik, wie diese Probleme zu lösen sind: mit Feldern! Wenn die Gleichungen, denen diese Felder genügen, relativistisch invariant sind und Effekte sich mit maximal Lichtgeschwindigkeit ausbreiten, dann löst sich alles in Wohlgefallen auf: Die Teilchen interagieren lokal mit den Feldern; die Felder tragen die Effekte weiter und interagieren dann woanders mit einem anderen Teilchen. Auf diese Weise kommt indirekt eine Wechselwirkung zwischen den Teilchen zustande, die konsistent mit den Prinzipien der Kausalität ist und Lorentz-invarianten Gesetzen entspringt.

Ähnliches findet man übrigens auch in der Quantenmechanik: Der Versuch, eine relativistische Quantenmechanik von Quantenteilchen aufzustellen, führt zu diversen Schwierigkeiten und Inkonsistenzen. Auch diese lassen sich beseitigen, indem man von der Quantenmechanik zur Quantenfeldtheorie übergeht.

In diesem Unterkapitel soll es um den Lagrange-Formalismus und seine Ver-allgemeinerung auf Felder gehen. Dazu rufen wir uns zunächst die wesentlichen Konzepte dieses Formalismus aus der Mechanik in Erinnerung. Der Lagrange-Formalismus beruht auf dem **Prinzip der kleinsten Wirkung**. Dieses Prinzip unterscheidet sich fundamental von den Prizipien, die man aus der Newton'schen Formulierung kennt. Bei Newton ist von Kräften die Rede und wie diese die Teil-chen beschleunigen. Die Bewegung der Teilchen kann dann ausgerechnet werden, wenn man *Anfangsbedingungen* vorgibt: die Positionen und Geschwindigkeiten der Teilchen zu einem festen Zeitpunkt t_0. Der gesamte Bewegungsablauf ist dann deterministisch durch die Kräfte bestimmt, „wie bei einem Uhrwerk".

Beim Prinzip der kleinsten Wirkung hingegen werden die Positionen (nicht aber die Geschwindigkeiten) der Teilchen zu zwei *verschiedenen* Zeitpunkten t_0 und t_1 vorgegeben. Das Prinzip besagt dann, dass die Teilchen sich *zwischen* diesen beiden Zeitpunkten so bewegen, dass sie eine bestimmte physikalische Größe, die *Wirkung*, minimieren. Bevor wir uns mit der Wirkung befassen, müssen wir feststellen, dass das ein sehr ungewöhnliches Prinzip ist, das unserer intuitiven Vorstellung einer „Uhrwerks-Mechanik" etwas zuwiderläuft. Es ist so formuliert, dass es klingt, als ob die zuküftigen Positionen der Teilchen von vornherein feststehen und die

Teilchen nur versuchen, diese auf möglichst „ökonomische" Weise zu erreichen. Nicht Kräfte treiben ein Teilchen in dieser Formulierung an, sondern ein Ökonomie-Prinzip auf dem Weg zu einem von vornherein feststehenden Ziel. Dennoch wurde in der Mechanik gezeigt, dass diese erstaunliche Formulierung äquivalent ist zu der Beschreibung durch Kräfte und Beschleunigungen.

Die **Lagrange-Funktion** $L(\{q_i\}, \{\dot{q}_i\}, t)$ ist eine Funktion der Ortskoordinaten der Teilchen, $\{q_i\}$, ihrer zeitlichen Ableitungen $\{\dot{q}_i\}$ und der Zeit. Diese *explizite* Zeitabhängigkeit tritt nur dann auf, wenn das System veränderlichen Zwangs-bedingungen (z. B. Teilchen auf einer schwankenden Oberfläche) oder anderen zeitabhängigen äußeren Kräften ausgesetzt ist. Eine *implizite* Zeitabhängigkeit ergibt sich, wenn die Lagrange-Funktion auf den tatsächlichen Bahnen $q_i(t)$ der Teilchen ausgewertet wird:

$$L_{\text{path}}(t) = L(\{q_i(t)\}, \{\dot{q}_i(t)\}, t). \tag{3.49}$$

Die **Wirkung** S ist definiert als das Zeitintegral entlang dieser Bahnen:

$$S = \int_{t_0}^{t_1} dt \, L_{\text{path}}(t) \tag{3.50}$$

Das Prinzip der kleinsten Wirkung besagt, dass die Teilchen sich (bei festste-henden Anfangs- und Endpositionen $\{q_i(t_0)\}$, $\{q_i(t_1)\}$) für diejenige Bahn „ent-scheiden", für die die Wirkung minimal ist. Aus diesem Prinzip lassen sich Bewegungsgleichungen ableiten, und der Trick besteht dann darin, die Lagrange-Funktion so zu *definieren*, dass diese Gleichungen genau denen entsprechen, die sich aus der Newton'schen Beschreibung mit Kräften und den dazugehörigen Beschleunigungen ergeben.

Die Bewegungsgleichungen ergeben sich aus dem Prinzip durch eine Variations-rechnung: Wenn die Wirkung entlang der tatsächlichen Bahn minimal ist, dann ist die Wirkung dort **stationär**. Das heißt, dass eine infinitesimale Änderung der Bahn,

$$q_i'(t) = q_i(t) + \delta q_i(t), \tag{3.51}$$

keine Änderung der Wirkung mit sich bringt, $\delta S = 0$. Dies folgt aus einer Verallgemeinerung des bekannten Satzes aus der Analysis, dass an einem lokalen Minimum einer Funktion deren partielle Ableitungen verschwinden. Die Änderung an der Lagrange-Funktion, die ein um $\delta q_i(t)$ veränderter Pfad mit sich bringt, lautet

$$\delta L_{\text{path}}(t) = \sum_i \left[\frac{\partial L}{\partial q_i} \delta q_i(t) + \frac{\partial L}{\partial \dot{q}_i} \frac{d}{dt} \delta q_i(t) \right], \tag{3.52}$$

wobei hier und im Folgenden alle Ableitungen von L am tatsächlichen Pfad auszuwerten sind,

$$\frac{\partial L}{\partial q_i} := \left. \frac{\partial L(\{q_i\}, \{\dot{q}_i\}, t)}{\partial q_i} \right|_{\forall j: q_j = q_j(t), \, \dot{q}_j = \dot{q}_j(t)} \tag{3.53}$$

und ebenso für die Ableitung nach $\dot{q}_i$. Für die Wirkung ergibt sich daraus mit Hilfe partieller Integration:

$$\delta S = \int_{t_0}^{t_1} dt \sum_i \left[\frac{\partial L}{\partial q_i} \delta q_i(t) + \frac{\partial L}{\partial \dot{q}_i} \frac{d}{dt} \delta q_i(t) \right] \tag{3.54}$$

$$= \int_{t_0}^{t_1} dt \sum_i \left[\left(\frac{\partial L}{\partial q_i} - \frac{d}{dt} \frac{\partial L}{\partial \dot{q}_i} \right) \delta q_i(t) + \frac{d}{dt} \left(\frac{\partial L}{\partial \dot{q}_i} \delta q_i(t) \right) \right]. \tag{3.55}$$

Der letzte Ausdruck führt integriert zu den Randtermen

$$\left. \frac{\partial L}{\partial \dot{q}_i} \delta q_i \right|_{t_1} - \left. \frac{\partial L}{\partial \dot{q}_i} \delta q_i \right|_{t_0}. \tag{3.56}$$

Dort ist aber $\delta q_i = 0$, denn wir wollen den Weg nur zwischen den beiden Zeitpunkt, nicht aber bei t_0 und t_1 selbst variieren. Das Prinzip der kleinsten Wirkung setzt ja voraus, dass die Positionen an den zeitlichen Endpunkten feststehen. Somit ist

$$\delta S = \int_{t_0}^{t_1} dt \sum_i \left(\frac{\partial L}{\partial q_i} - \frac{d}{dt} \frac{\partial L}{\partial \dot{q}_i} \right) \delta q_i(t) \tag{3.57}$$

Die Forderung $\delta S = 0$ für *alle* infinitesimalen Bahnvariationen $\{\delta q_i(t)\}$ bedeutet, dass der Inhalt der Klammer für jede Komponente und für jeden Zeitpunkt t zwischen t_0 und t_1 verschwinden muss, dass also die **Lagrange-Gleichungen**

$$\frac{\partial L}{\partial q_i} - \frac{d}{dt} \frac{\partial L}{\partial \dot{q}_i} = 0 \tag{3.58}$$

erfüllt sein müssen. Diese fungieren als die Bewegungsgleichungen des Systems.

Für ein einzelnes Teilchen der Masse m, das sich in einem äußeren Potential $V(\mathbf{x})$ bewegt, ergeben sich in kartesischen Koordinaten $\mathbf{x} = (x_1, x_2, x_3)$ die richtigen Bewegungsgleichungen, wenn man

$$L(\mathbf{x}, \dot{\mathbf{x}}) = \frac{m}{2} \dot{\mathbf{x}}^2 - V(\mathbf{x}) \tag{3.59}$$

setzt („kinetische minus potentielle Energie"). Denn dann ist

$$\frac{\partial L}{\partial x_i} = -\partial_i V(\mathbf{x}), \qquad \frac{\partial L}{\partial \dot{x}_i} = m \dot{x}_i \tag{3.60}$$

und Gl. (3.58) ergibt

$$m \ddot{\mathbf{x}} = -\nabla V(\mathbf{x}), \tag{3.61}$$

die Newton'sche Bewegungsgleichung.

Aufgabe 3.4. Betrachten Sie den freien Fall im Gravitationspotential der Erde $V = mgz$, $g = 10 \frac{m}{s^2}$. Ein Teilchen der Masse m fällt in 1 Sekunde aus der Ruhe heraus 5 Meter. Nehmen wir also als Randbedingungen

$$t_0 = 0, \quad \mathbf{x}(t_0) = (0, 0, 0), \qquad t_1 = 1\,\text{s}, \quad \mathbf{x}(t_1) = (0, 0, -5\,\text{m}). \qquad (3.62)$$

Berechnen Sie die Wirkung entlang der folgenden Bahnen:

(a) der tatsächlichen Bahn $\mathbf{x}(t) = (0, 0, -5\,\frac{m}{s^2}\,t^2)$,
(b) der Bahn $\mathbf{x}(t) = (0, 0, -5\,\frac{m}{s}\,t)$,
(c) der Bahn $\mathbf{x}(t) = (0, 0, -5\,\frac{m}{s^3}\,t^3)$,
(d) der Bahn $\mathbf{x}(t) = (\sin(\frac{\pi t}{1\,s}) \cdot 1\,\text{m}, 0, -5\,\frac{m}{s^2}\,t^2)$.
  Sie sollten feststellen, dass die Wirkung der tatsächlichen Bahn am kleinsten ist, nämlich $S = m \cdot 33,3\,\frac{m^2}{s}$.
(e) Welche Bahn nimmt das Teilchen, wenn wir die Randbedingungen

$$t_0 = 0, \quad \mathbf{x}(t_0) = (0, 0, 0), \qquad t_1 = 3\,\text{s}, \quad \mathbf{x}(t_1) = (0, 0, -5\,\text{m}) \qquad (3.63)$$

wählen, wenn das Teilchen also erst nach 3 Sekunden um 5 Meter gefallen sein soll? (Beim Prinzip der kleinsten Wirkung ist die Anfangsgeschwindigkeit nicht vorgegeben!)   ◆

Wie ist das alles nun angesichts der Relativitätstheorie zu verallgemeinern? Zunächst können wir etwas ähnliches tun wie in der Kraftdefinition aus Gl. (1.146), nämlich die besondere Rolle der Zeitkoordinate beibehalten und nur den Faktoren $\sqrt{1 - v^2}$ an der richtigen Stelle Rechnung tragen. Dann bekommen wir beispielsweise die relativistisch korrekte Bewegungsgleichung für ein Teilchen in einem extrenen Potential, wenn wir (3.59) abändern zu

$$L(\mathbf{x}, \dot{\mathbf{x}}) = -m\sqrt{1 - \dot{\mathbf{x}}^2} - V(\mathbf{x}). \qquad (3.64)$$

Aufgabe 3.5. Zeigen Sie, dass dies zur korrekten Bewegungsgleichung führt.   ◆

Das gilt allerdings nur in dem Bezugssystem, in dem V unabhängig von der Zeit ist (nach einem Boost ist das nicht mehr der Fall!) und die Zeitkoordinate spielt nach wie vor eine gänzlich andere Rolle als die Raumkoordinaten. Nicht sehr relativistisch also, im Sinne der Lorentz-Invarianz.

Wir können versuchen, das Ganze relativistischer zu machen, indem wir von der Zeitkoordinate t zur invarianten Eigenzeitkoordinate τ übergehen und vier Koordinaten pro Teilchen statt drei betrachten,

$$L(\{q_i\}, \{\dot{q}_i\}, t) \quad \rightarrow \quad \tilde{L}(\{x^\mu\}, \{u^\mu\}), \qquad (3.65)$$

$$\tilde{L}_{\text{path}}(\tau) = \tilde{L}(\{x^\mu(\tau)\}, \{u^\mu(\tau)\}), \qquad (3.66)$$

$$S = \int d\tau \tilde{L}_{\text{path}}(\tau). \tag{3.67}$$

Dabei besteht wieder das Problem, dass unterschiedliche Teilchen unterschiedliche Eigenzeiten haben. Aber immerhin, für ein einzelnes Teilchen kann man das so machen. Die Lagrange-Gleichungen lauten dann

$$\frac{\partial \tilde{L}}{\partial x^\mu} - \frac{d}{d\tau}\frac{\partial \tilde{L}}{\partial u^\mu} = 0. \tag{3.68}$$

Wenn wir uns den ersten Term von (3.64) ansehen und uns an $d\tau = \sqrt{1 - v^2}\, dt$ erinnern, dann sehen wir, dass der Variablenwechsel von t nach τ in der Tat eine Vereinfachung bedeutet. Für ein freies Teilchen, das keinen Kräften ausgesetzt ist, haben wir dann nämlich

$$S = \int dt\, L_{\text{path}}(t) = -\int dt\, m\, \sqrt{1 - \mathbf{\dot{x}}(t)^2} = -\int d\tau\, m \tag{3.69}$$

mit $\tilde{L} = -m$. Das Prinzip der kleinsten Wirkung hat nun eine einfache Interpretation: Ein freies Teilchen nimmt den Weg, der die negative Eigenzeit minimiert, also die Eigenzeit maximiert. Und wie wir festgestellt haben, ist die Eigenzeit unter den denkbaren Wegen zwischen zwei (zeitartig separierten) Raumzeitpunkten für den geraden Weg mit konstanter Geschwindigkeit am größten. In dieser Sichtweise bewegt sich ein freies Teilchen also deshalb mit konstanter Geschwindigkeit, weil es so seine Eigenzeit maximieren und dadurch die Wirkung minimieren kann.

Das ist allerdings noch nicht das Wirkungsprinzip, das zu den Lagrange-Gleichungen (3.68) führt. In der Tat kommen in $\tilde{L} = -m$ (was durch den Vergleich von 3.69 mit 3.67 suggeriert wird) gar keine Variablen vor, aus denen man Bewegungsgleichungen ableiten könnte. Dieses $\tilde{L}$ ist schon *zu* einfach. Wir müssen uns das etwas genauer überlegen. Das Wirkungsprinzip, das zu (3.58) führt, setzt voraus, dass die vier Anfangskoordinaten $(t_0, x(t_0), y(t_0), z(t_0))$ und die vier Endkoordinaten $(t_1, x(t_1), y(t_1), z(t_1))$ festgelegt sind. Der Weg dazwischen wird variiert, und somit auch die Eigenzeit, die zwischen t_0 und t_1 aus der Sicht des Teilchens vergeht. Das Wirkungsprinzip, das zu (3.68) führt, setzt hingegen voraus, dass *fünf* Anfangswerte τ_0, $(t(\tau_0), x(\tau_0), y(\tau_0), z(\tau_0))$ und *fünf* Endwerte τ_1, $(t(\tau_1), x(\tau_1), y(\tau_1), z(\tau_1))$ gegeben sind. Insbesondere ist die Differenz $\tau_1 - \tau_0$ festgelegt und kann nicht variiert werden. Variiert werden hingegen die Funktionen $x^\mu(\tau)$ auf dem Weg vom Anfangs- zum Endpunkt. Da die Variationen der einzelnen Funktionen $x^\mu(\tau)$ unabhängig voneinander betrachtet werden, kommt es vor, dass auf dem variierten Weg $u^\mu u_\mu = \frac{dx^\mu}{d\tau}\frac{dx_\mu}{d\tau} \neq -1$ wird. Die Variable τ hat dann nicht mehr die Interpretation einer Eigenzeit, sondern ist ein „beliebiger" Parameter, als dessen Funktion die Bahnen $x^\mu(\tau)$ ausgedrückt sind. Wir haben also eine Randbedingung mehr, dafür fällt die Bedingung $d\tau = \sqrt{1 - v^2}\, dt$, die in (3.69) einging, weg. Die Lagrangefunktion $\tilde{L}$ muss so gewählt werden, dass die korrekten Bewegungsgleichungen folgen und für den tatsächlichen Weg $x^\mu(\tau)$, den das Teilchen nimmt, τ wieder der Eigenzeit entspricht. Alles etwas kompliziert mit diesen relativistischen Lagrange-Funktionen!

Die korrekte Funktion für ein freies Teilchen lautet

$$\tilde{L} = \frac{m}{2} u^\mu u_\mu \tag{3.70}$$

Damit ist $\partial \tilde{L} / \partial x^\mu = 0$ und

$$\frac{\partial \tilde{L}}{\partial u^\mu} = \frac{m}{2} \frac{\partial (u^\alpha \eta_{\alpha\beta} u^\beta)}{\partial u^\mu} \tag{3.71}$$

$$= \frac{m}{2} (\delta^\alpha_\mu \eta_{\alpha\beta} u^\beta + u^\alpha \eta_{\alpha\beta} \delta^\beta_\mu) \tag{3.72}$$

$$= \frac{m}{2} (\eta_{\mu\beta} u^\beta + u^\alpha \eta_{\alpha\mu}) = m u_\mu = p_\mu. \tag{3.73}$$

Das ergibt die korrekte Bewegungsgleichung

$$m \frac{du_\mu}{d\tau} = 0 \quad \Rightarrow \quad u^\mu = \text{const.} \tag{3.74}$$

Als Lorentz-invariantes Kraftgesetz steht uns das der Lorentz-Kraft zur Verfügung. Dieses Gesetz bekommen wir aus der Lagrange-Funktion

$$\tilde{L}(x, u) = \frac{m}{2} u^\mu u_\mu + q u^\mu A_\mu(x). \tag{3.75}$$

Damit ist nämlich

$$\frac{\partial \tilde{L}}{\partial x^\mu} = q u^\nu \partial_\mu A_\nu, \tag{3.76}$$

$$\frac{\partial \tilde{L}}{\partial u^\mu} = m u_\mu + q A_\mu \tag{3.77}$$

und

$$\frac{d}{d\tau} \frac{\partial \tilde{L}}{\partial u^\mu} = m \frac{du_\mu}{d\tau} + q \frac{dA_\mu}{d\tau} = m \frac{du_\mu}{d\tau} + \frac{dx^\nu}{d\tau} \partial_\nu A_\mu. \tag{3.78}$$

Dies führt zu der Bewegungsgleichung

$$m \frac{du_\mu}{d\tau} = q u^\nu (\partial_\mu A_\nu - \partial_\nu A_\mu) = q F_{\mu\nu} u^\nu, \tag{3.79}$$

was genau dem Lorentz-Kraftgesetz entspricht. Ein schönes Ergebnis!

3.4 Der Lagrange-Formalismus für Felder

Richtig schön wird es mit den relativistischen Lagrange-Gleichungen aber erst, wenn von Feldern die Rede ist. Ein Feld $\phi(x)$ hängt von allen vier Koordinaten ab. Daher spielen auch alle vier Ableitungen ∂_μ nun die gleiche Rolle; die Zeit (egal ob in Form der Koordinate t oder der Eigenzeit τ) verliert ihre Besonderheit.

Die Verallgemeinerung des Lagrange-Formalismus funktioniert folgendermaßen: Vorgegeben ist eine **Lagrange-Dichte** $\mathcal{L}(\{\phi_i\}, \{\partial_\mu \phi_i\})$ als Funktion von n Variablen ϕ_i, $i = 1, \cdots, n$ und $4n$ Variablen $\partial_\mu \phi_i$. Diese insgesamt $5n$ Variablen sollen die Werte von n Feldern und deren partielle Ableitungen an einer Stelle x repräsentieren. Das heißt, für eine gegebene Feldkonfiguration $\{\phi_i(x)\}$ setzen wir

$$\mathcal{L}_{\text{conf}}(x) = \mathcal{L}(\{\phi_i(x)\}, \{\partial_\mu \phi(x)\}) \tag{3.80}$$

Hier enstpricht $\mathcal{L}_{\text{conf}}(x)$ dem, was oben $\mathcal{L}_{\text{path}}(t)$ war. Wir fordern, dass $\mathcal{L}(\{\phi_i\}, \{\partial_\mu \phi_i\})$ ein Lorentz-Skalar ist, was unter anderem bedeutet, dass alle darin vorkommenden Ausdrücke nur vollständig kontrahierte Raumzeitindizes μ enthalten dürfen. Keine Richtung der Raumzeit und kein Bezugssystem darf darin irgendwie bevorzugt sein.

Die Wirkung für ein vierdimensionales Volumen V ist definiert als

$$S = \int_V d^4x \, \mathcal{L}_{\text{conf}}(x). \tag{3.81}$$

Statt des Prinzips der kleinsten Wirkung fordern wir jetzt nur noch, dass die Wirkung für eine tatsächliche Feldkonfiguration **stationär** sein muss, wenn die Feldkonfiguration auf dem *Rand* des Volumens vorgegeben ist. Das bedeutet, dass eine infinitesimale Änderung der Konfiguration im Innern des Volumens,

$$\phi_i'(x) = \phi_i(x) + \delta\phi_i(x), \qquad \delta\phi_i(x) = 0 \quad \forall x \in \partial V, \tag{3.82}$$

keine Änderung von S mit sich bringt: $\delta S = 0$. Die Bedingung, aus der wir Feldgleichungen ableiten wollen, entspricht also der, die wir im Teilchenfall benutzt haben, aber ohne die zusätzliche Annahme, dass dies mit einem Minimum der Wirkung einhergeht. Es stellt sich nämlich heraus, dass die Konfigurationen, die den Feldgleichungen genügen, in vielen Fällen „Sattelpunkten" der Wirkung entsprechen.

Die Herleitung der Feldgleichungen ist völlig analog zur Herleitung der Bewegungsgleichungen der Teilchen. Die Änderung an der Lagrange-Dichte, die eine um $\delta\phi_i(t)$ veränderte Konfiguration mit sich bringt, lautet

$$\delta\mathcal{L}_{\text{conf}}(x) = \sum_i \left[\frac{\partial \mathcal{L}}{\partial \phi_i} \delta\phi_i(x) + \frac{\partial \mathcal{L}}{\partial(\partial_\mu \phi_i)} \partial_\mu \delta\phi_i(x) \right], \tag{3.83}$$

wobei hier und im Folgenden alle Ableitungen von $\mathcal{L}$ an der tatsächlichen Konfiguration auszuwerten sind,

$$\frac{\partial \mathcal{L}}{\partial \phi_i} := \frac{\partial \mathcal{L}(\{\phi_i\}, \{\partial_\mu \phi_i\})}{\partial \phi_i}\Big|_{\forall j, \mu: \phi_j = \phi_j(x),\ \partial_\mu \phi_j = \partial_\mu \phi_j(x)} \tag{3.84}$$

und ebenso für die Ableitung nach $\partial_\mu \phi_i$. Der auf den ersten Blick vielleicht etwas ungewohnt aussehende Operator $\frac{\partial}{\partial(\partial_\mu \phi_i)}$ hat einen kontravarianten Index μ, denn in allen Bezugssystemen muss

$$\frac{\partial}{\partial(\partial_\mu \phi_i)} \partial_\nu \phi_i = \delta^\mu_\nu \tag{3.85}$$

sein.

Für die Wirkung ergibt sich mit Hilfe partieller Integration:

$$\delta S = \int_V d^4 x \sum_i \left[\frac{\partial \mathcal{L}}{\partial \phi_i} \delta\phi_i(x) + \frac{\partial \mathcal{L}}{\partial(\partial_\mu \phi_i)} \partial_\mu \delta\phi_i(x) \right] \tag{3.86}$$

$$= \int_V d^4 x \sum_i \left[\left(\frac{\partial \mathcal{L}}{\partial \phi_i} - \partial_\mu \frac{\partial \mathcal{L}}{\partial(\partial_\mu \phi_i)} \right) \delta\phi_i(x) + \partial_\mu \left(\frac{\partial \mathcal{L}}{\partial(\partial_\mu \phi_i)} \delta\phi_i(x) \right) \right]. \tag{3.87}$$

Der letzte Ausdruck ist eine Divergenz und lässt sich mit dem Gauß'schen Satz (für vier Dimensionen!) in ein Oberflächenintegral umwandeln, das wegen $\delta\phi_i = 0$ auf dem Rand des Volumens verschwindet. Somit ist

$$\delta S = \int_V d^4 x \sum_i \left(\frac{\partial \mathcal{L}}{\partial \phi_i} - \partial_\mu \frac{\partial \mathcal{L}}{\partial(\partial_\mu \phi_i)} \right) \delta\phi_i(x). \tag{3.88}$$

Die Forderung $\delta S = 0$ für *alle* infinitesimalen Variationen $\{\delta\phi_i(x)\}$ bedeutet, dass der Inhalt der Klammer für jedes Feld ϕ_i und für jeden Ort x innerhalb des Volumens verschwinden muss, dass also die **Lagrange-Feldgleichungen**

$$\frac{\partial \mathcal{L}}{\partial \phi_i} - \partial_\mu \frac{\partial \mathcal{L}}{\partial(\partial_\mu \phi_i)} = 0 \tag{3.89}$$

gelten müssen.

Als einfaches Beispiel sehen wir uns ein einzelnes reelles Skalarfeld $\phi(x)$ mit der folgenden Lagrange-Dichte an:

$$\mathcal{L} = -\frac{1}{2}(\partial_\mu \phi)(\partial^\mu \phi) - \frac{1}{2}m^2 \phi^2. \tag{3.90}$$

Damit haben wir

$$\frac{\partial \mathcal{L}}{\partial \phi} = -m^2 \phi \tag{3.91}$$

und

$$\frac{\partial \mathcal{L}}{\partial(\partial_\mu \phi)} = -\partial^\mu \phi, \tag{3.92}$$

was aus (3.89) die **Klein-Gordon-Gleichung**

$$(-\partial_\mu \partial^\mu + m^2)\phi = 0 \tag{3.93}$$

macht. Ein Feld, das diese Gleichung befolgt, heißt **Klein-Gordon-Feld**.

Wenn diese Art von Rechnungen neu für Sie ist, ist Ihnen (3.92) womöglich nicht direkt klar. Die ausführliche Herleitung geht so:

$$\frac{\partial \mathcal{L}}{\partial(\partial_\mu \phi)} = -\frac{1}{2}\frac{\partial[(\partial_\alpha \phi)(\partial^\alpha \phi)]}{\partial(\partial_\mu \phi)} = -\frac{1}{2}\frac{\partial[\eta^{\alpha\beta}(\partial_\alpha \phi)(\partial_\beta \phi)]}{\partial(\partial_\mu \phi)} \tag{3.94}$$

$$= -\frac{1}{2}\eta^{\alpha\beta}\left[\frac{\partial(\partial_\alpha \phi)}{\partial(\partial_\mu \phi)}(\partial_\beta \phi) - (\partial_\alpha \phi)\frac{\partial(\partial_\beta \phi)}{\partial(\partial_\mu \phi)}\right] \tag{3.95}$$

$$= -\frac{1}{2}\eta^{\alpha\beta}\left[\delta_\alpha^\mu(\partial_\beta \phi) + (\partial_\alpha \phi)\delta_\beta^\mu\right] \tag{3.96}$$

$$= -\frac{1}{2}\eta^{\mu\beta}(\partial_\beta \phi) - \frac{1}{2}\eta^{\alpha\mu}(\partial_\alpha \phi) = -\partial^\mu \phi. \tag{3.97}$$

Das können wir noch etwas abkürzen, indem wir feststellen, dass es bei einem Tensor mit kontrahierten Indizes keinen Unterschied macht, an welcher Stelle der Index oben und an welcher unten steht: $T^{\alpha\mu}{}_\alpha$ ist dasselbe wie $T_\alpha{}^{\mu\alpha}$, denn es wurde nur ein Index mit der Metrik nach unten und ein anderer mit der inversen Metrik nach oben gezogen:

$$T^{\alpha\mu}{}_\alpha = g^{\alpha\rho}g_{\alpha\sigma}T_\rho{}^{\mu\sigma} = \delta_\sigma^\rho T_\rho{}^{\mu\sigma} = T_\rho{}^{\mu\rho} = T_\alpha{}^{\mu\alpha}. \tag{3.98}$$

Da die Metrik im Minkowski-Raum konstant ist, gilt das auch für Tensoren, die Ableitungen enthalten, und somit ist

$$(\partial_\alpha \phi)\frac{\partial(\partial^\alpha \phi)}{\partial(\partial_\mu \phi)} = (\partial^\alpha \phi)\frac{\partial(\partial_\alpha \phi)}{\partial(\partial_\mu \phi)}, \tag{3.99}$$

wodurch sich die Herleitung oben vereinfacht:

$$\frac{\partial \mathcal{L}}{\partial(\partial_\mu \phi)} = -\frac{1}{2} \frac{\partial[(\partial_\alpha \phi)(\partial^\alpha \phi)]}{\partial(\partial_\mu \phi)} \tag{3.100}$$

$$= -\frac{1}{2} \frac{\partial(\partial_\alpha \phi)}{\partial(\partial_\mu \phi)} (\partial^\alpha \phi) - \frac{1}{2} (\partial_\alpha \phi) \frac{\partial(\partial^\alpha \phi)}{\partial(\partial_\mu \phi)} \tag{3.101}$$

$$= -\frac{\partial(\partial_\alpha \phi)}{\partial(\partial_\mu \phi)} (\partial^\alpha \phi) = -\delta_\alpha^\mu (\partial^\alpha \phi) = -\partial^\mu \phi. \tag{3.102}$$

Die Klein-Gordon-Gleichung ist eine relativistische Verallgemeinerung der Schrödinger-Gleichung, der zentralen Gleichung in der Quantenmechanik. Man hoffte zunächst, die Wellenfunktion eines relativistischen Teilchens damit beschreiben zu können. Dies führte aber, wie oben erwähnt, zu Inkonsistenzen. Stattdessen etablierte sich das Klein-Gordon-Feld als ein *klassisches* Feld, dessen Quantisierung dann zu einer relativistischen *Quantenfeldtheorie* führt. Die Teilchen, die die angeregten Zustände dieses Quantenfelds darstellen, haben die Masse m, womit sich auch der Name dieses Parameters in (3.90) erklärt.

Die Lagrange-Dichte des elektromagnetischen Felds lautet

$$\mathcal{L} = -\frac{1}{4} F_{\mu\nu} F^{\mu\nu} + A_\mu j^\mu. \tag{3.103}$$

Das zeigen wir, indem wir zeigen, dass sie zu den korrekten Feldgleichungen führt. Aus (3.103) lesen wir direkt ab:

$$\frac{\partial \mathcal{L}}{\partial A_\nu} = j^\nu. \tag{3.104}$$

Der andere Teil, $\partial \mathcal{L}/\partial(\partial_\mu A_\nu)$, ist etwas komplizierter. Vorbereitend stellen wir fest, dass

$$\frac{\partial F_{\alpha\beta}}{\partial(\partial_\mu A_\nu)} = \frac{\partial(\partial_\alpha A_\beta - \partial_\beta A_\alpha)}{\partial(\partial_\mu A_\nu)} = \delta_\alpha^\mu \delta_\beta^\nu - \delta_\beta^\mu \delta_\alpha^\nu. \tag{3.105}$$

Damit geht es weiter:

$$\frac{\partial(F_{\alpha\beta} F^{\alpha\beta})}{\partial(\partial_\mu A_\nu)} = \frac{\partial F_{\alpha\beta}}{\partial(\partial_\mu A_\nu)} F^{\alpha\beta} + F_{\alpha\beta} \frac{\partial F^{\alpha\beta}}{\partial(\partial_\mu A_\nu)} \tag{3.106}$$

$$= 2 \frac{\partial F_{\alpha\beta}}{\partial(\partial_\mu A_\nu)} F^{\alpha\beta} \tag{3.107}$$

$$= 2(\delta_\alpha^\mu \delta_\beta^\nu - \delta_\beta^\mu \delta_\alpha^\nu) F^{\alpha\beta} \tag{3.108}$$

$$= 2(F^{\mu\nu} - F^{\nu\mu}) = 4 F^{\mu\nu} \tag{3.109}$$

In der zweiten Zeile haben wir

$$F_{\alpha\beta} \frac{\partial F^{\alpha\beta}}{\partial(\partial_\mu A_\nu)} = F^{\alpha\beta} \frac{\partial F_{\alpha\beta}}{\partial(\partial_\mu A_\nu)} \qquad (3.110)$$

ausgenutzt (siehe dazu die Bemerkung vor Gl. 3.99). Also ist

$$\frac{\partial \mathcal{L}}{\partial(\partial_\mu A_\nu)} = -F^{\mu\nu}, \qquad (3.111)$$

und die Lagrange-Gleichung (3.89) für die Feldkomponente A_ν lautet damit

$$j^\nu + \partial_\mu F^{\mu\nu} = 0, \qquad (3.112)$$

was genau die Maxwell-Gleichung (2.1) ist.

Wenden wir uns kurz dem Wechselwirkungsterm $A_\mu j^\mu$ in dieser Lagrange-Dichte zu. Im lokalen Ruhesystem der Ladungen, wo $j^\mu = (\rho, 0, 0, 0)$ ist, erkennen wir darin, bis auf ein Minuszeichen, den bekannten Ausdruck $\rho\phi$ für die elektrostatische Dichte an potentieller Energie. Dies passt zur bekannten Aussage aus der Klassischen Mechanik: „Langrange-Funktion ist kinetische minus potentielle Energie." Allerdings ist der Term problematisch. Er ist nämlich nicht eichinvariant, da er das Feld A_μ und nicht die eichinvariante Kombination $F_{\mu\nu}$ enthält. An sich sollte jede Symmetrie einer physikalischen Theorie, also insbesondere auch die Eichsymmetrie, in der Lagrange-Dichte widergespiegelt sein. In diesem Fall funktioniert das Ganze nur, weil die Wirkung, also das Integral der Lagrange-Dichte, doch noch eichinvariant ist:

$$\int_V d^4x (A_\mu + \partial_\mu\chi) j^\mu = \int d^4x \left(A_\mu j^\mu - \chi \partial_\mu j^\mu + \partial_\mu(\chi j^\mu) \right) \quad (3.113)$$

$$= \int d^4x A_\mu j^\mu + \oint_{\partial V} d\Sigma \cdot (\chi j^\mu) \qquad (3.114)$$

$$= \int d^4x A_\mu j^\mu. \qquad (3.115)$$

Dabei wurde die Kontinuitätsgleichung $\partial_\mu j^\mu = 0$ verwendet und angenommen, dass die Ströme auf dem Rand des Volumens verschwinden (z. B. weil das Volumen so groß ist, dass alle Ströme innerhalb davon verlaufen). Der Vierervektor $d\Sigma$ steht für das „Hyperflächenelement" der dreidimensionalen Oberfläche ∂V des vierdimensionalen Volumens V und zeigt, analog zum $d\mathbf{F}$ einer zweidimensionalen Oberfläche, in die Normalenrichtung.

Allerdings geht in diese Lagrange-Dichte auch noch nicht ein, was die Stromdichte j^μ eigentlich ist; sie tritt hier nur als reiner Quellterm für das elektromagnetische Feld auf, ohne dass irgendwelche dynamischen Gleichungen für sie selbst gegeben sind. In Abschn. 3.7 werden wir sehen, dass die Lagrange-Dichte eichinvariant wird, wenn man die Stromdichte in der „richtigen" Weise aus dynamischen Feldern zusammensetzt und dass dem elektromagnetische Feld dann eine ganz neue Bedeutung und Notwendigkeit zukommt.

3.5   Der Hamilton-Formalismus

Wie sieht es mit dem Hamilton-Formalismus aus? In der Klassischen Mechanik
funktionierte das Ganze so: Über die Lagrange-Funktion waren **kanonische Impulse** definiert durch

$$p_i := \frac{\partial L}{\partial \dot{q}_i}. \tag{3.116}$$

Die **Hamilton-Funktion** war dann

$$H(\{q_i\}, \{p_i\}) := \sum_i p_i \dot{q}_i - L, \tag{3.117}$$

wobei alle Größen auf der rechten Seite, insbesondere $\dot{q}_i$, als Funktionen der q_i und
p_i auszudrücken sind. Es gelten dann die **Hamilton'schen Gleichungen** (1.1) und
unter bestimmten Voraussetzungen entspricht die Hamilton-Funktion der Energie
des Systems.

Wie lässt sich das auf eine relativistische Feldtheorie verallgemeinern? Gehen
wir wieder von einer Lagrange-Dichte $\mathcal{L}(\{\phi_i(x)\}, \{\partial_\mu \phi(x)\})$ aus. Das direkte
Analogon der kanonischen Impulse wäre dann

$$\Pi_i := \frac{\partial \mathcal{L}}{\partial(\partial_0 \phi_i)}. \tag{3.118}$$

Damit könnten wir dann eine **Hamilton-Dichte**

$$\mathcal{H} := \sum_i \Pi_i \partial_0 \phi_i - \mathcal{L} = \sum_i \frac{\partial \mathcal{L}}{\partial(\partial_0 \phi_i)} \partial_0 \phi_i - \mathcal{L}. \tag{3.119}$$

definieren. Schauen wir mal, was für den Elektromagnetismus dabei herauskommt,
wo die Komponenten des Potentials A_μ die Rolle der Felder ϕ_i einnehmen. Die
kanonischen Impulse sind, nach Gl. (3.111),

$$\Pi^\mu = \frac{\partial \mathcal{L}}{\partial(\partial_0 A_\mu)} = -F^{0\mu}. \tag{3.120}$$

Also ist $\Pi^0 = 0$ und $\Pi^i = -E_i$. Die kanonischen Impulse bilden also, bis auf ein
Minuszeichen, das elektrische Feld. Die Hamilton-Dichte ist, wenn wir vorerst auf
den Term $A_\mu j^\mu$ verzichten und uns somit auf den quellenfreien Raum beschränken,

$$\mathcal{H} = \Pi^i \partial_0 A_i - \mathcal{L} = -F^{0i} \partial_0 A_i + \frac{1}{4} F^{\mu\nu} F_{\mu\nu}. \tag{3.121}$$

Das sieht für erste noch nicht so gut aus: Der Ausdruck $\partial_0 A_i$ ist nicht eichinvariant und wir wissen nicht, was wir mit ihm anfangen solllen. Es wäre schön, wenn wir ihn durch Addition von $-\partial_i A_0$ zu einem F_{0i} ergänzen könnten. Also wählen wir eine Eichung, in der wir das machen können, nämlich die $A_0 = 0$-Eichung, in der A_0 überall verschwindet. Diese Eichung erreichen wir, indem wir $\partial_0 \chi = -A_0$ setzen, was sich durch

$$\chi(t, \mathbf{x}) = -\int_{t_0}^{t} dt' A_0(t', \mathbf{x}) \tag{3.122}$$

erreichen lässt. In dieser Eichung können wir dann zu $\mathcal{H}$ eine Null in Form von $F^{0i}\partial_i A_0$ addieren, so dass

$$\mathcal{H} = -F^{0i}F_{0i} + \frac{1}{4}F^{\mu\nu}F_{\mu\nu} = \mathbf{E}^2 + \frac{1}{2}(\mathbf{B}^2 - \mathbf{E}^2) = \frac{1}{2}(\mathbf{E}^2 + \mathbf{B}^2). \tag{3.123}$$

Das ist tatsächlich die Energiedichte, die wir zuvor für das elektromagnetische Feld gefunden hatten!

Es scheint sich also auch in der Feldtheorie zu erweisen, dass der Hamilton-Formalismus zu einem Ausdruck für die Energie führt, nur eben in Form einer Dichte anstatt eines Gesamtbetrags. Die Energiedichte wiederum war die (0,0)-Komponente des Energie-Impuls-Tensors. Können wir also die Definition der Hamilton-Dichte (3.119) zu einem Tensor ergänzen? Der Ausdruck „schreit" ja geradezu danach, dass man die beiden Ableitungen ∂_0 zu ∂_μ bzw. ∂_ν ergänzt. Mit

$$\tilde{T}^{\mu\nu} := -\sum_i \frac{\partial \mathcal{L}}{\partial(\partial_\mu \phi_i)}\partial^\nu \phi_i + \eta^{\mu\nu}\mathcal{L} \tag{3.124}$$

haben wir jedenfalls einen Tensor, dessen (0,0)-Komponente gerade $\mathcal{H}$ ist (das Vorzeichen am Anfang ergibt sich wegen $\partial_0 = -\partial^0$). Für das elektromagnetische Potential A_λ ergibt sich damit

$$\tilde{T}^{\mu\nu} = \frac{\partial \mathcal{L}}{\partial(\partial_\mu A_\lambda)}\partial^\nu A_\lambda + \eta^{\mu\nu}\mathcal{L} \tag{3.125}$$

$$= F^{\mu\lambda}\partial^\nu A_\lambda - \frac{1}{4}\eta^{\mu\nu}F^{\alpha\beta}F_{\alpha\beta}. \tag{3.126}$$

Das ist tatsächlich fast schon der uns bekannte Energie-Impuls-Tensor, nur dass wieder der nicht eichinvariante Term $\partial^\nu A_\lambda$ stört, den wir gern zu einem $F^\nu{}_\lambda$ ergänzen würden. Diesmal hilft uns dabei keine Eichung; wir können ja schlecht alle Ableitungen $\partial_\lambda A_\nu$ gleich null setzen, um sie einfach addieren zu können! Wir können uns aber die Differenz zwischen $\tilde{T}^{\mu\nu}$ und $T^{\mu\nu}$ etwas genauer ansehen:

$$\Theta^{\mu\nu} := \tilde{T}^{\mu\nu} - T^{\mu\nu} = F^{\mu\lambda}\partial_\lambda A^\nu \tag{3.127}$$

$$= \partial_\lambda(F^{\mu\lambda}A^\nu), \tag{3.128}$$

da wir uns nach wie vor im quellenfreien Raum bewegen, wo $\partial_\lambda F^{\mu\lambda} = 0$ ist. Damit gilt wegen der Antisymmetrie von $F^{\mu\lambda}$

$$\partial_\mu \Theta^{\mu\nu} = \partial_\mu \partial_\lambda (F^{\mu\lambda} A^\nu) = 0. \tag{3.129}$$

Wenn also $\partial_\mu T^{\mu\nu} = 0$ ist, was wir bereits gezeigt haben, dann ist auch $\partial_\mu \tilde{T}^{\mu\nu} = 0$. In diesem Sinne ist auch $\tilde{T}^{\mu\nu}$ ein gültiger Energie-Impuls-Tensor des elektromagnetischen Feldes, nur eben ein weniger brauchbarer.

Wir verlassen an dieser Stelle den Hamilton-Formalismus mit etwas gemischten Gefühlen. Inwieweit wir in der relativistischen Feldtheorie ein Analogon zu den Hamilton'schen Gleichungen herstellen können, wollen wir hier nicht diskutieren. Stattdessen wenden wir uns noch einmal dem Lagrange-Formalismus und den darin enthaltenen Symmtrien zu. Dabei werden wir noch einmal aus einer anderen Perspektive auf den Tensor $\tilde{T}^{\mu\nu}$ stoßen.

3.6   Noether-Ströme

Der Lagrange-Formalismus ist unter anderem deshalb so mächtig, weil in ihm erstens die Symmetrien einer Theorie besonders deutlich erkennbar sind und zweitens der Zusammenhang zwischen Symmetrien und Erhaltungssätzen besonders klar herausgearbeitet werden kann. Unter einer **Symmetrie** verstehen wir dabei eine Änderung der Koordinaten, der Teilchenpositionen oder Feldkonfigurationen, die die Gleichungen der Theorie unverändert lassen. Zu den einfachsten Symmetrien, die von jeder bekannten Theorie respektiert werden, gehören die Translationen und Rotationen: Die Naturgesetze sind überall gleich, und daher ändert es nichts an der Physik, wenn wir ein physikalisches System an einen anderen Ort verschieben. Es gibt im Raum keine bevorzugte Richtung. An den Gesetzen ändert sich daher nichts, wenn wir ein System einfach in eine andere Richtung drehen. Deshalb fallen die Australier nicht von der Erde herunter.

Lange Zeit hielt man es für selbstverständlich, dass auch Spiegelungen, die beispielsweise rechts und links vertauschen, Symmetrien sind. Dass die meisten Menschen Rechtshänder sind, resultiert aus einer zufälligen Entwicklung in der Evolution und hat nichts mit fundamentalen Naturgesetzen zu tun. Daher war es sehr überraschend, als man fand, dass die schwache Kernkraft einen fundamentalen Unterschied zwischen rechts und links macht. Die drei bekannten Typen von Neutrinos sind alle „linkshändig", im Gegensatz zum Menschen, auch wenn das hier etwas anderes bedeutet.

Zum Ausgleich sind einige neue Symmetrien hinzugekommen. Drei davon sind Eichsymmetrien, deren einfachste Variante wir im Elektromagnetismus gefunden haben. Eine andere ist die Lorentz-Symmetrie, die beschreibt, wie man in ein bewegtes Bezugssystem boosten muss, damit sich die Gesetze nicht ändern.

Bereits aus der Klassischen Mechanik wissen wir, dass Symmetrien in der Regel mit Erhaltungssätzen einhergehen. Dies gilt insbesondere für Symmetrien der Lagrange-Funktion: Wenn die Lagrange-Funktion invariant ist unter bestimmten Kombinationen von Änderungen der Koordinaten q_i, dann ist die entsprechende Kombination aus kanonischen Impulsen eine Erhaltungsgröße. Nehmen wir beispielsweise N Teilchen mit kartesischen Koordinaten $x_i^{(n)}$, $n = 1, \cdots, N$, $i = 1, 2, 3$. Dann bleibt in der Regel die Lagrange-Funktion unverändert, wenn *alle* Teilchen um den gleichen Vektor $\mathbf{a}$ verschoben werden, $\mathbf{x}^{(n)} \to \mathbf{x}^{(n)} + \mathbf{a}$. Für infinitesimale Verschiebungen $\epsilon\mathbf{a}$ soll dann gelten:

$$\delta L = L(\{\mathbf{x}^{(n)} + \epsilon\mathbf{a}\}, \{\dot{\mathbf{x}}^{(n)}\}) - L(\{\mathbf{x}^{(n)}\}, \{\dot{\mathbf{x}}^{(n)}\}) = 0, \tag{3.130}$$

also

$$\mathbf{a} \cdot \sum_n \nabla^{(n)} L = 0, \tag{3.131}$$

mit $(\nabla^{(n)})_i = \partial/\partial x_i^{(n)}$. Da $\mathbf{a}$ beliebig ist, folgt mit Hilfe der Lagrange-Gleichungen

$$\sum_n \nabla^{(n)} L = 0 \quad \Rightarrow \quad \frac{d}{dt} \sum_n \frac{\partial L}{\partial \dot{x}_i^{(n)}} = 0 \tag{3.132}$$

$$\Rightarrow \frac{d}{dt} \sum_n p_i^{(n)} = 0 \quad \Rightarrow \quad \sum_n \mathbf{p}^{(n)} = \text{const.} \tag{3.133}$$

Die Impulserhaltung folgt also aus der Translationsinvarianz.

In der Feldtheorie ist eine Symmetrie eine Veränderung der Feldkonfigurationen

$$\phi_i(x) \to \phi_i(x) + \delta\phi_i(x), \tag{3.134}$$

die die Lagrange-Dichte unverändert lässt. (Diesmal fordern wir übrigens *nicht*, dass die Variation auf dem Rand irgendeines Volumens verschwindet.) Genauer gesagt müssen wir für spätere Zwecke erlauben, dass $\mathcal{L}$ sich um eine Viererdivergenz ändert

$$\mathcal{L}(x) \to \mathcal{L}(x) + \partial_\mu \mathcal{J}^\mu \tag{3.135}$$

und wir werden später sehen, was das bedeutet. Einen zugehörigen Erhaltungssatz bekommen wir für *infinitesimale* Variationen $\delta\phi_i(x)$. Die Variation von $\mathcal{L}$ haben wir für diesen Fall schon einmal in Gl. (3.87) berechnet:

$$\delta\mathcal{L} = \sum_i \left[\left(\frac{\partial\mathcal{L}}{\partial\phi_i} - \partial_\mu \frac{\partial\mathcal{L}}{\partial(\partial_\mu\phi_i)} \right) \delta\phi_i(x) + \partial_\mu \left(\frac{\partial\mathcal{L}}{\partial(\partial_\mu\phi_i)} \delta\phi_i(x) \right) \right]. \tag{3.136}$$

Dort stand das in einem Integral, denn wir wollten auf die Variation der Wirkung hinaus und damit die Lagrange-Gleichungen herleiten. Den Oberflächenterm, der aus der rechts stehenden Divergenz resultierte, haben wir gleich null gesetzt. Diesmal ist es genau umgekehrt. Wir setzen die Lagrange-Gleichungen voraus und interessieren uns genau für den Divergenzterm, aber diesmal nicht unter dem Integral, sondern lokal. Dabei betrachten wir solche Feldvariationen $\delta\phi_i(x)$, die eine Symmetrie ausdrücken, für die wir also wissen, dass $\delta\mathcal{L} = \epsilon\,\partial_\mu\mathcal{J}^\mu$ ist (wir haben dabei einen infinitesimalen Parameter ϵ aus $\mathcal{J}^\mu$ herausgezogen). Dann folgt aus

$$\delta\mathcal{L} = \sum_i \partial_\mu\left(\frac{\partial\mathcal{L}}{\partial(\partial_\mu\phi_i)}\delta\phi_i(x)\right), \tag{3.137}$$

dass

$$\partial_\mu j^\mu = 0, \qquad j^\mu := \sum_i \frac{\partial\mathcal{L}}{\partial(\partial_\mu\phi_i)}\delta\phi_i(x) - \epsilon\,\mathcal{J}^\mu, \tag{3.138}$$

wobei j^μ der **Noether-Strom** zu der Symmetrie ist, die mit $\delta\phi_i$ ausgedrückt wird. Daraus wiederum folgt mit der bekannten Logik, dass

$$Q := \int d^3x\, j^0 \tag{3.139}$$

eine Erhaltungsgröße ist.

Ein besonders einfaches Beispiel finden wir im Fall eines masselosen Klein-Gordon-Felds,

$$\mathcal{L} = -\frac{1}{2}\partial_\mu\phi\,\partial^\mu\phi. \tag{3.140}$$

Hier kann man nämlich überall eine Konstante von ϕ subtrahieren, $\phi(x) \to \phi(x) - a$, ohne dass sich etwas ändert. Mit infinitesimalem a ergibt Gl. (3.138)

$$j^\mu = \frac{\partial\mathcal{L}}{\partial(\partial_\mu\phi)}\delta\phi = a\,\partial^\mu\phi \tag{3.141}$$

Es ist also

$$\partial_\mu j^\mu = a\,\partial_\mu\partial^\mu\phi = 0, \tag{3.142}$$

was nichts anderes als die Klein-Gordon-Gleichung ist. Die zugehörige Erhaltungsgröße ist

$$Q = \int d^3x\, a\,\partial^0\phi. \tag{3.143}$$

Nun stört uns allerdings der infinitesimale Parameter a, der in der Stromdichte und der Erhaltungsgröße auftaucht. Wenn $a\partial^0\phi$ erhalten ist, dann gilt das natürlich auch einfach für $\partial^0\phi$. Deshalb arbeitet man mit den **Generatoren** ψ_i einer Feldtransformation, die so definiert sind, dass sich die infinitesimalen Transformationen aus der Multiplikation der Generatoren mit einem infinitesimalen Parameter ϵ ergeben,

$$\delta\phi_i(x) = \epsilon\,\psi_i(x). \tag{3.144}$$

Die Stromdichte definiert man dann über ψ_i:

$$j^\mu := \sum_i \frac{\partial\mathcal{L}}{\partial(\partial_\mu\phi_i)}\psi_i(x) - \mathcal{J}^\mu \tag{3.145}$$

und hat damit alles Infinitesimale aus der Stromdichte entfernt. Im Beispiel des masselosen Klein-Gordon-Felds ist der Generator $\psi = -1$. Damit erhält man

$$j^\mu = \partial^\mu\phi, \qquad Q = \int d^3x\,\partial^0\phi. \tag{3.146}$$

Räumliche Translationen ergaben in der Klassischen Mechanik die Erhaltung des Impulses. Wie sieht es in der relativistischen Feldtheorie aus? Eine Translation $x^\mu \to x^\mu + a^\mu$ soll heißen, dass alle Felder an der Stelle x den Wert annehmen, den sie vor der Transformation an der Stelle $x - a$ hatten. Mit infinitesimalem a^μ heißt das, für alle i,

$$\phi_i(x) \to \phi_i(x - a) = \phi_i(x) - a^\mu\partial_\mu\phi_i(x). \tag{3.147}$$

Das Gleiche gilt dann natürlich auch für die Lagrange-Dichte:

$$\delta\mathcal{L} = \mathcal{L}(x - a) - \mathcal{L}(x) = -a^\mu\partial_\mu\mathcal{L} = -a^\lambda\partial_\mu(\delta^\mu_\lambda\mathcal{L}). \tag{3.148}$$

Liegt a in Richtung eines Basisvektors, $a = \epsilon\,e_\nu$, $a^\lambda = \epsilon\,\delta^\lambda_\nu$, haben wir

$$\delta\phi_i = -\epsilon\,\partial_\nu\phi_i, \qquad \delta\mathcal{L} = -\epsilon\,\partial_\mu(\delta^\mu_\nu\mathcal{L}) =: \epsilon\,\partial_\mu\mathcal{J}^\mu. \tag{3.149}$$

Das ist also ein Beispiel für ein $\mathcal{J}^\mu$ in Gl. (3.138). Wie wir der Herleitung entnehmen können, drückt es nichts anderes aus als eine Verschiebung von $\mathcal{L}$ um einen konstanten Ortsvektor. Der zugehörige Oberflächenterm, der sich mit dem vierdimensionalen Gauß'schen Satz für $\int_V d^4x\,\partial_\mu\mathcal{J}^\mu$ ergibt, beschreibt einfach nur, wie ein Teil der Werte von $\mathcal{L}$ aus dem Volumen V herauswandert, ein anderer hinein. An den lokalen Lagrange-Gleichungen ändert das nichts, und deshalb können wir diese Änderung guten Gewissens als Symmetrie anerkennen. Die zugehörige Stromdichte ist, mit den Generatoren $\psi_i = -\partial_\nu\phi_i$,

$$j_{(v)}^{\mu} = \sum_i \frac{\partial \mathcal{L}}{\partial(\partial_\mu \phi_i)} \psi_i - \mathcal{J}^\mu \qquad (3.150)$$

$$= -\sum_i \frac{\partial \mathcal{L}}{\partial(\partial_\mu \phi_i)} \partial_\nu \phi_i + \delta_\nu^\mu \mathcal{L} = \tilde{T}_\nu^\mu. \qquad (3.151)$$

Da haben wir wieder unseren alternativen Energie-Impuls-Tensor $\tilde{T}^{\mu\nu}$! Dieser bildet demnach, für jeden Wert von ν, den Noether-Strom, der sich aus einer Translation, einer konstanten Verschiebung im Minkowski-Raum ergibt. Die zugehörigen Erhaltungsgleichungen

$$\partial_\mu j_{(v)}^\mu = \partial_\mu \tilde{T}_\nu^\mu = 0 \qquad (3.152)$$

folgen diesmal direkt aus Noethers Theorem und sind darüber auch mit der Erhaltung des Viererimpulses assoziiert, da sie sich aus der Invarianz unter vierdimensionalen Translationen ergeben.

In der Elektrodynamik ist $\tilde{T}^{\mu\nu}$, wie gesagt, nicht eichinvariant und daher nicht gut zu gebrauchen. Es stellt sich die Frage, ob man den „besseren" Tensor $T^{\mu\nu}$ auch irgendwie direkt aus der Lagrange-Dichte ableiten kann, anstatt ihn separat zu „erraten" und mit der Lorentz-Kraft abzugleichen. In der Allgemeinen Relativitätstheorie (ART), aber erst dort, erweist sich das tatsächlich als möglich. Dort erhält man $T^{\mu\nu}$ aus der Variation nach der inversen Metrik,

$$T^{\mu\nu} = \frac{-2}{\sqrt{-\det g}} \frac{\partial(\sqrt{-\det g}\,\mathcal{L})}{\partial g^{\mu\nu}}. \qquad (3.153)$$

Das auszuführen, würde aber weit über die Thematik dieses Buchs hinausgehen. Im Minkowski-Raum ist die Metrik $\eta_{\mu\nu}$ nichts, was man variieren könnte.

Die Logik dieses Buchs war es, die Maxwell-Gleichung und die Lorentz-Kraft zu postulieren und dann durch Probieren einen geeigneten Energie-Impuls-Tensor zu finden, der mit der Lorentz-Kraft konsistent ist. Dann wurde gezeigt, wie ein *ähnlicher* Tensor $\tilde{T}^{\mu\nu}$ aus dem auf Feldtheorie erweiterten Lagrange- und Hamilton-Formalismus folgt. Mit dem Mechanismus aus der ART hätte man auch einfach nur die Lagrange-Dichte angeben können, aus der dann sowohl die Maxwell-Gleichung wie auch $T^{\mu\nu}$ folgt, und aus $\partial_\mu T^{\mu\nu}$ folgt dann automatisch der Impulsübertrag, der an die elektrischen Ströme abgegeben wird, und somit die Lorentz-Kraft.

3.7 Elektromagnetismus aus der Forderung lokaler Eichinvarianz

Die Klassische Elektrodynamik ist eine der einfachsten möglichen Theorien, die sich aus einem Kovektorfeld $A_\mu(x)$ im Minkowski-Raum bilden lassen. Wenn wir fordern, dass die Theorie invariant unter Eichtransformationen $A_\mu \to A_\mu + \partial_\mu \chi$

ist, dann ist sie sogar die einfachste. Diese Forderung der Eichinvarianz lässt sich im Rahmen der Feldtherie in einen größeren Zusammenhang stellen, den wir hier vorführen wollen. Hintergrund ist, dass in der QFT auch Teilchen wie das Elektron aus einer Feldtheorie abgeleitet sind: Zu jeder Teilchensorte gibt es ein Feld, dessen angeregte Quantenzustände die zugehörigen Teilchen sind. Alle Elektronen entspringen zum Beispiel dem Elektron-Feld. Zur Wechselwirkung zwischen geladenen Teilchen und elektromagnetischem Feld gibt es eine klassische Feldtheorie, in der wir statt der Teilchen Felder haben, und deren „Quantisierung" dann die Quantenelektrodynamik (QED) ergibt.

Elektronen haben jedoch eine Eigenschaft namens Spin, mit der wir uns hier nicht herumschlagen wollen. Eine einfachere Konstellation, die unseren Zweck erfüllt, ist eine Kombination aus zwei Klein-Gordon-Feldern mit gleichem Massenparameter,

$$\mathcal{L} = -\frac{1}{2}[(\partial_\mu \phi_1)(\partial^\mu \phi_1) + (\partial_\mu \phi_2)(\partial^\mu \phi_2)] - \frac{m^2}{2}(\phi_1^2 + \phi_2^2). \tag{3.154}$$

Die zugehörigen Feldgleichungen sind

$$(-\partial_\mu \partial^\mu + m^2)\phi_1 = 0, \qquad (\partial_\mu \partial^\mu + m^2)\phi_2 = 0. \tag{3.155}$$

Diese Feldtheorie ist offensichtlich invariant unter einer globalen Drehung in der (ϕ_1, ϕ_2)-Ebene; das heißt, es ändert sich nichts an der Lagrange-Dichte und an den Feldgleichungen, wenn wir die **globale Eichtransformation**

$$\begin{pmatrix} \phi_1'(x) \\ \phi_2'(x) \end{pmatrix} = \begin{pmatrix} \cos\alpha & \sin\alpha \\ -\sin\alpha & \cos\alpha \end{pmatrix} \begin{pmatrix} \phi_1(x) \\ \phi_2(x) \end{pmatrix} \tag{3.156}$$

anwenden. Kompakter lässt sich das schreiben, wenn wir mit den folgenden komplexen Linearkombinationen von ϕ_1 und ϕ_2 arbeiten:

$$\phi := \frac{1}{\sqrt{2}}(\phi_1 + i\phi_2), \qquad \phi^* := \frac{1}{\sqrt{2}}(\phi_1 - i\phi_2). \tag{3.157}$$

Damit lautet die Langrange-Dichte

$$\mathcal{L} = -(\partial_\mu \phi)(\partial^\mu \phi^*) - m^2 \phi \phi^* \tag{3.158}$$

und die Feldgleichungen

$$(-\partial_\mu \partial^\mu + m^2)\phi = 0, \qquad (-\partial_\mu \partial^\mu + m^2)\phi^* = 0. \tag{3.159}$$

Gemeinsam bilden ϕ und ϕ^* das **komplexe Klein-Gordon-Feld**. Wir können aber im Rahmen des Lagrange-Formalismus erfolgreich so tun, als wären ϕ und ϕ^* unabhängig voneinander. Die Feldgleichungen ergeben sich in der Tat, wenn wir die Lagrange-Dichte unabhängig nach ϕ und nach ϕ^* variieren, so als wären diese beiden Felder nicht einfach komplex konjugiert zueinander und damit voneinander abhängig. Das liegt daran, dass es für die Herleitung der Gleichungen keinen Unterschied macht, wenn wir bereits die ursprünglichen Felder ϕ_1 und ϕ_2 als komplex annehmen. Dann sind ϕ und ϕ^* nicht mehr komplex konjugiert zueinander und können tatsächlich unabhängig voneinander variiert werden. Es muss nur dafür gesorgt werden (ähnlich wie bei der Diskussion des Parameters τ im Zusammenhang mit Gl. 3.67), dass am Ende nur solche Lösungen der Feldgleichungen herangezogen werden, bei denen ϕ und ϕ^* wieder komplex konjugiert zueinander sind.

Die globale Eichtransformation lautet nun

$$\phi'(x) = e^{-i\alpha}\phi(x), \qquad \phi'^*(x) = e^{i\alpha}\phi^*(x). \tag{3.160}$$

Den zugehörigen Noether-Strom bekommen wir, indem wir die infinitesimale Version dieser Transformation heranziehen,

$$\phi'(x) = (1 - iq\chi)\phi(x), \qquad \phi'^*(x) = (1 + iq\chi)\phi^*(x). \tag{3.161}$$

Dabei haben wir aus Gründen, die später ersichtlich werden, α in der Form $\alpha = q\chi$ geschrieben, wobei χ der infinitesimale Parameter ist. Die Generatoren der Feldtransformation sind

$$\psi = -iq\phi, \qquad \psi^* = iq\phi^* \tag{3.162}$$

und daraus ergibt sich der Noether-Strom

$$j^\mu = \frac{\partial \mathcal{L}}{\partial(\partial_\mu\phi)}\psi + \frac{\partial \mathcal{L}}{\partial(\partial_\mu\phi^*)}\psi^* = -iq(\phi^*\partial^\mu\phi - \phi\partial^\mu\phi^*) \tag{3.163}$$

Was passiert, wenn wir den Parameter α ortsabhängig machen, wenn wir also sagen, wir vermischen ϕ_1 und ϕ_2 an jeder Stelle ein bisschen anders? Setzen wir die **lokale Eichtransformation**

$$\phi'(x) = e^{-i\alpha(x)}\phi(x), \qquad \phi'^*(x) = e^{i\alpha(x)}\phi^*(x) \tag{3.164}$$

in die Lagrange-Dichte ein, dann sehen wir, dass diese sich im Gegensatz zur globalen Transformation diesmal ändert. Im Massenterm $m^2\phi^*\phi$ heben sich die Änderungen zwar nach wie vor auf, aber im Ausdruck $(\partial_\mu\phi)(\partial^\mu\phi^*)$ bleiben Ableitungen von $\alpha(x)$ zurück, die sich nicht aufheben; bzw. Ableitungen von $\chi(x)$, wenn wir wieder $\alpha = q\chi$ setzen. Die Theorie des komplexen Klein-Gordon-Felds ist also nicht invariant unter lokalen Eichtranformationen.

Es gibt jedoch einen Weg, das zu ändern: Wir führen ein neues Feld $A_\mu(x)$ ein und legen fest, dass es sich immer, wenn auf ϕ und ϕ^* eine lokale Eichtransformation angewendet wird, folgendermaßen transformiert:

$$A'_\mu(x) = A_\mu(x) + \partial_\mu \chi(x), \tag{3.165}$$

mit dem gleichen χ wie dem aus der ϕ-Transformation. Wenn wir dann in der Lagrange-Dichte die normalen Ableitungen durch die **eichkovarianten Ableitungen**

$$D_\mu := \partial_\mu + iqA_\mu, \qquad D^{*\mu} := \partial^\mu - iqA^\mu \tag{3.166}$$

ersetzen, also

$$\mathcal{L} = -(D_\mu\phi)(D^{*\mu}\phi^*) - m^2\phi\phi^*, \tag{3.167}$$

dann heben sich nun bei einer lokalen Eichtransformation alle Änderungen weg, und die Theorie ist invariant unter solchen Transformationen geworden!

Aufgabe 3.6. Verifizieren Sie das. ◆

Diese Lagrange-Dichte enthält den Wechselwirkungs-Anteil

$$\mathcal{L}_{ww1} = +iq(\phi^*\partial^\mu\phi - \phi\partial^\mu\phi^*)A_\mu = -j^\mu A_\mu, \tag{3.168}$$

wobei j^μ die ursprüngliche Stromdichte (3.163) des komplexen Klein-Gordon-Felds ist. Die „Ladung" q bestimmt die Stärke der Kopplung zwischen dem Skalarfeld und dem Feld A_μ. Das sieht doch, bis auf ein Minuszeichen, schon sehr nach Elektrodynamik aus. Um das Feld A_μ dynamisch zu machen, ihm also auch eine Feldgleichung zuzuweisen, müssen wir noch Ableitungsterme $\partial_\mu A_\nu$ in die Lagrange-Dichte einfügen. Die einfachste Möglichkeit, dies zu tun, ohne die Eichinvarianz oder die Lorentz-Invarianz zu verletzen, ist ein Term proportional zu $F_{\mu\nu}F^{\mu\nu}$. Die komplette Lagrange-Dichte lautet nun

$$\mathcal{L} = -(D_\mu\phi)(D^{*\mu}\phi^*) - m^2\phi\phi^* - \frac{1}{4}F_{\mu\nu}F^{\mu\nu}. \tag{3.169}$$

Wenn zunächst ein anderer Vorfaktor als $\frac{1}{4}$ vor $F_{\mu\nu}F^{\mu\nu}$ steht, dann reskalieren wir A_μ durch eine Transformation $A'_\mu = \lambda A_\mu$ mit einem geeigneten λ, so dass der neue Vorfaktor $\frac{1}{4}$ ist. Entsprechend muss dann q zu $q' = q/\lambda$ werden, damit die anderen Terme der Lagrange-Dichte erhalten bleiben. Die Feldgleichungen für A_μ, die sich aus (3.169) ergeben, lauten

$$\partial_\nu F^{\mu\nu} = -J^\mu, \tag{3.170}$$

worin

$$J^\mu = -iq(\phi^*D^\mu\phi - \phi D^{*\mu}\phi^*) \tag{3.171}$$

der Noether-Strom zur lokalen Eichtransformation von ϕ ist, der sich aus (3.167) ergibt.

Aufgabe 3.7. Leiten Sie den Noether-Strom und die Feldgleichungen her.   ◆

Und voila, wir haben die Elektrodynamik aus einer Symmetrie-Forderung für das Feld ϕ abgeleitet, das mit Elektrodynamik zunächst gar nichts zu tun hatte. (Man muss nur noch den elektrischen Strom aus der Maxwell-Gleichung mit dem negativen Noether-Strom identifizieren.)

Dieser Ansatz, um zu Theorien gelangen, erweist sich in der Teilchenphysik als außerordentlich fruchtbar. Das **Standardmodell der Teilchenphysik**, das im Wesentlichen alles zusammenfasst, was wir bis jetzt über Teilchen wissen, besteht aus zwei solchen Eichtheorien:

- der Theorie der **starken Kernkraft** (manchmal einfach starke Wechselwirkung genannt), die die Protonen und Neutronen im Atomkern zusammenhält und auch die Protonen und Neutronen selbst aus Wechselwirkungen von **Quarks** und **Gluonen** aufbaut;
- der Theorie der **elektroschwachen Wechselwirkung**, einer Vereinigung von elektromagnetischer Kraft und schwacher Kernkraft.

Darin haben die relevanten Felder mehrere Komponenten, und $\alpha(x)$ und $A_\mu(x)$ werden zu Matrizen, die solche Komponenten miteinander vermischen, aber das Prinzip bleibt das gleiche: Die Forderung nach Invarianz der Materiefelder unter lokalen Transformationen mit $\alpha(x)$ macht die Existenz eines Eichfeldes $A_\mu(x)$ nötig, und die entsprechenden Wechselwirkungsterme ergeben sich quasi automatisch.

Ein anderer Aspekt dieser Theorien sind die Massen der Teilchen. Die Eichinvarianz verbietet einen Massenterm der Form $M^2 A_\mu A^\mu$, was letztlich erklärt, warum Photonen masselos sind und sich mit Lichtgeschwindigkeit fortbewegen. Allerdings enthält die Lagrange-Dichte (3.167) noch einen weiteren Wechselwirkungsterm außer (3.168), nämlich

$$\mathcal{L}_{\text{ww2}} = -q^2 A_\mu A^\mu \phi^* \phi \tag{3.172}$$

Wenn wir nun eine Konstellation haben, in der ϕ um einen bestimmten von 0 verschiedenen Wert $\langle\phi\rangle$, seinen **Vakuum-Erwartungswert**, herum oszilliert, es also sinnvoll ist, ϕ in der Form $\phi = \langle\phi\rangle + \delta\phi$ zu schreiben, dann enthält $\mathcal{L}_{\text{ww2}}$ einen Term

$$\mathcal{L}_{\text{ww2}} = -q^2 A_\mu A^\mu \langle\phi\rangle^* \langle\phi\rangle + \cdots, \tag{3.173}$$

der effektiv einen Massenterm darstellt, mit der Masse

$$M_{\text{eff}}^2 = q^2 \langle\phi\rangle^* \langle\phi\rangle \tag{3.174}$$

Durch einen derartigen Mechanismus, den **Higgs-Mechanismus**, erhalten sowohl die Trägerteilchen der schwachen Kernkraft (die sog. W- und Z-Bosonen) wie auch die Elektronen, Quarks und andere Teilchen, die in der elektroschwachen Theorie auf fundamentaler Ebene masselos sind, eine Masse. Die Masse der Protonen und Neutronen hingegen ergibt sich größtenteils aus der komplizierten Wechselwirkungsenergie der starken Kernkraft. Bezeichnenderweise ist das einzige Teilchen im Standardmodell, das bereits auf fundamentaler Ebene eine Masse besitzt, das **Higgs-Teilchen**, das die angeregten Zustände des **Higgs-Feldes** ϕ_H darstellt, dessen Vakuum-Erwartungswert $\langle \phi_H \rangle$ die Massen der Elektronen, Quarks etc. hervorruft.

Anwendungen

4

In den Kap. 2 und 3 wurde die Theorie der Klassischen Elektrodynamik aus einigen Definitionen und Postulaten aufgebaut. Der Lorentz-invariante Charakter der Theorie ist darin von Anfang an eingebaut. Die Feldgleichungen wurden in Form von retardierten Potentialen und elektromagnetischen Wellen allgemein gelöst, die Energie- und Impulsbilanz des Feldes ausgiebig diskutiert. Formalere Aspekte der Feldtheorie wurden angerissen. Am Ende wurde in einem Ausblick auf die Teilchenphysik ein tieferer Zusammenhang für Eichtheorien hergestellt, deren einfachstes Beispiel die Elektrodynamik ist.

Nun soll aber auch gezeigt werden, wie die Theorie in konkreten Situationen angewandt bzw. „heruntergebrochen" wird. Der konkrete Aufbau der Materie, von der wir umgeben sind, führt dazu, dass wir mit ganz bestimmten elektromagnetischen Phänomenen zu tun haben, die ganz bestimmte Aspekte der allgemeinen Theorie manifestieren. Dazu gehört insbesondere die bedeutende Rolle, die elektrische und magnetische Dipole einnehmen. Diese Dipole werden in den Abschnitten über Elektro- und Magnetostatik eingeführt. Ihre Bedeutung für die elektromagnetischen Felder in Materie und die damit verknüpften Phänomene und Anwendungen in der Optik sind dann Thema der Abschn. 4.4 und 4.5.

Ebenfalls von großer Bedeutung sind leitende Materialien, in denen frei bewegliche Ladungen Ströme bilden oder durch Influenz die Felder im Innern komplett neutralisieren. In diesem Zusammenhang treten bestimmte Randwertprobleme auf (Abschn. 4.1.3). Auch ein Großteil der Elektrotechnik (Abschn. 4.6) setzt natürlich leitende Materie voraus.

Schließlich interessieren uns noch die Felder, die eine einzelne bewegte Punktladung erzeugt. Diese werden durch die Liénard-Wiechert-Potentiale beschrieben (Abschn. 4.3). Dort zeigt sich insbesondere, dass beschleunigte Ladungen Strahlung abgeben. Dies ist die Grundlage für all die Antennen, mit denen wir „drahtlos" Informationen übertragen (Abschn. 4.6.3).

In den meisten Lehrbüchern stehen die Inhalte der folgenden Abschnitte *vor* den relativistischen und allgemeinen feldtheoretischen Zusammenhängen, die wir in den vorigen beiden Kapiteln diskutiert haben. Sie nehmen auch in der Regel einen größeren Raum ein. Im vorliegenden Buch sollten jedoch gerade die Themen aus Kap. 2 und 3 im Zentrum und im Vordergrund stehen. Das Folgende ist daher eher knapp gehalten. Ich habe versucht, die wesentlichen Ansätze herauszuarbeiten oder zumindest zu skizzieren, verweise aber häufig auf die zu diesen Themen reichlich vorhandene Literatur.

4.1   Elektrostatik

In der Elektrostatik gehen wir von folgenden Annahmen aus:

1. Die Ladung $\rho(\mathbf{x})$ und das elektrische Feld $\mathbf{E}(\mathbf{x})$ hängen nur vom Ort und nicht von der Zeit ab.
2. Das Vektorpotential und das Magnetfeld verschwinden: $\mathbf{A} = \mathbf{B} = 0$.

Damit bleibt von den retardierten Potentialen nur

$$\phi(\mathbf{x}) = \int d^3x' \, \frac{\rho(\mathbf{x}')}{4\pi \, |\mathbf{x} - \mathbf{x}'|}. \tag{4.1}$$

4.1.1   Multipolentwicklung

Am einfachsten ist dieses Integral natürlich für eine Punktladung q an der Stelle $\mathbf{x}_0$:

$$\phi(\mathbf{x}) = \frac{q}{4\pi \, |\mathbf{x} - \mathbf{x}_0|}. \tag{4.2}$$

Damit ergibt sich für die Punktladung das elektrische Feld

$$\mathbf{E}(\mathbf{x}) = -\nabla \phi(\mathbf{x}) = \frac{q}{4\pi} \frac{\mathbf{x} - \mathbf{x}'}{|\mathbf{x} - \mathbf{x}'|^3}. \tag{4.3}$$

Dafür wurde die folgende Ableitung benutzt:

$$\partial_i \frac{1}{|\mathbf{x} - \mathbf{x}'|} = \partial_i \frac{1}{\sqrt{\sum_j (x_j - x_j')^2}} = -\frac{x_i - x_i'}{(\sum_j (x_j - x_j')^2)^{3/2}} = -\frac{x_i - x_i'}{|\mathbf{x} - \mathbf{x}'|^3}. \tag{4.4}$$

Ebenso erhält man den im Folgenden benötigten Ausdruck

$$\partial_i \frac{1}{|\mathbf{x} - \mathbf{x}'|^3} = -\frac{3(x_i - x_i')}{|\mathbf{x} - \mathbf{x}'|^5}. \tag{4.5}$$

Für eine ausgedehnte Ladungsverteilung kann das Integral (4.1) natürlich beliebig kompliziert werden. Oft hat man jedoch mit Ladungsverteilungen geringer Ausdehnung zu tun und möchte das Feld in einem Abstand berechnen, die diese Ausdehnung weit übersteigt. In diesem Fall empfiehlt sich eine **Multipolentwicklung**. Dazu nehmen wir an, dass die Ladungsverteilung $\rho(\mathbf{x}')$ in Gl. (4.1) um den Punkt $\mathbf{x}' = 0$ herum gruppiert ist (d. h., wir wählen das Koordinatensystem entsprechend) und dass ihre Ausdehnung kleiner als R ist, also $\rho(\mathbf{x}') = 0$ für $|\mathbf{x}'| > R$. Wir sind am Potential $\phi(\mathbf{x})$ für $|\mathbf{x}| \gg R$ interessiert.

Dazu entwickeln wir den Ausdruck $1/|\mathbf{x} - \mathbf{x}'|$ in einer Taylor-Reihe um $\mathbf{x}' = 0$:

$$\frac{1}{|\mathbf{x} - \mathbf{x}'|} = \frac{1}{|\mathbf{x}|} + x'^i \partial_i' \frac{1}{|\mathbf{x} - \mathbf{x}'|}\bigg|_{\mathbf{x}'=0} + \frac{1}{2} x'^i x'^j \partial_i' \partial_j' \frac{1}{|\mathbf{x} - \mathbf{x}'|}\bigg|_{\mathbf{x}'=0} + \cdots, \qquad (4.6)$$

wobei $\partial_i' := \partial/\partial x'^i$. Mit

$$\partial_i' \frac{1}{|\mathbf{x} - \mathbf{x}'|}\bigg|_{\mathbf{x}'=0} = -\partial_i \frac{1}{|\mathbf{x} - \mathbf{x}'|}\bigg|_{\mathbf{x}'=0} = -\partial_i \frac{1}{|\mathbf{x}|} \qquad (4.7)$$

erhält man

$$\frac{1}{|\mathbf{x} - \mathbf{x}'|} = \frac{1}{|\mathbf{x}|} + \frac{x'^i x_i}{|\mathbf{x}|^3} + \frac{1}{2} x'^i x'^j \left(\frac{3 x_i x_j}{|\mathbf{x}|^5} - \frac{\delta_{ij}}{|\mathbf{x}|^3} \right). \qquad (4.8)$$

Wegen

$$x'^i x'^j \delta_{ij} |\mathbf{x}|^2 = |\mathbf{x}'|^2 \delta_{ij} x^i x^j \qquad (4.9)$$

lässt sich der letzte Ausdruck folgendermaßen umschreiben:

$$\frac{1}{2} x'^i x'^j \left(\frac{3 x_i x_j}{|\mathbf{x}|^5} - \frac{\delta_{ij}}{|\mathbf{x}|^3} \right) = \frac{1}{2} (3 x'^i x'^j - |\mathbf{x}'|^2 \delta^{ij}) \frac{x_i x_j}{|\mathbf{x}|^5}. \qquad (4.10)$$

Eingesetzt in (4.1) ergibt sich die Multipolentwicklung des elektrostatischen Potentials:

$$4\pi \phi(\mathbf{x}) = \frac{Q}{|\mathbf{x}|} + \frac{\mathbf{x} \cdot \mathbf{p}}{|\mathbf{x}|^3} + \frac{1}{2} \frac{x_i x_j Q^{ij}}{|\mathbf{x}|^5} + \cdots. \qquad (4.11)$$

Darin enthalten sind die Gesamtladung (das elektrische **Monopolmoment**)

$$Q = \int d^3 x' \rho(\mathbf{x}'), \qquad (4.12)$$

das elektrische **Dipolmoment**

$$\mathbf{p} = \int d^3 x' \mathbf{x}' \rho(\mathbf{x}') \qquad (4.13)$$

und das elektrische **Quadrupolmoment**

$$Q_{ij} = \int d^3x' (3x_i' x_j' - |\mathbf{x}'|^2 \delta_{ij}) \rho(\mathbf{x}'). \tag{4.14}$$

Die zugehörigen Anteile des Potentials fallen wie $|\mathbf{x}'|^{-1}$, $|\mathbf{x}'|^{-2}$ bzw. $|\mathbf{x}'|^{-3}$ ab, die zugehörigen Anteile des elektrischen Felds entsprechend wie $|\mathbf{x}|^{-2}$, $|\mathbf{x}|^{-3}$ bzw. $|\mathbf{x}|^{-4}$. Das elektrische Feld des Dipols beispielsweise berechnet sich zu

$$4\pi \mathbf{E}_{\text{Dipol}} = \frac{3\mathbf{x}(\mathbf{x} \cdot \mathbf{p}) - \mathbf{p}|\mathbf{x}|^2}{|\mathbf{x}|^5}. \tag{4.15}$$

Aufgabe 4.1. Leiten Sie $\mathbf{E}_{\text{Dipol}}$ aus ϕ ab. Überlegen Sie sich außerdem, wie die Feldlinien von $\mathbf{E}_{\text{Dipol}}$ verlaufen. Wo zeigt $\mathbf{E}_{\text{Dipol}}$ in Richtung von $\mathbf{p}$, wo in Richtung von $-\mathbf{p}$, wo senkrecht zu $\mathbf{p}$? ◆

Nach dem Quadrupol wäre der nächste Term in der Reihenentwicklung der Octupol, den wir hier aber nicht behandeln. Wie kommt es zu diesen Namen? Nun ja, ein Monopol lässt sich bereits mit einer einzigen Punktladung am Punkt $\mathbf{x}' = \mathbf{0}$ erzeugen. Für einen reinen Dipol, also einen, dessen Monopolmoment verschwindet, dessen Gesamtladung also null ist, braucht man zwei Punktladungen: beispielsweise eine Ladung q bei $\mathbf{x}' = (0, 0, 1)$ und eine Ladung $-q$ bei $(0, 0, -1)$. Das ergibt einen Dipol $\mathbf{p} = 2q\mathbf{e}_3$. Ein Quadrupol kommt zwar im Prinzip mit drei Ladungen aus, aber der charakteristische Quadrupol besteht aus einer quadratischen Anordnung von vier Punktladungen: beispielsweise zwei positive mit Ladung q an den Punkten $(1, 1, 0)$ und $(-1, -1, 0)$ und zwei negative mit Ladung $-q$ an den Punkten $(1, -1, 0)$ und $(-1, 1, 0)$.

Aufgabe 4.2.

(a) Berechnen Sie die Komponenten des Quadrupolmoments für diese Verteilung.
(b) Gegeben sei eine würfelförmige Anordnung aus acht Punktladungen: vier positive mit Ladung q an den Punkten $(1, 1, 1)$, $(1, -1, -1)$, $(-1, 1, -1)$ und $(-1, -1, 1)$ sowie vier negative mit Ladung $-q$ an den Punkten $(-1, 1, 1)$, $(1, -1, 1)$, $(1, 1, -1)$ und $(-1, -1, -1)$. Zeigen Sie dass alle Komponenten des Monopol-, Dipol- und Quadrupolmoments verschwinden. Dies ist ein Octupol! ◆

Die oben dargestellte Multipolentwicklung verwendet kartesische Koordinaten. Es gibt eine alternative Darstellung in Kugelkoordinaten r, θ, φ, die sog. **sphärische Multipolentwicklung**. Die Umrechnungsformeln für die Koordinaten sind

$$(x, y, z) = (r \sin\theta \cos\varphi, r \sin\theta \sin\varphi, r \cos\theta), \tag{4.16}$$

$$(r, \theta, \varphi) = (\sqrt{x^2 + y^2 + z^2}, \arctan \frac{\sqrt{x^2 + y^2}}{z}, \arctan \frac{y}{x}). \tag{4.17}$$

Nach dem Cosinussatz gilt

$$\frac{1}{|\mathbf{x} - \mathbf{x}'|} = \frac{1}{r^2 + r'^2 - 2rr' \cos(\theta - \theta')} \tag{4.18}$$

Dieser Ausdruck lässt sich folgendermaßen entwickeln:

$$\frac{1}{|\mathbf{x} - \mathbf{x}'|} = \sum_{l=0}^{\infty} c_l \frac{r'^l}{r^{l+1}} \sum_{m=-l}^{l} Y_{lm}^*(\theta', \varphi') Y_{lm}(\theta, \varphi). \tag{4.19}$$

Dabei sind c_l Normierungskonstanten, die von l, aber nicht von m abhängen, und Y_{lm} sind die sogenannten **Kugelflächenfunktionen**, die auch bei den Atomorbitalen eine große Rolle spielen. Die Y_{lm} sind komplexe Funktionen sphärischer Winkel. Für jedes l ergibt sich in der Summe über m ein reeller Ausdruck. Eingesetzt in (4.1) erhalten wir

$$4\pi \phi(\mathbf{x}) = \sum_{l=0}^{\infty} \sum_{m=-l}^{l} c_l \frac{q_{lm}}{r^{l+1}} Y_{lm}(\theta, \varphi) \tag{4.20}$$

mit den **sphärischen Multipolmomenten**

$$q_{lm} = \int d^3x' r'^l \rho(\mathbf{x}') Y_{lm}^*(\theta', \varphi'). \tag{4.21}$$

Wir wollen uns hier nicht weiter mit den Eigenschaften dieser Funktionen befassen. Relevant ist für uns jedoch, dass die Anteile des Potentials mit festem l jeweils mit r^{-l-1} abfallen und daher zu den Momenten in kartesischer Darstellung passen müssen, die sich wie $|\mathbf{x}|^{-l-1}$ verhalten. Da m jeweils von $-l$ bis l läuft, gibt es für jedes l genau $2l + 1$ unabhängige Momente. Diese müssen Linearkombinationen der entsprechenden kartesischen Momente sein, denn es handelt sich ja um dasselbe Potential, nur in anderen Koordinaten ausgedrückt. Das Moment q_{00} muss daher dem kartesischen Monopolmoment entsprechen; folglich ist $Y_{00}^*(\theta', \varphi') =$ const. Die drei Momente q_{1-1}, q_{10}, q_{11} sind Linearkombinationen der drei Komponenten des kartesischen Dipolmoments. Die fünf Momente $q_{2-2}, q_{2-1}, q_{20}, q_{21}, q_{22}$ müssen Linearkombinationen der Komponenten des kartesischen Quadrupolmoments sein. Hier werden wir kurz stutzig: Passt das denn von der Anzahl her? Q_{ij} hat schließlich neun Komponenten. Aber zum Glück ist alles konsistent: Der Definition (4.14) sieht man erstens an, dass Q_{ij} symmetrisch ist. Damit ist $Q_{12} = Q_{21}$, $Q_{13} = Q_{31}$ und $Q_{23} = Q_{32}$. Zweitens sieht man ihr an, dass Q_{ij} spurfrei ist, $Q_i^i = 0$, so dass $Q_{33} = -Q_{11} - Q_{22}$. Von den neun Komponenten sind also tatsächlich nur fünf unabhängig.

4.1.2 Ladungsverteilung in externem E-Feld

Soweit haben wir berechnet, wie das elektrische Potential und damit das E-Feld aussieht, das eine begrenzte Ladungsverteilung $\rho(\mathbf{x})$ erzeugt, die um den Punkt $\mathbf{x} = \mathbf{0}$ konzentriert ist. Andererseits erfährt diese Ladungsverteilung eine Lorentz-Kraft, wenn sie sich in einem von außen angelegten elektrischen Feld $\mathbf{E}(\mathbf{x})$ befindet. Diese Kraft beträgt nach Gl. (3.38) im elektrostatischen Fall

$$\mathbf{F}_L = \int d^3x \, \rho(\mathbf{x}) \mathbf{E}(\mathbf{x}). \tag{4.22}$$

Entwickeln wir E in einer Taylorreihe zur ersten Ordnung um $\mathbf{x} = \mathbf{0}$,

$$\mathbf{E}(\mathbf{x}) = \mathbf{E}(\mathbf{0}) + (\mathbf{x} \cdot \nabla)\mathbf{E}|_{\mathbf{x}=\mathbf{0}} + \cdots, \tag{4.23}$$

erhalten wir

$$\mathbf{F}_L = \int d^3x \, \rho(\mathbf{x}) \left(\mathbf{E}(\mathbf{0}) + (\mathbf{x} \cdot \nabla)\mathbf{E}|_{\mathbf{x}=\mathbf{0}}\right) \tag{4.24}$$

$$= Q\mathbf{E}(\mathbf{0}) + (\mathbf{p} \cdot \nabla)\mathbf{E}|_{\mathbf{x}=\mathbf{0}}. \tag{4.25}$$

Der erste Term ist die Kraft auf den Monopol Q, der zweite die Kraft auf den Dipol $\mathbf{p}$. Letztere lautet in Komponentenschreibweise $p^i \partial_i E_j$. Wegen $\nabla \times \mathbf{E} = 0$ und somit $\partial_i E_j = \partial_j E_i$ kann das noch umgeschrieben werden zu

$$\mathbf{F}_{L,\text{Dipol}} = \nabla(\mathbf{p} \cdot \mathbf{E})|_{\mathbf{x}=\mathbf{0}}. \tag{4.26}$$

Der Vergleich mit der allgemeinen konservativen Kraft $\mathbf{F} = -\nabla V$ zeigt, dass $-\mathbf{p} \cdot \mathbf{E}$ die Rolle einer potentiellen Energie spielt. Diese ist am niedrigsten, wenn sich $\mathbf{p}$ parallel zu E einstellt. Das lässt vermuten, dass auf $\mathbf{p}$ nicht nur eine Kraft, sondern auch ein Drehmoment wirkt. Wir bestätigen das leicht, indem wir nur den Term nullter Ordnung aus (4.23) verwenden:

$$\mathbf{N} = \int d^3x \, \mathbf{x} \times (\rho(\mathbf{x})\mathbf{E}(\mathbf{0})) = \mathbf{p} \times \mathbf{E}(\mathbf{0}). \tag{4.27}$$

Dieses Drehmoment versucht in der Tat, $\mathbf{p}$ in die Richtung von E zu drehen.

4.1.3 Randwertprobleme

Gl. (4.1) ist eine Lösung der **Poisson-Gleichung**

$$\nabla^2 \phi(\mathbf{x}) = -\rho(\mathbf{x}). \tag{4.28}$$

Das ist nichts anderes als die 0-Komponente von Gl. (2.23), $\partial_\mu \partial^\mu A^0 = -\rho$, bei der die Zeitableitung weggelassen wurde, da wir schließlich in der Elektrostatik sind. Man kann Gl. (4.1) entnehmen, dass

$$G(\mathbf{x}, \mathbf{x}') = \frac{1}{4\pi |\mathbf{x} - \mathbf{x}'|} \tag{4.29}$$

eine Green'sche Funktion zum Operator $-\nabla^2$ ist, also

$$-\nabla^2 G(\mathbf{x}, \mathbf{x}') = \delta(\mathbf{x} - \mathbf{x}'). \tag{4.30}$$

Im Zusammenhang mit den allgemeinen Lösungen hatten wir gesagt, dass man aus jeder Lösung der Maxwell-Gleichung andere Lösungen zu der selben Ladungs- bzw. Stromdichtenverteilung erhält, indem man sie mit beliebigen Kombinationen von Vakuumlösungen, also elektromagnetischen Wellen, überlagert. Aber wir sind ja hier in der Elektrostatik, und da soll $\mathbf{E}$ zeitunabhängig und $\mathbf{B} = 0$ sein. Beides ist unvereinbar mit elektromagnetischen Wellen. Daher ist (4.1) sogar die *einzige* elektrostatische Lösung zur gegebenen Ladungsverteilung $\rho(\mathbf{x})$ und somit (4.29) die *einzige* Green'sche Funktion, die wir verwenden können.

Allerdings beinhaltet (4.1) ein Integral über den gesamten Raum. Ein anderes Bild ergibt sich in der folgenden Situation: Wir kennen $\rho(\mathbf{x}')$ nur in einem *Teil* des Raums, in einem bestimmten Volumen V, und sind am Potential $\phi(\mathbf{x})$ innerhalb von V interessiert. Am Rand von V sollen bestimmte Randbedingungen gelten, die wir zu berücksichtigen haben. Dieser Typ von Problemstellungen nennt sich **Randwertproblem**.

Um solche Probleme zu lösen, können wir auch mit anderen Green'schen Funktionen als (4.29) arbeiten. Denn jetzt muss (4.30) nur noch innerhalb von V gelten. Wir setzen daher

$$G(\mathbf{x}, \mathbf{x}') = \frac{1}{4\pi |\mathbf{x} - \mathbf{x}'|} + g(\mathbf{x}, \mathbf{x}'), \tag{4.31}$$

wobei $g(\mathbf{x}, \mathbf{x}')$ eine beliebige Funktion sein kann, die für $\mathbf{x}, \mathbf{x}' \in V$ die Laplace-Gleichung

$$\nabla^2 g(\mathbf{x}, \mathbf{x}') = 0 \tag{4.32}$$

erfüllt. Dass sich hier neue Möglichkeiten eröffnen, sieht man zum Beispiel daran, dass die Wahl

$$g(\mathbf{x}, \mathbf{x}') = \frac{a}{4\pi |\mathbf{x} - \mathbf{x}_B(\mathbf{x}')|} \tag{4.33}$$

erlaubt ist, wenn, für $\mathbf{x}' \in V$, $\mathbf{x}_B(\mathbf{x}')$ immer außerhalb von V liegt. Denn dann hat

$$\nabla^2 g(\mathbf{x}, \mathbf{x}') = \delta(\mathbf{x} - \mathbf{x}_B(\mathbf{x}')) \tag{4.34}$$

seinen einzigen Beitrag bei $\mathbf{x} = \mathbf{x}_B(\mathbf{x}')$, außerhalb von V. Innerhalb von V ist (4.32) erfüllt. Die Funktion $g(\mathbf{x}, \mathbf{x}')$ in dieser Weise zu wählen, nennt man die **Methode der Bildladungen**. Denn $\mathbf{x}_B(\mathbf{x}')$ bezeichnet die Position einer zusätzlichen „scheinbaren" Ladung, die eine Art Spiegelbild zur Ladung bei $\mathbf{x}'$ kennzeichnet. Es ist nicht so, dass sich bei $\mathbf{x}_B(\mathbf{x}')$ tatsächlich eine Ladung befindet; das Potential innerhalb von V verhält sich nur so, als wäre dort eine. Was das bedeutet und wie es funktioniert, werden wir gleich sehen.

In vielen Fällen ist die Grenze des Volumens V durch ein leitendes Material gegeben, typischerweise ein Metall. Darin befinden sich frei bewegliche Ladungsträger, typischerweise Elektronen. Diese werden in Gegenwart eines elektrischen Feldes an der Oberfläche des Materials **influenziert**; das heißt, sie gruppieren sich unter der Wirkung der Lorentz-Kraft so, dass sie innerhalb des Materials das elektrische Feld neutralisieren. (Wenn im Innern noch ein elektrisches Feld übrig wäre, würde dies weitere Ladungsträger dorthin bewegen, wo sie das Feld ausgleichen.) Das leitende Material ist also feldfrei und das Potential darin somit konstant. Das Volumen V ist der Bereich *außerhalb* des Materials, und die Randbedingung an der Grenzfläche lautet ϕ =const. Da wir zu ϕ ohne Auswirkung eine Konstante hinzuaddieren können, können wir dort auch $\phi = 0$ setzen.

Die Frage ist nun, wie sich das Potential und somit das **E**-Feld verhält, wenn wir eine Ladungsverteilung in V haben. Nehmen wir den einfachen Fall, dass V den halben Raum einnimmt, nämlich die Hälfte mit $x > 0$. An der Grenzfläche $x = 0$ steht, die ganze (y, z)-Ebene ausfüllend, eine Wand aus Metall. Dort soll immer $\phi = 0$ sein. Bringen wir nun eine Punktladung q an die Position $\mathbf{x}_0 = (x_0, y_0, z_0)$ mit $x_0 > 0$. Dann ist, wenn wir die ursprüngliche Green'sche Funktion (4.29) verwenden,

$$\phi(\mathbf{x}) = \int_V d^3 x' G(\mathbf{x}, \mathbf{x}') \rho(\mathbf{x}') = \frac{q}{4\pi |\mathbf{x} - \mathbf{x}_0|} \tag{4.35}$$

Das ist zwar genau die richtige Lösung, wenn V der ganze Raum ist, aber hier brauchen wir etwas anderes, um die Randbedingung zu erfüllen. Wir sehen, dass ϕ auf der Grenzfläche tatsächlich verschwindet, wenn wir eine zweite Ladung (die **Bildladung**) $-q$ an der Stelle

$$\mathbf{x}_B(\mathbf{x}_0) = (-x_0, y_0, z_0) \tag{4.36}$$

einführen. Diese Position entspricht dem Spiegelbild von q bei einer Spiegelung an der Grenzfläche. Dann ist

$$\phi(\mathbf{x}) = \frac{q}{4\pi |\mathbf{x} - \mathbf{x}_0|} - \frac{q}{4\pi |\mathbf{x} - \mathbf{x}_B|} \tag{4.37}$$

Abb. 4.1 Methode der Bildladung bei einer ebenen Metalloberfläche. Die influenzierten Oberflächenladungen erzeugen im rechten Halbraum ein Potential wie das von einer Punktladung $-q$, die dem Spiegelbild von q entspricht

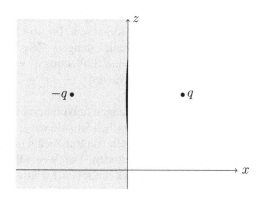

und auf der Grenzfläche gilt überall $|\mathbf{x} - \mathbf{x}_0| = |\mathbf{x} - \mathbf{x}_B|$. Auf der Oberfläche des Metalls werden also Ladungen genau derart influenziert, die nach außen so wirken, *als ob* sich an der Stelle $\mathbf{x}_B$ eine Ladung $-q$ befände (siehe Abb. 4.1). Das Potential (4.37) gilt in ganz V und erfüllt dort die Poisson-Gleichung (4.28) sowie bei $x = 0$ die Randbedingung.

Und wenn wir statt der einzelnden Punktladung eine Ladungsverteilung ρ in das Volumen bringen? Dann erzeugt jeder Anteil von ρ einen Anteil an der Bildladung mit gespiegeltem x:

$$\phi(\mathbf{x}) = \int_V d^3 x' \frac{\rho(\mathbf{x}')}{4\pi} \left(\frac{1}{|\mathbf{x} - \mathbf{x}'|} - \frac{1}{|\mathbf{x} - \mathbf{x}_B(\mathbf{x}')|} \right). \tag{4.38}$$

Das heißt, wir haben

$$G(\mathbf{x}, \mathbf{x}') = \left(\frac{1}{4\pi |\mathbf{x} - \mathbf{x}'|} - \frac{1}{4\pi |\mathbf{x} - \mathbf{x}_B(\mathbf{x}')|} \right) \tag{4.39}$$

als Green'sche Funktion verwendet und dem Term mit der Bildladung kommt die Rolle von g zu,

$$g(\mathbf{x}, \mathbf{x}') = \frac{-1}{4\pi |\mathbf{x} - \mathbf{x}_B(\mathbf{x}')|}. \tag{4.40}$$

Aufgabe 4.3.

(a) Sei V nun nur noch ein Viertel des Raums, nämlich der Bereich mit $x > 0$ und $y > 0$. Der Rand ist wieder aus Metall. Zeigen Sie, dass diesmal drei Bildladungen nötig sind, zwei negative und eine positive (Tipp: Denken Sie an die Quadrupol-Anordnung). Wie sieht die zugehörige Green'sche Funktion aus?

(b) Wieviele Bildladungen braucht man, wenn V nur noch ein Achtel des Raums ist $(x, y, z > 0)$?

(c) Gegeben sei eine Metallkugel mit Radius R. Das Volumen V soll der ganze Raum außerhalb der Kugel sein. Im Abstand $a > R$ vom Mittelpunkt der Kugel befindet sich eine Punktladung q. Zeigen Sie, dass sich die Randbedingung erfüllen lässt, wenn eine Bildladung $q' = -Rq/a$ im Abstand $b = R^2/a$ vom Mittelpunkt eingeführt wird.   ♦

Die Methode der Bildladungen funktioniert nur in Anordnungen von hoher Symmetrie. In weniger symmetrischen Situationen (z. B. unregelmäßig geformte Metallkörper) oder bei anderen Arten von Randbedingungen ist es oft deutlich komplizierter, die richtige Lösung zu finden. Der Weg führt jedoch auch dann meist über die Wahl einer geeigneten Green'schen Funktion. Mehr dazu finden Sie in anderen Lehrbüchern unter dem Stichwort **Dirichlet'sche** und **von Neumann'sche Randbedingungen**, z. B. Bartelmann et al. (2018) oder Jackson (2013).

4.2 Magnetostatik

In der Magnetostatik gehen wir von folgenden Annahmen aus:

1. Die Stromdichte $\mathbf{j}(\mathbf{x})$ und das Magnetfeld $\mathbf{B}(\mathbf{x})$ hängen nur vom Ort und nicht von der Zeit ab.
2. Das elektrische Potential und das elektrische Feld verschwinden: $\phi = 0$, $\mathbf{E} = 0$.

Damit bleibt von den retardierten Potentialen nur

$$\mathbf{A}(\mathbf{x}) = \int d^3x' \frac{\mathbf{j}(\mathbf{x}')}{4\pi |\mathbf{x} - \mathbf{x}'|}. \tag{4.41}$$

Mit $\mathbf{B} = \nabla \times \mathbf{A}$ folgt daraus sofort das Biot-Savart-Gesetz

$$\mathbf{B}(\mathbf{x}) = \int d^3x' \mathbf{j}(\mathbf{x}') \times \frac{\mathbf{x} - \mathbf{x}'}{4\pi |\mathbf{x} - \mathbf{x}'|^3}. \tag{4.42}$$

Manchmal ist es jedoch leichter, das Magnetfeld mit dem Ampere'schen Gesetz zu bestimmen:

$$\oint_{\partial F} d\mathbf{l} \cdot \mathbf{B}(\mathbf{x}) = I, \tag{4.43}$$

wobei sich die Stromstärke I als Flächenintegral über die Stromdichte ergibt:

$$I = \int_F d\mathbf{F} \cdot \mathbf{j}(\mathbf{x}) \tag{4.44}$$

Wenn der Strom sich durch einen dünnen Leiter (z. B. einen Draht) bewegt, dann ist hierbei nur über dessen Querschnittsfläche zu integrieren.

4.2.1 Ströme in geraden, dünnen Leitern

Der einfachste und symmetrischste Fall ist der eines unendlich langen Drahts in z-Richtung, durch den ein konstanter Strom I fließt. Aus dem Ampere'schen Gesetz folgt, wenn man als Fläche F einen Kreis mit Radius r senkrecht zum Draht (also parallel zur (x, y)-Ebene) wählt, so dass der Draht durch die Mitte geht:

$$\mathbf{B}(\mathbf{x}) = \frac{I}{2\pi r}\mathbf{e}_\varphi = \frac{I}{2\pi r^2}(-y, x, 0). \tag{4.45}$$

Das zugehörige Vektorpotential lautet

$$\mathbf{A}(\mathbf{x}) = -\frac{I}{2\pi}\ln r\,\mathbf{e}_z. \tag{4.46}$$

(Sie rechnen leicht nach, dass $\mathbf{B} = \nabla \times \mathbf{A}$ ist.) Die Zylindersymmetrie dieser Konstellation bringt es mit sich, dass $\mathbf{B}$ nur mit $1/r$ abfällt und das Vektorpotential daher nur logarithmisch. Im Unendlichen geht der Betrag von $\mathbf{A}$ also gegen unendlich. Das ist natürlich hochproblematisch. In Wirklichkeit gibt es zum Glück keine unendlich langen Drähte. Wir sollten dies als Idealisierung einer Situation verstehen, in der wir uns für Abstände r interessieren, die klein gegenüber der Länge L des Drahts sind.

Wenn wir versuchen, (4.46) direkt aus (4.41) abzuleiten, scheitern wir schnell:

$$\mathbf{A}(r) = \int_{-\infty}^{\infty} dz' \frac{I}{4\pi \sqrt{r^2 + z'^2}}\mathbf{e}_z \tag{4.47}$$

divergiert nämlich. Allerdings kann man (4.46) aus (4.41) ableiten, indem man Differenzen $\mathbf{A}(r_1) - \mathbf{A}(r_2)$ bildet.

Aufgabe 4.4. Integrieren Sie in (4.47) nur von $-L$ bis L, bilden Sie die Differenz $\mathbf{A}(r_1) - \mathbf{A}(r_2)$ und nehmen Sie dann erst den Limes $L \to \infty$. Die Stammfunktion von $f(z) = (r^2 + z^2)^{-1/2}$ ist $\ln(z + \sqrt{r^2 + z^2})$. Das Ergebnis ist

$$\mathbf{A}(r_1) - \mathbf{A}(r_2) = \frac{I}{4\pi}(\ln r_2 - \ln r_1)\mathbf{e}_z. \tag{4.48}$$

$\blacklozenge$

Was passiert, wenn wir zwei stromdurchflossene Drähte nebeneinander platzieren? Der eine Strom erzeugt ein Magnetfeld, dieses übt dann eine Lorentz-Kraft auf den anderen Strom aus, und umgekehrt. Die Ströme ziehen sich also über das

Magnetfeld an oder stoßen sich ab, so ähnlich wie Ladungen das über das elektrische Feld tun. Um uns das genauer zu überlegen, betrachten wir zwei unendlich lange stromdurchflossene Drähte in z-Richtung. Der eine verläuft bei $(x, y) = (0, 0)$, der andere bei $(x, y) = (r, 0)$. Beide Ströme laufen in dieselbe Richtung, sagen wir nach oben, also in positive z-Richtung. Die Stromstärken seien I_1 und I_2. Das Magnetfeld (4.45), das der erste Strom erzeugt, beträgt an der Position des zweiten Stroms

$$\mathbf{B_1}(r, 0, z) = \frac{I_1}{2\pi r}\mathbf{e}_y. \qquad (4.49)$$

Die Kraft auf eine Stromverteilung ist die kontinuierliche Verallgemeinerung der Kraft auf eine einzelne Punktladung:

$$\mathbf{F} = q\mathbf{v} \times \mathbf{B} \quad \rightarrow \quad \mathbf{F} = \int d^3x\, \mathbf{j} \times \mathbf{B}. \qquad (4.50)$$

Für den zweiten Draht ist $\int dx\, dy\, \mathbf{j} = I_2\mathbf{e}_z$, also erfährt er die Kraft

$$\mathbf{F}_2 = \int dz \frac{I_1 I_2}{2\pi r}\mathbf{e}_z \times \mathbf{e}_y = -\int dz \frac{I_1 I_2}{2\pi r}\mathbf{e}_x. \qquad (4.51)$$

Bei unendlich langen Drähten divergiert dieser Ausdruck, wir können also nur von einer Kraft pro Länge sprechen:

$$\frac{\mathbf{F}_2}{\Delta z} = -\frac{I_1 I_2}{2\pi r}\mathbf{e}_x. \qquad (4.52)$$

Der zweite Strom wird also vom ersten angezogen. Ebenso folgt die Kraft, die der zweite Strom auf den ersten ausübt:

$$\frac{\mathbf{F}_1}{\Delta z} = +\frac{I_1 I_2}{2\pi r}\mathbf{e}_x. \qquad (4.53)$$

Die Ströme ziehen sich also gegenseitig an. Fließen die Ströme hingegen in entgegengesetzte Richtung, der eine nach oben, der andere nach unten, dann stoßen sie sich ab.

An dieser Stelle wollen wir uns noch einmal an die Definition der Einheit Ampere im SI-System erinnern: *1 Ampere ist die Stärke des zeitlich konstanten elektrischen Stromes, der im Vakuum zwischen zwei parallelen, unendlich langen, geraden Leitern mit vernachlässigbar kleinem, kreisförmigem Querschnitt und dem Abstand von 1 m zwischen diesen Leitern eine Kraft von $2 \cdot 10^{-7}$ Newton pro Meter Leiterlänge hervorrufen würde.* In SI-Einheiten müssen wir dem Magnetfeld einen Faktor μ_0 hinzufügen (wegen Gl. 2.201). Somit ist

$$\left|\frac{\mathbf{F}_2}{\Delta z}\right| = \mu_0 \frac{I_1 I_2}{2\pi r}. \qquad (4.54)$$

Setzen wir die Werte aus der Definition ein,

$$\frac{2 \cdot 10^{-7} \text{N}}{1\,\text{m}} = \mu_0 \frac{1\,\text{A} \cdot 1\,\text{A}}{2\pi \cdot 1\,\text{m}}, \tag{4.55}$$

und lösen nach μ_0 auf, erhalten wir

$$\mu_0 = 4\pi \cdot 10^{-7} \frac{\text{N}}{\text{A}^2}, \tag{4.56}$$

in Übereinstimmung mit (2.199). Die „Naturkonstante" μ_0 ist, ebenso wie die Lichtgeschwindigkeit, nur das Relikt einer aus Sicht eines Theoretikers umständlichen Wahl von Einheiten.

4.2.2 Magnetischer Dipol

Ähnlich wie in der Elektrostatik können wir auch für das Vektorpotential in der Magnetostatik eine Multipolentwicklung durchführen, wenn die Stromverteilung nur eine geringe Ausdehnung hat und wir am Potential bzw. am **B**-Feld außerhalb dieser Verteilung interessiert sind. Wenden wir die Taylor-Entwicklung (4.8) auf (4.41) an, so erhalten wir

$$4\pi \mathbf{A}(\mathbf{x}) = \frac{1}{|\mathbf{x}|} \int d^3 x' \mathbf{j}(\mathbf{x}') + \frac{1}{|\mathbf{x}|^3} \int d^3 x' (\mathbf{x} \cdot \mathbf{x}') \mathbf{j}(\mathbf{x}') + \cdots \tag{4.57}$$

(diesmal hören wir bereits nach dem Dipol auf, das wird schon kompliziert und lehrreich genug). Dem ersten Term entnehmen wir, dass

$$\mathbf{J} := \int d^3 x' \mathbf{j}(\mathbf{x}') \tag{4.58}$$

der **magnetische Monopol** der Stromverteilung ist. In der Tat stellt unser unendlich langer stromdurchflossener Draht einen solchen Monopol dar, der permanent Ladungen von $z = -\infty$ nach $z = \infty$ pumpt. Aber solche unendlich langen Ströme gibt es nicht, und außerdem ist ja die Voraussetzung der Multipolentwicklung, dass die Ausdehnung der Stromverteilung *klein* sein soll im Vergleich zum Abstand, an dem wir uns das Potential ansehen. Bei einer endlichen magnetostatischen Stromverteilung gilt aber: **Es gibt keine magnetischen Monopole.** Das liegt ganz einfach daran, dass die Ströme *geschlossen* sein müssen, wenn sie nicht ins Unendliche laufen. Denn sonst würden sie an ihren Enden ständig Ladungen hinzufügen bzw. abziehen, im Widerspruch zur Voraussetzung der Magnetostatik, dass $\rho = 0$ ist. Wenn die Ströme geschlossen sind, gibt es zu jedem **j** in die eine Richtung irgendwo ein gleichgroßes **j** in die Gegenrichtung, mit dem Effekt, dass insgesamt $\mathbf{J} = 0$ ist.

Rechnerisch sieht man das mit Hilfe eines kleinen Tricks. Die Kontinuitätsgleichung bei verschwindender Zeitableitung lautet $\nabla \cdot \mathbf{j} = 0$. Damit folgt für jede Funktion $f(\mathbf{x}')$ durch partielle Integration:

$$0 = \int d^3x' f(\mathbf{x}')\partial_i' j^i(\mathbf{x}') = -\int d^3x' (\partial_i' f(\mathbf{x}')) j^i(\mathbf{x}') \tag{4.59}$$

(der Gauß'sche Randterm verschwindet, wenn wir das Integrationsvolumen größer als die Ausdehnung der Stromverteilung ansetzen). Mit $f(\mathbf{x}') = x'^k$ ergibt das

$$0 = -\int d^3x' (\partial_i x'^k) j^i(\mathbf{x}') = -\int d^3x' \delta_i^k j^i(\mathbf{x}') = -\int d^3x' j^k(\mathbf{x}'), \tag{4.60}$$

also $\mathbf{J} = 0$.

Mit dem zweiten Term aus (4.57) könnte man nun ein magnetisches Dipolmoment in Analogie zur Elektrostatik definieren:

$$4\pi A^i(\mathbf{x}) = \frac{x_k}{|\mathbf{x}|^3} M^{ki} + \cdots, \qquad M^{ki} := \int d^3x' x'^k j^i(\mathbf{x}') \tag{4.61}$$

Aber so macht man es nicht. In dieser Form ist M^{ki} ein Tensor mit zwei Indizes; es gibt aber eine Möglichkeit, den magnetischen Dipol als Vektor zu definieren, was einige Formeln vereinfacht und größere Analogien zur Elektrostatik herstellt. Außerdem gehört in jede anständige Formel, die mit Magnetfeldern zu tun hat, ein Kreuzprodukt.

Bisher haben wir jegliche Vektoranalysis-Orgien in diesem Buch vermieden. Der magnetische Dipol gibt uns die Gelegenheit, nun doch ein wenig in diese Rechnerei hineinzuschnuppern und zu verstehen, wie sie prinzipiell funktioniert. Wir wollen den Term $\int d^3x' (\mathbf{x} \cdot \mathbf{x}') \mathbf{j}(\mathbf{x}')$ aus Gl. (4.57) in ein Kreuzprodukt umschreiben. Dazu wenden wir den Trick (4.59) noch einmal an, und zwar diesmal mit $f(\mathbf{x}') = -x'^k x'^l$:

$$0 = \int d^3x' (\partial_i (x'^k x'^l)) j^i = \int d^3x' (\delta_i^k x'^l + x'^k \delta_i^l) j^i$$

$$= \int d^3x' (x'^l j^k + x'^k j^l). \tag{4.62}$$

Das kann man verwenden, um folgende Ersetzung durchzuführen:

$$\int d^3x' x'^l j^k = \frac{1}{2} \int d^3x' (x'^l j^k - x'^k j^l) \tag{4.63}$$

Unter Verwendung von (1.130) folgt damit

$$\int d^3x' \left[(\mathbf{x} \cdot \mathbf{x}')\mathbf{j} \right]^i = \int d^3x' x_k x'^k j^i = x_k \int d^3x' x'^k j^i \tag{4.64}$$

$$= \frac{1}{2} x_k \int d^3x' (x'^k j^i - x'^i j^k) \tag{4.65}$$

$$= \frac{1}{2} \int d^3x' \left[(\mathbf{x} \cdot \mathbf{x}')\mathbf{j} - (\mathbf{x} \cdot \mathbf{j})\mathbf{x}' \right]^i \tag{4.66}$$

$$= -\frac{1}{2} \left[\mathbf{x} \times \int d^3x' \mathbf{x}' \times \mathbf{j} \right]^i \tag{4.67}$$

und somit eine neue Definition des **magnetischen Dipolmoments** μ:

$$4\pi \mathbf{A}(\mathbf{x}) = -\frac{\mathbf{x} \times \mu}{|\mathbf{x}|^3} + \cdots, \tag{4.68}$$

$$\mu := \frac{1}{2} \int d^3x' \mathbf{x}' \times \mathbf{j}(\mathbf{x}'). \tag{4.69}$$

Diese Definition hat auch den Vorteil, dass das zugehörige **B**-Feld die gleiche Struktur hat wie das **E**-Feld eines Dipols (Gl. 4.15):

$$4\pi \mathbf{B}_{\text{Dipol}} = \frac{3\mathbf{x}(\mathbf{x} \cdot \mu) - \mu |\mathbf{x}|^2}{|\mathbf{x}|^5}. \tag{4.70}$$

Aufgabe 4.5. Leiten Sie (4.70) aus (4.68) ab.   ◆

Magnetische Dipole ergeben sich aus zirkulierenden Strömen. Das einfachste Beispiel ist eine kreisförmige Leiterschleife, durch die ein Strom I fließt. Liegt die Schleife in der (x, y)-Ebene, so lässt sie sich durch

$$\mathbf{x}'(\varphi) = R(\cos\varphi, \sin\varphi, 0) \tag{4.71}$$

parametrisieren. Ihr Tangentialvektor

$$\mathbf{t}(\varphi) := \frac{d\mathbf{x}'(\varphi)}{d\varphi} = R(-\sin\varphi, \cos\varphi, 0) \tag{4.72}$$

gibt die Richtung des Stroms an der jeweiligen Stelle vor. Damit ist das Dipolmoment

$$\mu = \frac{1}{2} \int d^3x' \mathbf{x}' \times \mathbf{j}(\mathbf{x}') \tag{4.73}$$

$$= \frac{I}{2} \int_0^{2\pi} d\varphi \, \mathbf{x}'(\varphi) \times \mathbf{t}(\varphi) = \pi I R^2 \mathbf{e}_z. \tag{4.74}$$

4.2.3 Ströme in externen Magnetfeldern

Bringt man eine Stromverteilung in ein externes Magnetfeld $\mathbf{B}(\mathbf{x})$, dann wirkt auf sie die Lorentz-Kraft. In niedrigster Ordnung sollte dafür das Dipolmoment ausschlaggebend sein. Um das auszurechnen, entwickeln wir $\mathbf{B}$ in einer Taylorreihe um den Ursprung,

$$\mathbf{B}(\mathbf{x}') = \mathbf{B}(0) + x'^i \partial_i \mathbf{B}(\mathbf{x})|_{\mathbf{x}=0}. \tag{4.75}$$

Damit beträgt eine Komponente F_i der Kraft $\mathbf{F}$ auf die Stromverteilung

$$F_i = \int d^3x' \left[\mathbf{j}(\mathbf{x}') \times \mathbf{B}(\mathbf{x}') \right]_i \tag{4.76}$$

$$= \varepsilon_{ikl} \underbrace{\left(\int d^3x' j^k(\mathbf{x}') \right)}_{=0} B^l(0) + \int d^3x' \varepsilon_{ikl} j^k x'^m \partial_m B^l|_{\mathbf{x}=0} \tag{4.77}$$

$$= \varepsilon_{ikl} \left(\int d^3x' j^k x'^m \right) \partial_m B^l|_{\mathbf{x}=0} \tag{4.78}$$

$$= \frac{1}{2} \varepsilon_{ikl} \left(\int d^3x' (j^k x'^m - j^m x'^k) \right) \partial_m B^l|_{\mathbf{x}=0} \tag{4.79}$$

$$= \frac{1}{2} \varepsilon_{ikl} \left[\left(\int d^3x' \mathbf{x}' \times \mathbf{j} \right) \times \nabla \right]^k B^l|_{\mathbf{x}=0} \tag{4.80}$$

$$= \varepsilon_{ikl} (\boldsymbol{\mu} \times \nabla)^k B^l|_{\mathbf{x}=0} \tag{4.81}$$

$$= [(\boldsymbol{\mu} \times \nabla) \times \mathbf{B}|_{\mathbf{x}=0}]_i \tag{4.82}$$

$$= \mu^j \partial_i B_j|_{\mathbf{x}=0} - \mu_i \underbrace{\partial^j B_j}_{=0}|_{\mathbf{x}=0} \tag{4.83}$$

$$= [\nabla(\boldsymbol{\mu} \cdot \mathbf{B})|_{\mathbf{x}=0}]_i \tag{4.84}$$

In der vierten Zeile haben wir dabei noch einmal (4.63) angewandt. Wie sich daraus die fünfte Zeile ergibt, überlagen Sie sich am besten noch einmal anhand von (1.129), ebenso für die vorletzte Zeile. Die verschachtelten Kreuzprodukte sind anstrengend, aber mit etwas Übung wird es leichter.

Wir haben also gezeigt, dass die Kraft auf einen magnetischen Dipol

$$\mathbf{F} = \nabla(\boldsymbol{\mu} \cdot \mathbf{B})|_{\mathbf{x}=0} \tag{4.85}$$

ist. Der Vergleich mit der allgemeinen konservativen Kraft $\mathbf{F} = -\nabla V$ zeigt, dass $-\boldsymbol{\mu} \cdot \mathbf{B}$ die Rolle einer potentiellen Energie im Sinne der Klassischen Mechanik spielt. Das ist nun völlig analog zum elektrischen Dipolmoment. Entsprechend vermuten wir auch wieder, dass es ein Drehmoment gibt, das $\boldsymbol{\mu}$ in die Richtung von $\mathbf{B}$ auszurichten versucht. Rechnen wir es aus, wobei wir auch hier in (4.75) nur den ersten Term mitnehmen, also das Magnetfeld als konstant ansehen, $\mathbf{B} = \mathbf{B}(0)$. Dann ist das Drehmoment gegeben durch

$$\mathbf{N} = \int d^3x' \mathbf{x}' \times (\mathbf{j}(\mathbf{x}') \times \mathbf{B}) \tag{4.86}$$

$$= \int d^3x' [(\mathbf{x}' \cdot \mathbf{B})\mathbf{j} - (\mathbf{x}' \cdot \mathbf{j})\mathbf{B}] \tag{4.87}$$

$$= \int d^3x' (\mathbf{x}' \cdot \mathbf{B})\mathbf{j} - \mathbf{B} \int d^3x' \mathbf{x}' \cdot \mathbf{j}. \tag{4.88}$$

Der Integrand des zweiten Terms ist eine Divergenz:

$$2\mathbf{x}' \cdot \mathbf{j} = 2\mathbf{x}' \cdot \mathbf{j} + \mathbf{x}'^2 (\nabla \cdot \mathbf{j}) = \nabla \cdot (x'^i x_i' \mathbf{j}). \tag{4.89}$$

Diese lässt sich mit dem Gauß'schen Satz wieder in einen Randterm umwandeln, der verschwindet, da die Ströme vollständig innerhalb des Integrationsvolumens liegen. Für den übrigbleibenden ersten Term wenden wir wieder unseren Lieblings-trick (4.63) an:

$$N_i = \left(\int d^3x' \, x_k' j_i \right) B^k \tag{4.90}$$

$$= \frac{1}{2} \left(\int d^3x' (x_k' j_i - x_i' j_k) \right) B^k \tag{4.91}$$

$$= \frac{1}{2} \left[\left(\int d^3\mathbf{x}' \times \mathbf{j} \right) \times \mathbf{B} \right]_i \tag{4.92}$$

$$= [\boldsymbol{\mu} \times \mathbf{B}]_i \tag{4.93}$$

Also wirkt auf $\boldsymbol{\mu}$ das Drehmoment $\mathbf{N} = \boldsymbol{\mu} \times \mathbf{B}$. Dieses versucht in der Tat, $\boldsymbol{\mu}$ in die Richtung von $\mathbf{B}$ zu drehen.

4.3 Strahlung einer beschleunigten Ladung

4.3.1 Liénard-Wiechert-Potentiale

Als nächstes interessieren uns die Felder, die ein beliebig bewegtes Teilchen mit der Ladung q und der Masse $m > 0$ erzeugt. Die Bahn des Teilchens sei $\mathbf{x}_0(t)$. Dann ist die zugehörige Ladungs- und Stromverteilung durch (2.4) gegeben. Eingesetzt in die retardierte Lösung (2.122) ergibt das

$$4\pi A^\mu(t, \mathbf{x}) = q \int dt' \frac{1}{|\mathbf{x} - \mathbf{x}_0(t')|} \frac{dx_0^\mu}{dt'} \delta \left(t' - t + |\mathbf{x} - \mathbf{x}_0(t')| \right). \tag{4.94}$$

Abb. 4.2 Eine Teilchenbahn hat genau einen Schnittpunkt mit dem Vergangenheits-Lichtkegel eines beliebigen Punktes $(t, \mathbf{x})$. Dieser Schnittpunkt ist der einzige Punkt, an dem das Teilchen zum retardierten Potential bei $(t, \mathbf{x})$ beiträgt

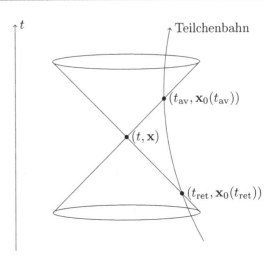

Hier ist nun zu beachten, dass das Argument der Delta-Distribution durch das Auftreten von $\mathbf{x}_0(t')$ eine zusätzliche t'-Abhängigkeit hat. Die allgemeine Regel für eine Funktion $f(x)$ mit einer einzigen Nullstelle $x = a$ und der Ableitung $f'(x)$ lautet

$$\int dx\, g(x)\delta(f(x)) = \frac{g(a)}{f'(a)} \tag{4.95}$$

Zunächst gilt es, sich zu überlegen, dass die Funktion $f(t') = t' - t + |\mathbf{x} - \mathbf{x}_0(t')|$ tatsächlich genau eine Nullstelle hat. Das ist gleichbedeutend mit der Feststellung, dass es genau einen Punkt $(t', \mathbf{x}_0(t'))$ gibt, der auf dem Vergangenheits-Lichtkegel von $(t, \mathbf{x})$ liegt, dass also die Bahn des Teilchens genau einen Schnittpunkt mit diesem Lichtkegel hat. Dies folgt aber daraus, dass das Teilchen sich stets langsamer als mit Lichtgeschwindigkeit bewegt und somit seine Trajektorie im Raumzeitdiagramm immer „steiler" als 45° ist, während der Kegel in alle Richtungen gleichermaßen mit 45° geneigt ist. Dass $f(t') = t' - t + |\mathbf{x} - \mathbf{x}_0(t')|$ genau eine Nullstelle hat, bedeutet wiederum, dass es genau einen Punkt auf der Teilchenbahn gibt, der zum Potential A^μ an einem gegebenen Raumzeitpunkt $(t, \mathbf{x})$ beiträgt (siehe Abb. 4.2).

Um Gl. (4.94) weiter aufzulösen, haben wir zwei Möglichkeiten: Wir können die Rechnung direkt im aktuellen Bezugssystem ausführen oder zunächst ins momentane Ruhesystem des Teilchens boosten, die Integration ausführen, und dann zurückboosten. Beide Wege setzen voraus, dass die Nullstelle t_{ret} von $f(t')$ für den gegebenen Punkt $(t, \mathbf{x})$ gefunden wurde. Zur Illustration wollen wir hier beide Wege vorführen.

Der zweite Weg ist der elegantere und „relativistischere". Dazu begeben wir uns in das Bezugssystem, in dem das Teilchen zum Zeitpunkt t_{ret} in Ruhe ist. In diesem System ist zu diesem Zeitpunkt

$$\frac{d}{dt'}\mathbf{x}_0(t')|_{t'=t_{\text{ret}}} = 0 \tag{4.96}$$

und daher $\frac{d}{dt'}f(t') = 1$. Damit folgt für (4.94)

$$4\pi A^0(t, \mathbf{x}) = \frac{q}{|\mathbf{x} - \mathbf{x}_0(t_{\text{ret}})|}, \qquad A^i(t, \mathbf{x}) = 0 \tag{4.97}$$

Den Verbindungsvektor zwischen $(t, \mathbf{x})$ und $(t_{\text{ret}}, \mathbf{x}_0(t_{\text{ret}}))$ nennen wir R^μ,

$$R^\mu = (R, \mathbf{R}) = (t - t_{\text{ret}}, \mathbf{x} - \mathbf{x}_0(t_{\text{ret}})). \tag{4.98}$$

Aus der Definition von t_{ret} folgt $R = |\mathbf{R}|$ und $R^\mu R_\mu = 0$. Somit können wir (4.97), immer noch in diesem speziellen Bezugssystem, wo die Vierergeschwindigkeit $u^\mu = (1, 0, 0, 0)$ ist, umschreiben zu

$$4\pi A^\mu(x) = q\frac{u^\mu}{R_\nu u^\nu}. \tag{4.99}$$

Dies ist eine Gleichung von Vierervektoren und gilt daher in *jedem* Bezugssystem. Gl. (4.99) beschreibt die sogenannten **Liénard-Wiechert-Potentiale**. In Dreiervektoren ausgeschrieben lauten sie

$$4\pi \phi(t, \mathbf{x}) = \frac{q}{R - \mathbf{R} \cdot \dot{\mathbf{x}}_0(t_{\text{ret}})}, \tag{4.100}$$

$$4\pi \mathbf{A}(t, \mathbf{x}) = \frac{q\dot{\mathbf{x}}_0(t_{\text{ret}})}{R - \mathbf{R} \cdot \dot{\mathbf{x}}_0(t_{\text{ret}})}. \tag{4.101}$$

Der erste Weg, die Integration im ursprünglichen Bezugssystem, erfordert, dass wir die Ableitung von $f(t')$ berechnen. Insbesondere benötigen wir

$$\frac{\partial|\mathbf{x} - \mathbf{x}_0(t')|}{\partial t'} = \frac{\partial x_0^i}{\partial t'}\frac{\partial|\mathbf{x} - \mathbf{x}_0|}{\partial x_0^i} = -\dot{\mathbf{x}}_0(t') \cdot (\mathbf{x} - \mathbf{x}_0(t'))\frac{1}{|\mathbf{x} - \mathbf{x}_0(t')|} \tag{4.102}$$

Für $t' = t_{\text{ret}}$ ergibt das

$$\frac{\partial|\mathbf{x} - \mathbf{x}_0(t')|}{\partial t'}|_{t'=t_{\text{ret}}} = -\dot{\mathbf{x}}_0(t_{\text{ret}}) \cdot \frac{\mathbf{R}}{R}. \tag{4.103}$$

Eingesetzt in (4.94) erhält man, unter Berücksichtigung von (4.95),

$$4\pi A^\mu(t, \mathbf{x}) = \frac{q}{R}\frac{1}{1 - \dot{\mathbf{x}}_0(t_{\text{ret}}) \cdot \frac{\mathbf{R}}{R}}\frac{dx_0^\mu}{dt}, \tag{4.104}$$

was wieder zu (4.100) und (4.101) führt.

Wenn wir dazu die Felder $\mathbf{E}$ und $\mathbf{B}$ berechnen wollen, müssen wir wissen, wie wir mit den Ableitungen von $\mathbf{R}$, R und t_{ret} umzugehen haben. Wir können t_{ret} als eine Funktion von t und $\mathbf{x}$ ansehen, die implizit durch den Zusammenhang $t_{\text{ret}} = t - |\mathbf{x} - \mathbf{x}_0(t_{\text{ret}})|$ gegeben ist. Dementsprechend können wir $\mathbf{R} = \mathbf{x} - \mathbf{x}_0(t_{\text{ret}})$ einerseits als eine Funktion von $\mathbf{x}$ und t_{ret} betrachten, andererseits via $t_{\text{ret}}(t, \mathbf{x})$ als eine Funktion von t und $\mathbf{x}$. Gleiches gilt natürlich auch für $R = |\mathbf{R}|$. Zusätzlich gilt aber auch noch $R = t - t_{\text{ret}}$, so dass R in einer weiteren Sichtweise auch als Funktion von t und t_{ret} angesehen werden kann, was sich über $t_{\text{ret}}(t, \mathbf{x})$ erneut in eine Funktion von t und $\mathbf{x}$ überführen lässt. Aus einer Kombination dieser Sichtweisen erhalten wir die Information, die wir brauchen.

Im Folgenden benutzen wir die Abkürzungen

$$\mathbf{n} := \frac{\mathbf{R}}{R}, \qquad \mathbf{v} := \dot{\mathbf{x}}_0(t_{\text{ret}}). \tag{4.105}$$

Aus der ersten Sichtweise erhalten wir (analog zu 4.102)

$$\frac{\partial R(\mathbf{x}, t_{\text{ret}})}{\partial t_{\text{ret}}} = \frac{\partial |\mathbf{x} - \mathbf{x}_0(t_{\text{ret}})|}{\partial t_{\text{ret}}} = -\mathbf{v} \cdot \mathbf{n} \tag{4.106}$$

$$\Rightarrow \frac{\partial R(t, \mathbf{x})}{\partial t} = \frac{\partial R(\mathbf{x}, t_{\text{ret}})}{\partial t_{\text{ret}}} \frac{\partial t_{\text{ret}}}{\partial t} = -\mathbf{v} \cdot \mathbf{n} \frac{\partial t_{\text{ret}}}{\partial t} \tag{4.107}$$

Aus der letzten Sichtweise hingegen bekommt man

$$\frac{\partial R(t, \mathbf{x})}{\partial t} = \frac{\partial (t - t_{\text{ret}}(t, \mathbf{x}))}{\partial t} = 1 - \frac{\partial t_{\text{ret}}}{\partial t}. \tag{4.108}$$

Die Kombination der letzten beiden Gleichungen führt zu

$$\frac{\partial t_{\text{ret}}}{\partial t} = \frac{1}{1 - \mathbf{v} \cdot \mathbf{n}}. \tag{4.109}$$

Die gleiche Prozedur vollziehen wir für die räumlichen Ableitungen. Einerseits haben wir

$$\nabla R(t, \mathbf{x}) = \mathbf{n} + \frac{\partial R(\mathbf{x}, t_{\text{ret}})}{\partial t_{\text{ret}}} \nabla t_{\text{ret}} = \mathbf{n} - (\mathbf{v} \cdot \mathbf{n}) \nabla t_{\text{ret}} \tag{4.110}$$

Andererseits ist

$$\nabla R(t, \mathbf{x}) = \nabla (t - t_{\text{ret}}) = -\nabla t_{\text{ret}}. \tag{4.111}$$

Die Kombination davon ergibt

$$\nabla t_{\text{ret}} = \frac{\mathbf{n}}{\mathbf{v} \cdot \mathbf{n} - 1}. \tag{4.112}$$

Mit all diesen Ableitungen ausgestattet, können wir uns ans Werk machen und die Felder

$$\mathbf{E} = -\nabla\phi - \partial_t\mathbf{A}, \qquad \mathbf{B} = \nabla \times \mathbf{A} \tag{4.113}$$

ausrechnen. Nach einer kleinen Vektoranalysis-Orgie erhält man folgendes Ergebnis:

$$\mathbf{E}(t,\mathbf{x}) = \frac{q}{4\pi}\left(\frac{(\mathbf{n}-\mathbf{v})(1-v^2)}{R^2(1-\mathbf{v}\cdot\mathbf{n})^3} + \frac{\mathbf{n}\times[(\mathbf{n}-\mathbf{v})\times\dot{\mathbf{v}}]}{R(1-\mathbf{v}\cdot\mathbf{n})^3}\right), \tag{4.114}$$

$$\mathbf{B}(t,\mathbf{x}) = \mathbf{n}\times\mathbf{E}(t,\mathbf{x}). \tag{4.115}$$

Die Felder bestehen demnach aus zwei Anteilen: Der erste Anteil, proportional zu R^{-2}, besteht bereits bei einer gleichförmigen Bewegung. Diesen Anteil hätten wir auch leicht wieder bestimmen können, indem wir im Ruhesystem des Teilchens das E-Feld ausrechnen und von dort aus ins ursprüngliche System zurückboosten.

Aufgabe 4.6. Betrachten Sie ein Teilchen, das sich mit gleichförmiger Geschwindigkeit entlang der x-Achse bewegt, $\mathbf{x}_0(t) = (vt, 0, 0)$. Zeigen Sie, dass für $\mathbf{x} = 0$ die retardierte Zeit $t_{\text{ret}} = t/(1+v)$ ist. Bestimmen Sie das zugehörige $\mathbf{R}$. Setzen Sie das in (4.114) und (4.115) ein und finden

$$\mathbf{E}(t,\mathbf{0}) = -\frac{q(1-v^2)}{4\pi v^2 t^2}\mathbf{e}_x, \qquad \mathbf{B}(t,\mathbf{0}) = 0. \tag{4.116}$$

Erhalten Sie das gleiche Ergebnis, indem Sie das elektrostatische Feld aus dem Ruhesystem des Teilchens ins ursprüngliche System zurückboosten.   ◆

Der zweite Anteil, proportional zu R^{-1}, besteht nur bei einer beschleunigten Ladung. Er beschreibt die Strahlung, die eine solche Beschleunigung verursacht.

4.3.2 Strahlungsleistung

Zu einem festen Zeitpunkt t' ist die Position des Teilchens $\mathbf{x}_0(t')$. Betrachten wir eine Kugel um diesen Punkt mit Radius r. Dann ist zum Zeitpunkt $t = t' + r$ für jeden Punkt $\mathbf{x}$ auf der Kugeloberfläche

$$t_{\text{ret}}(t,\mathbf{x}) = t', \qquad R(t,\mathbf{x}) = r. \tag{4.117}$$

Das heißt, die Felder, die das Teilchen gemäß (4.114) zum Zeitpunkt t' „aussendet", kommen zum Zeitpunkt t überall auf der Kugeloberfläche an. Der Energiestrom, der durch $(t,\mathbf{x})$ geht, wird durch den Poyntingvektor $\mathbf{S} = \mathbf{E}\times\mathbf{B}$ bestimmt. Durch ein Flächenelement $R^2 d\Omega$ der Sphäre geht demnach pro Zeiteinheit die Leistung

$$\frac{dP}{d\Omega} = \frac{dE}{dt d\Omega} = R^2 \mathbf{n} \cdot \mathbf{S} = R^2 \mathbf{n} \cdot (\mathbf{E} \times \mathbf{B}). \tag{4.118}$$

Für große R liefert nur der zweite Term von (4.114) einen Beitrag, nämlich, da $\mathbf{n}$, $\mathbf{E}$ und $\mathbf{B}$ gemäß (4.114, zweiter Term) und (4.115) paarweise orthogonal zueinander sind,

$$\frac{dP}{d\Omega} = \frac{q^2}{(4\pi)^2} \frac{(\mathbf{n} \times [(\mathbf{n} - \mathbf{v}) \times \dot{\mathbf{v}}])^2}{(1 - \mathbf{v} \cdot \mathbf{n})^6}. \tag{4.119}$$

Diese Formel wollen wir zunächst für nichtrelativistische Geschwindigkeiten $v \ll 1$ weiter auswerten. Mit

$$\cos\theta = \frac{\dot{\mathbf{v}} \cdot \mathbf{n}}{|\dot{\mathbf{v}}|} \tag{4.120}$$

ergibt sich

$$\frac{dP}{d\Omega} \approx \frac{q^2}{(4\pi)^2} (\mathbf{n} \times [\mathbf{n} \times \dot{\mathbf{v}}])^2 = \frac{q^2}{(4\pi)^2} \dot{\mathbf{v}}^2 \sin^2\theta. \tag{4.121}$$

Die Strahlung erfolgt also hauptsächlich in der Richtung senkrecht zur Beschleunigung. Die Gesamtleistung erhält man durch Integration über die Winkel. Das Ergebnis ist die **Larmor-Formel**

$$P = \frac{q^2}{(4\pi)^2} \dot{\mathbf{v}}^2 \int_{-1}^{1} d\cos\theta \int_{0}^{2\pi} d\varphi \sin^2\theta \tag{4.122}$$

$$= \frac{q^2}{8\pi} \dot{\mathbf{v}}^2 \int_{-1}^{1} dx (1 - x^2) \tag{4.123}$$

$$= \frac{q^2}{6\pi} \dot{\mathbf{v}}^2. \tag{4.124}$$

Ein Teilchen, das sich mit der Winkelgeschwindigkeit ω auf einer Kreisbahn mit Radius r_0 bewegt, erfährt eine Zentrifugalbeschleunigung mit konstantem Betrag $|\dot{\mathbf{v}}| = \omega^2 r_0$. Es strahlt nach der Larmor-Formel eine konstante Leistung

$$P = \frac{q^2}{6\pi} \omega^4 r_0^2 \tag{4.125}$$

ab.

Aufgabe 4.7. Wie schnell kollabiert ein klassisches Wasserstoffatom, bei dem ein Elektron im Abstand des Bohr'schen Atomradius $a_0 = 5,3 \cdot 10^{-11}$ m ein Proton umkreist? Bestimmen Sie zunächst aus dem Coulomb-Gesetz die Geschwindigkeit und damit die Frequenz, mit der sich das Elektron bewegt. Setzen Sie das in Gl. (4.125) ein, die im SI-Einheitensystem

$$P = \frac{q^2}{6\pi\,\varepsilon_0 c^3}\omega^4 r_0^2 \tag{4.126}$$

lautet. Sie können davon ausgehen, dass der Kollaps größenordnungsmäßig in der Zeit stattfindet, in der die abgestrahlte Energiemenge der kinetischen Energie des Elektrons entspricht. (Durch den Energieverlust sinkt das Elektron weiter in Richtung Proton, wo sich die Beschleunigung durch die Coulomb-Kraft weiter erhöht und damit auch die Strahlungsleistung u.s.w.). Die benötigten Naturkonstanten sind die Elementarladung $e = 1,6 \cdot 10^{-19}$ C, die Elektronenmasse $m_e = 9,1 \cdot 10^{-31}$ kg, $\varepsilon_0 = 8,9 \cdot 10^{-12}$ C^2/Jm und $c = 3 \cdot 10^8$ m/s. Als Ergebnis sollten Sie finden, dass der Kollaps nur etwa 10^{-10} Sekunden dauert.   ♦

Wir hatten die Larmor-Formel nur für nichtrelativistische Geschwindigkeiten $v \ll 1$ abgeleitet. Dies lässt sich aber relativistisch verallgemeinern, indem man

$$\dot{\mathbf{v}}^2 \to \frac{du^\mu}{d\tau}\frac{du_\mu}{d\tau} \tag{4.127}$$

ersetzt. Mit

$$u^\mu = \gamma(1, \mathbf{v}), \qquad \gamma := \frac{1}{\sqrt{1 - v^2}}, \tag{4.128}$$

$$\frac{du^\mu}{dt} = \dot{\gamma}(1, \mathbf{v}) + \gamma(0, \dot{\mathbf{v}}), \tag{4.129}$$

$$\dot{\gamma} = \gamma^3 \dot{\mathbf{v}} \cdot \mathbf{v} \tag{4.130}$$

erhält man zunächst

$$\frac{du^\mu}{dt}\frac{du_\mu}{dt} = -\dot{\gamma}^2 + (\dot{\gamma}\mathbf{v} + \gamma\dot{\mathbf{v}})^2 = \gamma^4(\dot{\mathbf{v}} \cdot \mathbf{v})^2 + \gamma^2\dot{\mathbf{v}}^2 \tag{4.131}$$

$$= \gamma^4[(\dot{\mathbf{v}} \cdot \mathbf{v})^2 + \dot{\mathbf{v}}^2(1 - \mathbf{v}^2)]. \tag{4.132}$$

Das können wir weiter umformen, indem wir

$$(\mathbf{v} \times \dot{\mathbf{v}})^2 = \varepsilon_{ijk}v^j\dot{v}^k\varepsilon^{ilm}v_l\dot{v}_m \tag{4.133}$$

$$= (\delta^l_j\delta^m_k - \delta^m_j\delta^l_k)v^j\dot{v}^k v_l\dot{v}_m \tag{4.134}$$

$$= \mathbf{v}^2\dot{\mathbf{v}}^2 - (\mathbf{v} \cdot \dot{\mathbf{v}})^2 \tag{4.135}$$

ausnutzen:

$$\frac{du^\mu}{dt}\frac{du_\mu}{dt} = \gamma^4[\dot{\mathbf{v}}^2 - (\mathbf{v} \times \dot{\mathbf{v}})^2] \tag{4.136}$$

Mit $dt = \gamma d\tau$ folgt schließlich das Resultat

$$P = \frac{q^2}{6\pi}\frac{du^\mu}{d\tau}\frac{du_\mu}{d\tau} = \frac{q^2}{6\pi}\frac{\dot{\mathbf{v}}^2 - (\mathbf{v} \times \dot{\mathbf{v}})^2}{(1 - v^2)^3}. \tag{4.137}$$

4.4 Elektrodynamik in Materie

Die Maxwell-Gleichungen sind universell, sie gelten im Vakuum wie auch in Materie. Allerdings gibt es in dicht gepackter Materie wie Festkörpern und Flüssigkeiten durch die Eigenschaften der Atome und Moleküle so viele winzige Schwankungen in den Ladungs- und Stromverteilungen, dass man sie unmöglich noch lösen kann. Dort müssen wir daher etwas anders vorgehen. Der Schlüssel zur Lösung ist die Unterscheidung zwischen freien und gebundenen Ladungsträgern.

Die meisten Ladungen bilden in Form von Atomen und Molekülen feste Strukturen. Jede dieser Einzelstrukturen ist insgesamt elektrisch neutral, weist aber elektrische und magnetische Dipolmomente auf, die sich in externen Feldern bilden oder ausrichten und die wir berücksichtigen müssen. Zum Beispiel verzerrt sich die Elektronenhülle der einzelnen Atome, wenn ein äußeres elektrisches Feld angelegt wird, wodurch sich elektrische Dipole bilden. Magnetische Dipole entstehen durch die quantenmechanischen Drehimpulse der Teilchen, die zirkulierende Ströme darstellen. Höhere Multipole (Quadrupol etc.) wollen wir hier hingegen vernachlässigen. Freie Ladungen sind durch Elektronen oder auch Ionen gegeben, die nicht an einen winzigen Raumbereich gebunden, sondern relativ frei beweglich sind und dadurch makroskopische Ströme und Ladungsverteilungen bilden können.

Die vielen kleinen gebundenen Ladungen müssen wir durch ein Mittelungsverfahren berücksichtigen. Generell funktioniert das so, dass man ein Feld $g(t, \mathbf{x})$ durch **Faltung** mit einer geeigneten Mittelungsfunktion $f(\mathbf{x})$ „verschmiert":

$$\langle g(t, \mathbf{x}) \rangle := \int d^3x' g(t, \mathbf{x}') f(\mathbf{x} - \mathbf{x}'). \tag{4.138}$$

Dabei muss $f(\mathbf{x})$ bei $\mathbf{x} = 0$ gepeakt sein und nach außen hin abfallen, wie bei einer Gauß'schen Glockenkurve. Außerdem muss f normiert sein, $\int d^3x\, f(\mathbf{x}) = 1$. Die charakteristische Breite Δ dieser Funktionskurve sollte deutlich größer sein als die einzelnen mikroskopischen Ladungsstrukturen (Atome, Moleküle), aber deutlich kleiner als die makroskopischen Längenskalen, auf denen wir am Ende unsere elektromagnetischen Phänomene beschreiben wollen. Das Faltungsintegral (4.138) mittelt somit das Feld g um den Punkt $\mathbf{x}$ herum, und zwar über einen Raumbereich der Ausdehnung Δ. Die Mittelung macht einen klaren Unterschied zwischen Raum und Zeit. Sie ergibt nur im Ruhesystem des betrachteten Materials einen Sinn. Von der Lorentz-Invarianz der Elektrodynamik bleibt daher nicht viel übrig, wenn man auf die makroskopischen Gleichungen aus ist, die mit gemittelten Größen arbeitet.

Praktisch an dieser Mittelungsprozedur ist, dass sie mit partiellen Ableitungen kompatibel ist:

$$\partial_i \langle g(t, \mathbf{x}) \rangle = \int d^3 x' g(t, \mathbf{x}') \partial_i f(\mathbf{x} - \mathbf{x}') \tag{4.139}$$

$$= - \int d^3 x' g(t, \mathbf{x}') \partial_i' f(\mathbf{x} - \mathbf{x}') \tag{4.140}$$

$$= \int d^3 x' [\partial_i' g(t, \mathbf{x}')] f(\mathbf{x} - \mathbf{x}') \tag{4.141}$$

$$= \langle \partial_i g(t, \mathbf{x}) \rangle \tag{4.142}$$

Damit können wir bereits die homogenen Maxwell-Gleichungen (2.156) und (2.157) als makroskopische Gleichungen schreiben:

$$\nabla \cdot \langle \mathbf{B}(t, \mathbf{x}) \rangle = 0 \tag{4.143}$$

$$\nabla \times \langle \mathbf{E}(t, \mathbf{x}) \rangle + \partial_t \langle \mathbf{B}(t, \mathbf{x}) \rangle = 0 \tag{4.144}$$

Für die beiden inhomogenen Maxwell-Gleichungen gehen wir so vor, dass wir Ladungen und Ströme in freie (fr) und lokal gebundene (loc) Anteile separieren:

$$j^\mu(t, \mathbf{x}) = j_{\text{fr}}^\mu(t, \mathbf{x}) + j_{\text{loc}}^\mu(t, \mathbf{x}) \tag{4.145}$$

Dabei besteht der lokal gebundene Teil aus den Beiträgen j_n^μ der einzelnen mikroskopischen Objekte, die jeweils einen kleinen Raum um das jeweilige Zentrum (z. B. um die Atomkerne) $\mathbf{x}_n$ einnehmen,

$$j_{\text{loc}}^\mu(t, \mathbf{x}) = \sum_n j_n^\mu(t, \mathbf{x} - \mathbf{x}_n). \tag{4.146}$$

Jedes mikroskopische Objekt soll für sich genommen neutral sein,

$$\int d^3 x \rho_n(t, \mathbf{x}) = 0. \tag{4.147}$$

Außerdem vernachlässigen wir Fluktuationen zwischen den freien und gebundenen Ladungsträgern und nehmen an, dass die beiden Anteile separat die Kontinuitätsgleichung erfüllen,

$$\partial_\mu j_{\text{loc}}^\mu = \partial_\mu j_{\text{fr}}^\mu = 0. \tag{4.148}$$

Die Faltungsfunktion entwickeln wir zur linearen Ordnung,

$$f(\mathbf{x} - \mathbf{x}') \approx f(\mathbf{x}) + \mathbf{x}' \cdot \nabla' f(\mathbf{x} - \mathbf{x}')|_{\mathbf{x}'=0} = f(\mathbf{x}) - \mathbf{x}' \cdot \nabla f(\mathbf{x}). \tag{4.149}$$

Damit mitteln wir die gebundenen Ladungen und Ströme:

$$\langle j_{\mathrm{loc}}^{\mu}(t, \mathbf{x}) \rangle = \sum_n \int d^3 x' \, j_n^{\mu}(t, \mathbf{x}' - \mathbf{x}_n) f(\mathbf{x} - \mathbf{x}') \tag{4.150}$$

$$= \sum_n \int d^3 x'' \, j_n^{\mu}(t, \mathbf{x}'') f(\mathbf{x} - \mathbf{x}_n - \mathbf{x}'') \tag{4.151}$$

$$= \sum_n f(\mathbf{x} - \mathbf{x}_n) \int d^3 x'' \, j_n^{\mu}(t, \mathbf{x}'') \tag{4.152}$$

$$- \sum_n \nabla f(\mathbf{x} - \mathbf{x}_n) \cdot \int d^3 x'' \mathbf{x}'' j_n^{\mu}(t, \mathbf{x}'').$$

Für die Ladungsdichte $\rho = j^0$ verschwindet der erste Term wegen (4.147), und es bleibt

$$\langle \rho_{\mathrm{loc}}(t, \mathbf{x}) \rangle = - \sum_n \nabla f(\mathbf{x} - \mathbf{x}_n) \cdot \int d^3 x'' \mathbf{x}'' \rho_n(t, \mathbf{x}'') \tag{4.153}$$

$$= - \sum_n \mathbf{p}_n(t) \cdot \nabla f(\mathbf{x} - \mathbf{x}_n) \tag{4.154}$$

$$= -\nabla \cdot \int d^3 x'' \sum_n \mathbf{p}_n(t) \delta(\mathbf{x}'' - \mathbf{x}_n) f(\mathbf{x} - \mathbf{x}'') \tag{4.155}$$

$$= -\nabla \cdot \mathbf{P}(t, \mathbf{x}). \tag{4.156}$$

Hierbei ist die **Polarisation**

$$\mathbf{P}(t, \mathbf{x}) := \left\langle \sum_n \mathbf{p}_n(t) \delta(\mathbf{x} - \mathbf{x}_n) \right\rangle \tag{4.157}$$

die mittlere Dichte der elektrischen Dipolmomente $\mathbf{p}_n$ der gebundenen Ladungen. Damit wird aus der Maxwell-Gleichung (2.154):

$$\nabla \cdot \langle \mathbf{E}(t, \mathbf{x}) \rangle = \langle \rho_{\mathrm{fr}}(t, \mathbf{x}) \rangle - \nabla \cdot \mathbf{P}(t, \mathbf{x}). \tag{4.158}$$

Dieses Ergebnis suggeriert, das elektrische Feld und die Polarisation zu einem makroskopischen Feld, dem **dielektrischen Verschiebungsfeld**

$$\mathbf{D}(t, \mathbf{x}) := \langle \mathbf{E}(t, \mathbf{x}) \rangle + \mathbf{P}(t, \mathbf{x}) \tag{4.159}$$

zusammenzuführen, so dass

$$\nabla \cdot \mathbf{D}(t, \mathbf{x}) = \langle \rho_{\mathrm{fr}}(t, \mathbf{x}) \rangle. \tag{4.160}$$

Für die Stromdichte $\mathbf{j}$ betrachten wir die beiden Terme von (4.152) separat. Für den ersten Term erhalten wir

$$\langle \mathbf{j}_{\mathrm{loc}}(t, \mathbf{x}) \rangle^{(1)} := \sum_n f(\mathbf{x} - \mathbf{x}_n) \int d^3 x'' \mathbf{j}_n(t, \mathbf{x}'') \tag{4.161}$$

$$= \sum_n f(\mathbf{x} - \mathbf{x}_n) \int d^3 x'' (\mathbf{j}_n \cdot \nabla) \mathbf{x}'' \tag{4.162}$$

$$= -\sum_n f(\mathbf{x} - \mathbf{x}_n) \int d^3 x'' (\nabla \cdot \mathbf{j}_n) \mathbf{x}'' \tag{4.163}$$

$$= \sum_n f(\mathbf{x} - \mathbf{x}_n) \int d^3 x'' (\partial_t \rho_n) \mathbf{x}'' \tag{4.164}$$

$$= \partial_t \mathbf{P}(t, \mathbf{x}). \tag{4.165}$$

Für den zweiten Term wollen wir wieder unseren glorreichen Trick (4.63) aus der Magnetostatik anwenden. Hierbei stört uns aber, dass das in der Herleitung von (4.59) benutzte $\nabla \cdot \mathbf{j} = 0$ hier nicht gilt, da unser System sich zeitlich verändern darf und somit $\partial_t \rho$ nicht unbedingt verschwindet. Daher folgt statt (4.62) zunächst

$$\int d^3 x' (x'^l j^k + x'^k j^l) = -\int d^3 x' x'^k x'^l \nabla' \cdot \mathbf{j} = \int d^3 x' x'^k x'^l \partial_t \rho. \tag{4.166}$$

Die rechte Seite ist jedoch die Zeitableitung eines Quadrupolmoments, und wir hatten beschlossen, Quadrupolmomente zu vernachlässigen. An diesem Beschluss halten wir fest und erhalten so unseren Trick (4.63) zurück.

Damit gehen wir auf den zweiten Term von (4.152) los, ganz analog zu den Rechnungen in der Magnetostatik, und bekommen für eine Komponente j_{loc}^k von $\mathbf{j}_{\mathrm{loc}}$:

$$\langle j_{\mathrm{loc}}^k(t, \mathbf{x}) \rangle^{(2)} := -\sum_n \left(\int d^3 x'' \mathbf{x}'' j_n^k(t, \mathbf{x}'') \right) \cdot \nabla f(\mathbf{x} - \mathbf{x}_n) \tag{4.167}$$

$$= -\frac{1}{2} \sum_n \left[\left(\int d^3 x'' \mathbf{x}'' \times \mathbf{j}_n(t, \mathbf{x}'') \right) \times \nabla \right]^k f(\mathbf{x} - \mathbf{x}_n) \tag{}$$

$$= -\sum_n (\boldsymbol{\mu}_n(t) \times \nabla)^k f(\mathbf{x} - \mathbf{x}_n) \tag{4.168}$$

$$= \left(\nabla \times \sum_n \boldsymbol{\mu}_n(t) f(\mathbf{x} - \mathbf{x}_n) \right)^k \tag{4.169}$$

$$= \left(\nabla \times \int d^3x'' \sum_n \mu_n(t)\delta(\mathbf{x}'' - \mathbf{x}_n) f(\mathbf{x} - \mathbf{x}'') \right)^k \qquad (4.170)$$

$$= (\nabla \times \mathbf{M}(t, \mathbf{x}))^k \qquad (4.171)$$

Hierbei ist die **Magnetisierung**

$$\mathbf{M}(t, \mathbf{x}) := \left\langle \sum_n \mu_n(t)\delta(\mathbf{x} - \mathbf{x}_n) \right\rangle \qquad (4.172)$$

die mittlere Dichte der magnetischen Dipolmomente μ_n der gebundenen Ströme.
Beide Terme zusammen ergeben

$$\langle \mathbf{j}_{\mathrm{loc}}(t, \mathbf{x}) \rangle = \partial_t \mathbf{P}(t, \mathbf{x}) + \nabla \times \mathbf{M}(t, \mathbf{x}) \qquad (4.173)$$

Die Maxwell-Gleichung (2.155) wird so zu

$$\nabla \times \langle \mathbf{B}(t, \mathbf{x}) \rangle - \partial_t \langle \mathbf{E}(t, \mathbf{x}) \rangle = \langle \mathbf{j}_{\mathrm{fr}}(t, \mathbf{x}) \rangle + \partial_t \mathbf{P}(t, \mathbf{x}) + \nabla \times \mathbf{M}(t, \mathbf{x}) \qquad (4.174)$$

Fügen wir das Magnetfeld und die Magnetisierung zu einem neuen makroskopischen Feld

$$\mathbf{H}(t, \mathbf{x}) := \langle \mathbf{B}(t, \mathbf{x}) \rangle - \mathbf{M}(t, \mathbf{x}) \qquad (4.175)$$

zusammen und verwenden das bereits definierte Feld $\mathbf{D}$, dann vereinfacht sich die Gleichung zu

$$\nabla \times \mathbf{H}(t, \mathbf{x}) - \partial_t \mathbf{D}(t, \mathbf{x}) = \langle \mathbf{j}_{\mathrm{fr}}(t, \mathbf{x}) \rangle \qquad (4.176)$$

Wir fassen noch einmal zusammen:

Makroskopische Maxwell-Gleichungen in Materie

$$\nabla \cdot \langle \mathbf{B}(t, \mathbf{x}) \rangle = 0 \qquad (4.177)$$

$$\nabla \times \langle \mathbf{E}(t, \mathbf{x}) \rangle + \partial_t \langle \mathbf{B}(t, \mathbf{x}) \rangle = 0 \qquad (4.178)$$

$$\nabla \cdot \mathbf{D}(t, \mathbf{x}) = \langle \rho_{\mathrm{fr}}(t, \mathbf{x}) \rangle \qquad (4.179)$$

$$\nabla \times \mathbf{H}(t, \mathbf{x}) - \partial_t \mathbf{D}(t, \mathbf{x}) = \langle \mathbf{j}_{\mathrm{fr}}(t, \mathbf{x}) \rangle \qquad (4.180)$$

Definition der makroskopischen Felder:

(Fortsetzung)

$$\mathbf{D}(t, \mathbf{x}) := \langle \mathbf{E}(t, \mathbf{x}) \rangle + \mathbf{P}(t, \mathbf{x}) \qquad (4.181)$$

$$\mathbf{H}(t, \mathbf{x}) := \langle \mathbf{B}(t, \mathbf{x}) \rangle - \mathbf{M}(t, \mathbf{x}) \qquad (4.182)$$

Bedeutung von **P** und **M**:

- Polarisation **P**: Dichte elektrischer Dipole
- Magnetisierung **M**: Dichte magnetischer Dipole

Über den Gauß'schen und Stokes'schen Satz folgen aus den makroskopischen Maxwell-Gleichungen bestimmte **Stetigkeitsbedingungen an Grenzflächen** zwischen zwei Medien. An solchen Grenzflächen können sich freie Ladungen und Ströme in einem sehr schmalen Bereich zusammenballen, sogenannte **Oberflächenladungen** und **Oberflächenströme**. Dies geschieht zum Beispiel beim **Influenzieren** von Ladungen auf Metalloberflächen, die das elektrische Feld im Innern komplett neutralisieren. Die Dicke der Schicht aus Ladungen oder Strömen ist dabei oft geringer als die typische Breite Δ einer Mittelungsfunktion, sodass wir aus Sicht der Mittelung von einer „unendlich dünnen" Schicht sprechen können.

Mit einem Volumenelement von infinitesimaler Dicke ϵ bzw. einem Flächenelement von infinitesimaler Breite ϵ an der Grenzfläche (siehe Abb. 4.3) ergeben die Maxwell-Gleichungen nacheinander:

$$(\mathbf{B}_2 - \mathbf{B}_1) \cdot \mathbf{n} = 0, \qquad (4.183)$$

$$(\mathbf{D}_2 - \mathbf{D}_1) \cdot \mathbf{n} = \sigma, \qquad \sigma := \frac{dq}{dF_\parallel},$$

$$(\mathbf{E}_2 - \mathbf{E}_1) \cdot \mathbf{t} = 0,$$

$$(\mathbf{H}_2 - \mathbf{H}_1) \cdot \mathbf{t} = \iota, \qquad \iota := \frac{dI}{dl}.$$

Dabei ist σ die Flächenladungsdichte an der Grenzfläche, ι die Längendichte des Oberflächenstroms senkrecht zur Fläche $F_\perp$, d. h., der Strom pro Längenintervall dl,

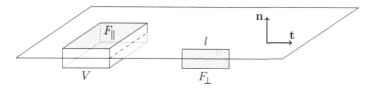

Abb. 4.3 Stetigkeitsbedingungen für die elektromagnetischen Felder an Grenzflächen. Die Sätze von Gauß und Stokes sind für ein dünnes Volumen V bzw. ein schmales Rechteck $F_\perp$ auszuwerten, die jeweils entlang ihrer Mitte von der Grenzfläche durchzogen sind

wobei dl parallel zum Rand von $F_\perp$ und zur Oberfläche liegt, der betrachtete Strom hingegen senkrecht zu $F_\perp$ und parallel zur Oberfläche. Bei der letzten Bedingung haben wir angenommen, dass $\partial_t \mathbf{D}$, im Gegensatz zur Stromdichte ι/ϵ, an der Grenzfläche endlich bleibt. Bei $\mathbf{B}$ und $\mathbf{E}$ haben wir jetzt die „Mittelungsklammern" weggelassen, wie es allgemein üblich ist. (Wenn von elektromagnetischen Feldern in Materie die Rede ist, sind immer die gemittelten Felder gemeint, es sei denn, man schaut sich das Verhalten einzelner Atome an.)

Um die makroskopischen Maxwell-Gleichungen in Materie zu lösen, brauchen wir Informationen über $\mathbf{P}$ und $\mathbf{M}$, sonst haben wir zu viele Unbekannte. Bei den meisten Materialien ist es eine sinnvolle Annahme, dass sich $\mathbf{P}$ bzw. $\mathbf{M}$ parallel zu $\mathbf{E}$ bzw. $\mathbf{B}$ ausrichten. Wenn wir davon ausgehen, dass bereits ohne externes Feld eine gewisse Grundpolarisierung $\mathbf{P}_0$ und Grundmagnetisierung $\mathbf{M}_0$ vorliegt und dass der Effekt der externen Felder eine gewisse Zeit braucht, um weitere Dipole zu bilden bzw. auszurichten, dann erscheint

$$\mathbf{P}(t, \mathbf{x}) = \mathbf{P}_0 + \int dt' \alpha(t - t') \mathbf{E}(t', \mathbf{x}), \qquad (4.184)$$

$$\mathbf{M}(t, \mathbf{x}) = \mathbf{M}_0 + \int dt' \beta(t - t') \mathbf{B}(t', \mathbf{x}), \qquad (4.185)$$

als ein geeigneter Ansatz. Der erweist sich bei ferroelektrischen und ferromagnetischen Substanzen als erfolgreich, wo die Zeitabhängigkeit die sogenannten Hysteresis-Effekte beschreibt.

In vielen Materialien ist der Zusammenhang aber noch einfacher und der Zeitverzug kann vernachlässigt werden. Dort ist dann $\mathbf{P}$ bzw. $\mathbf{M}$ einfach proportional zu $\mathbf{E}$ bzw. $\mathbf{B}$:

$$\mathbf{P} = \chi_e \mathbf{E}, \qquad \mathbf{M} = \frac{\chi_m}{1 + \chi_m} \mathbf{B} \qquad (4.186)$$

Dabei sind χ_e und χ_m die **elektrische** bzw. **magnetische Suszeptibilität** des jeweiligen Materials. Die umständlichere Form der Beziehung für $\mathbf{M}$ hat historische Gründe (man hielt $\mathbf{H}$ für das „eigentliche" Magnetfeld). Damit ergeben sich auch Proportionalitäten zwischen $\mathbf{D}$ und $\mathbf{E}$ sowie zwischen $\mathbf{H}$ und $\mathbf{B}$.

$$\mathbf{D} = \varepsilon \mathbf{E}, \qquad \varepsilon = 1 + \chi_e, \qquad (4.187)$$

$$\mathbf{H} = \frac{1}{\mu} \mathbf{B}, \qquad \mu = 1 + \chi_m \qquad (4.188)$$

Die Materialkonstanten ε und μ heißen **Dielektrizitätskonstante** bzw. **Permeabilitätskonstante**. In Substanzen, die solch einen einfachen Zusammenhang zwischen den makroskopischen und mikroskopischen Feldern zulassen, enthalten die makroskopischen Maxwell-Gleichungen im Vergleich zu den mikroskopischen nur die zusätzlichen Faktoren ε und μ. Dies wollen wir gleich in der Optik nutzen.

Es gibt natürlich noch viel mehr zur Elektrodynamik in Materie zu sagen. Eine naheliegende Fragestellung ist, wie die Energie- und Impulsdichte in den makroskopischen Feldern ausgedrückt wird. Damit hängt auch die Frage zusammen, ob bei der Lorentz-Kraft in Materie ebenfalls die **D**- und **H**-Felder ins Spiel kommen. Ein weiteres Thema sind die verschiedenen Arten, wie Dipole in Materie gebildet werden und sich ausrichten, was zur Unterscheidung zwischen verschiedenen Typen von Materialien führt: Dia-, Para- und Ferromagneten, Dia-, Para- und Ferroelektrika. All diese Themen möchte ich hier jedoch um der Kürze willen übergehen und verweise Sie auf die Literatur, insbesondere Bartelmann et al. (2018). Hier soll hingegen noch die Ausbreitung elektromagnetischer Wellen in Materie diskutiert werden, sowie die dabei auftretenden Reflektions- und Brechungseffekte.

4.5 Optik

4.5.1 Wellen in nichtleitenden Medien

In nichtleitenden Medien (was gleichbedeutend damit ist, zu sagen, dass es darin keine freien Ladungen gibt) können sich auch elektromagnetische Wellen ausbreiten, allerdings mit feinen Unterschieden, die für die technischen Errungenschaften der Optik wie etwa Brillen, Mikroskope und Fernrohre grundlegend sind.

Nehmen wir an, das Material ist so beschaffen, dass darin die einfachen Proportionalitäten (4.187) und (4.188) gelten. Dann lauten die makroskopischen Maxwell-Gleichungen (mit $\rho_{\mathrm{fr}} = \mathbf{j}_{\mathrm{fr}} = 0$)

$$\nabla \cdot \mathbf{E} = \nabla \cdot \mathbf{B} = 0, \tag{4.189}$$

$$\nabla \times \mathbf{E} + \partial_t \mathbf{B} = 0, \tag{4.190}$$

$$\frac{1}{\mu}\nabla \times \mathbf{B} - \varepsilon \partial_t \mathbf{E} = 0. \tag{4.191}$$

Da wir für die makroskopischen Felder keinen Tensor $F_{\mu\nu}$ zur Verfügung haben, müssen wir die Wellengleichung auf die umständliche Weise herleiten: Man nehme die Rotation von (4.190), verwende

$$\nabla \times (\nabla \times \mathbf{E}) = \nabla(\nabla \cdot \mathbf{E}) - \nabla^2 \mathbf{E} = -\nabla^2 \mathbf{E} \tag{4.192}$$

und gleiche dies mit der zeitlichen Ableitung von (4.191) ab. Das Ergebnis ist

$$-\varepsilon\mu\partial_t^2 \mathbf{E} + \nabla^2 \mathbf{E} = 0. \tag{4.193}$$

Die gleiche Prozedur mit der Rotation von (4.191) und der Zeitableitung von (4.190) führt zu

$$-\varepsilon\mu\partial_t^2 \mathbf{B} + \nabla^2 \mathbf{B} = 0. \tag{4.194}$$

Diese Wellengleichungen sind erfreulich symmetrisch und gleichen denen im Vakuum bis auf den Faktor $\varepsilon\mu$. Der Ansatz

$$\mathbf{E}(t, \mathbf{x}) = \mathbf{E}_0 \sin(\mathbf{k} \cdot \mathbf{x} - \omega t + \varphi_1), \tag{4.195}$$

$$\mathbf{B}(t, \mathbf{x}) = \mathbf{B}_0 \sin(\mathbf{k} \cdot \mathbf{x} - \omega t + \varphi_2)$$

führt zur **Dispersionsrelation**

$$\omega^2 = \frac{\mathbf{k}^2}{n^2}, \qquad n := \sqrt{\varepsilon\mu}, \tag{4.196}$$

wobei n der **Brechungsindex** des Mediums ist. Die Konsequenz dieser Relation ist, dass sich Wellenberge jetzt mit der Geschwindigkeit $v_{\mathrm{ph}} = 1/n$ statt mit der Lichtgeschwindigkeit 1 bewegen. Da die Ausbreitung von Signalen mit Überlichtgeschwindigkeit strengstens verboten ist, folgt, dass n für alle Materialien größer als 1 sein muss. Man bezeichnet n auch als **optische Dichte**, so dass bei zwei Substanzen mit $n_1 < n_2$ die erste **optisch dünner**, die zweite **optisch dichter** ist. Das Subscript „ph" von v heißt, dass wir hier von einer **Phasengeschwindigkeit** sprechen, also der Geschwindigkeit, mit der sich Wellenabschnitte gleicher Phase fortbewegen.

Einsetzen der Lösung (4.195), (4.196) in die Maxwell-Gleichungen (4.189)–(4.191) gibt uns die Beziehungen zurück, die wir bereits aus dem Vakuum-Fall kennen, nur an einer Stelle kommt ein Faktor n^2 hinzu:

$$\varphi_1 = \varphi_2, \tag{4.197}$$

$$\mathbf{k} \cdot \mathbf{E} = \mathbf{k} \cdot \mathbf{B} = 0, \tag{4.198}$$

$$\mathbf{k} \times \mathbf{E} = \omega\mathbf{B}, \qquad \mathbf{k} \times \mathbf{B} = -n^2\omega\mathbf{E}. \tag{4.199}$$

4.5.2 Reflektion und Brechung

Interessante Effekte ergeben sich, wenn eine Welle von einem Medium mit Berechungsindex n in ein anderes mit Brechungsindex n' übergeht. In diesem Fall kommt es zu Relektion und Brechung: ein Teil der Welle wird an der Grenzfläche reflektiert, der Rest geht ins andere Medium über, aber in einem anderen Winkel („Brechung"). Wir nehmen fürs erste an, dass die Grenzfläche eben ist, nämlich die (x, y)-Ebene (also $z = 0$). Deren Normalenvektor n ist dann $\mathbf{e}_z$. Das **E**-Feld der einlaufenden Welle sei

$$\mathbf{E}(t, \mathbf{x}) = \mathbf{E}_0 \sin(\mathbf{k} \cdot \mathbf{x} - \omega t + \varphi), \tag{4.200}$$

das der gebrochenen

$$\mathbf{E}'(t, \mathbf{x}) = \mathbf{E}_0' \sin(\mathbf{k}' \cdot \mathbf{x} - \omega t + \varphi), \qquad (4.201)$$

das der reflektierten

$$\mathbf{E}''(t, \mathbf{x}) = \mathbf{E}_0'' \sin(\mathbf{k}'' \cdot \mathbf{x} - \omega t + \varphi), \qquad (4.202)$$

Die zugehörigen **B**-Felder sind durch (4.199) bestimmt. Die Stetigkeitsbedingungen (4.183) müssen zu allen Zeiten und an allen Orten auf der Grenzfläche erfüllt sein, und zwar mit $\sigma = \iota = 0$, da wir laut Voraussetzung keine freien Ladungen haben. Daher haben wir von vorherein angenommen, dass die Frequenz ω und auch die Phase φ für alle drei Wellen identisch sind, da sonst durch Phasenverschiebung mal der eine, mal der andere Teil der Welle stärker präsent wäre und so unmöglich zu allen Zeiten alles zusammenpassen könnte.

Dass die Phasenübereinstimmung zwischen den drei Wellen für alle Punkte auf der Grenzfläche gegeben ist, erfordert außerdem

$$\mathbf{k} \cdot \mathbf{x} = \mathbf{k}' \cdot \mathbf{x} = \mathbf{k}'' \cdot \mathbf{x} \qquad (4.203)$$

für Ortsvektoren $\mathbf{x} = (x, y, 0)$, die auf der Grenzfläche liegen. Daraus folgt zunächst, dass $\mathbf{k}$, $\mathbf{k}'$, $\mathbf{k}''$ und $\mathbf{n}$ in einer Ebene liegen. Denn wenn wir $\mathbf{k}$ benutzen, um die Richtung der x-Achse festzulegen, $\mathbf{k} = (k_x, 0, k_z)$, dann können nach (4.203) auch $\mathbf{k}'$ und $\mathbf{k}''$ keinen Anteil in y-Richtung haben. Die Richtungen von $\mathbf{k}$, $\mathbf{k}'$ und $\mathbf{k}''$ sind dann durch die Winkel θ, θ' bzw. θ'' festgelegt, die sie mit der z-Achse einschließen (siehe Abb. 4.4).

Abb. 4.4 Reflektion und Brechung an der Grenzfläche zwischen zwei Medien. Die Vektoren **k**, $\mathbf{k}'$ und $\mathbf{k}''$ gehören zur einlaufenden, gebrochenen bzw. reflektierten Welle

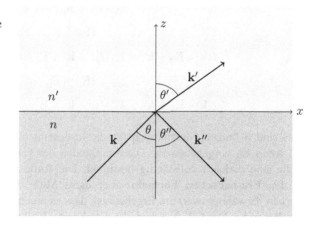

Aus (4.203) folgt dann weiter für die x-Komponenten $k_x = k'_x = k''_x$ und somit

$$|\mathbf{k}| \sin\theta = |\mathbf{k}'| \sin\theta' = |\mathbf{k}''| \sin\theta''. \tag{4.204}$$

Die Dispersionsrelationen sind

$$|\mathbf{k}| = |\mathbf{k}''| = n\omega, \qquad |\mathbf{k}'| = n'\omega. \tag{4.205}$$

Beides zusammen ergibt:

- „Einfallswinkel gleich Ausfallswinkel": $\theta = \theta''$ sowie
- das **Brechungsgesetz**: $\sin\theta' = (n/n')\sin\theta$.

Für $\sin\theta > (n'/n)$ lässt sich das Brechungsgesetz offensichtlich nicht erfüllen, woraus folgt, dass für $n' < n$ und

$$\theta > \arcsin\frac{n'}{n} \tag{4.206}$$

der gebrochene Anteil verschwindet: Es herrscht **Totalreflektion**.

All dies folgte allein aus der Forderung, dass die drei Wellen an der Grenzfläche in gleicher Phase sein müssen. Soweit haben wir noch gar nicht über Intensitäten und die Vektoren $\mathbf{E}_0$, $\mathbf{E}'_0$ und $\mathbf{E}''_0$ gesprochen. Dies erfordert, dass wir die Stetigkeitsbedingungen (4.183) ausschreiben, wobei wir $\mathbf{D}$, $\mathbf{B}$ und $\mathbf{H}$ über (4.187), (4.199) und (4.188) durch $\mathbf{E}$ ausdrücken:

$$(\mathbf{k} \times \mathbf{E}_0 + \mathbf{k}'' \times \mathbf{E}''_0 - \mathbf{k}' \times \mathbf{E}'_0) \cdot \mathbf{e}_z = 0 \tag{4.207}$$

$$(\varepsilon(\mathbf{E}_0 + \mathbf{E}''_0) - \varepsilon'\mathbf{E}'_0) \cdot \mathbf{e}_z = 0 \tag{4.208}$$

$$(\mathbf{E}_0 + \mathbf{E}''_0 - \mathbf{E}'_0) \cdot \mathbf{e}_x = 0 \tag{4.209}$$

$$((\mathbf{k} \times \mathbf{E}_0 + \mathbf{k}'' \times \mathbf{E}''_0)/\mu - \mathbf{k}' \times \mathbf{E}'_0/\mu') \cdot \mathbf{e}_x = 0 \tag{4.210}$$

$$(\mathbf{E}_0 + \mathbf{E}''_0 - \mathbf{E}'_0) \cdot \mathbf{e}_y = 0 \tag{4.211}$$

$$((\mathbf{k} \times \mathbf{E}_0 + \mathbf{k}'' \times \mathbf{E}''_0)/\mu - \mathbf{k}' \times \mathbf{E}'_0/\mu') \cdot \mathbf{e}_y = 0 \tag{4.212}$$

Dies sind 6 lineare Gleichungen für die insgesamt 6 Komponenten von $\mathbf{E}'_0$ und $\mathbf{E}''_0$, wenn $\mathbf{E}_0$ vorgegeben ist. Die Amplituden der gebrochenen und reflektierten Welle sind dadurch vollständig bestimmt. Die Auflösung der Gleichungen führt zu den **Fresnel'schen Formeln**, aber diese Mühe wollen wir uns hier nicht machen. Erwähnenswert am Ergebnis ist, dass es einen bestimmten Winkel θ gibt, den **Brewster-Winkel**, bei dem die reflektierte Welle vollständig in y-Richtung polarisiert ist, d. h., $\mathbf{E}''_0$ ist parallel zu $\mathbf{e}_y$. Dies kann zur Herstellung polarisierten Lichts ausgenutzt werden.

Soweit haben wir den Fall einer ebenen Grenzfläche besprochen. All dies gilt aber auch lokal an gekrümmten Oberflächen, solange der Krümmungsradius deutlich größer als die Wellenlänge ist, was für sichtbares Licht mit Wellenlängen um 500 nm keine allzu große Einschränkung bedeutet. Die θ-Winkel sind dann an jedem Punkt der Oberfläche relativ zum lokalen Normalenvektor zu verstehen, sodass derselbe Lichtstrahl an unterschiedlichen Stellen der Oberfläche unterschiedlich gebrochen und reflektiert wird. Dies kann bei der Herstellung von **Linsen**, bei denen das Licht an einer Grenzfläche ein und an der anderen austritt, durch geeignete Krümmungen ausgenutzt werden, um Lichtstrahlen auf bestimmte Weise zu bündeln, zu fokussieren oder umzulenken. Der Brechungsindex von Glas liegt in der Nähe von 1,5 und ist bestens geeignet, um solche Effekte zu erzielen, die beispielsweise in Mikroskopen oder Fernrohren genutzt werden können. Aber auch die Linsen in unseren Augen aus reinem Biomaterial nutzen den gleichen Mechanismus und sind ein echtes Meisterwerk der Evolution. Unerwünschte Verformungen einer solchen Linse wiederum kann man durch Brillen ausgleichen, die auch wieder auf die gleiche Weise funktionieren.

4.5.3 Dispersive und leitende Medien

Weitere Effekte ergeben sich in **dispersiven Medien**, bei denen der Brechungsindex von der Wellenlänge, also von $k := |\mathbf{k}|$ abhängt:

$$\omega(k) = \frac{k}{n(k)}. \tag{4.213}$$

Das Licht, dem wir im Alltag begegnen, ist nur in seltenen Fällen monochromatisch, sondern fast immer aus mehreren Wellenlängen zusammengesetzt. In dispersiven Medien bedeutet das, dass die einzelnen Anteile sich mit unterschiedlicher Geschwindigkeit ausbreiten und an Grenzflächen unterschiedlich gebrochen werden. Dies wird in *Prismen* genutzt, um die einzelnen Farbanteile zu separieren. Auch der Regenbogen beruht auf einem solchen Effekt.

Im Zusammenhang mit dispersiven Medien wollen wir noch den Begriff der Gruppengeschwindigkeit einführen. Den erläutert man allerdings am besten anhand einer komplexwertigen Welle mit nur einer Raumdimension. Sei also $f(t, x)$ eine komplexwertige Funktion, die zum Zeitpunkt $t = 0$ die Fouriertransformierte $\tilde{f}(k)$ hat:

$$f(0, x) = \frac{1}{2\pi} \int_{-\infty}^{\infty} dk\, \tilde{f}(k) e^{ikx}, \tag{4.214}$$

$$\tilde{f}(k) = \int_{-\infty}^{\infty} dx\, f(0, x) e^{-ikx}. \tag{4.215}$$

Jede Fourier-Komponente pflanze sich mit der Frequenz $\omega(k)$ fort, also

$$f(t, x) = \frac{1}{2\pi} \int_{-\infty}^{\infty} dk \, \tilde{f}(k) e^{i[kx - \omega(k)t]}. \tag{4.216}$$

Die *Phasengeschwindigkeit* jeder Komponente ist also durch

$$v_{\text{ph}}(k) = \frac{\omega(k)}{k} \tag{4.217}$$

gegeben. Wenn nun $\tilde{f}(k)$ ein Maximum bei $k = k_0$ hat und die Beiträge zu $\tilde{f}(k)$ sich auf ein relativ schmales k-Intervall um k_0 herum beschränken, können wir $\omega(k)$ in eine Taylorreihe um k_0 entwickeln:

$$\omega(k) = \omega(k_0) + \left.\frac{d\omega}{dk}\right|_{k_0} (k - k_0) + \frac{1}{2}\left.\frac{d^2\omega}{dk^2}\right|_{k_0} (k - k_0)^2 + \cdots \tag{4.218}$$

$$=: \omega_0 + v_g (k - k_0) + \gamma (k - k_0)^2 + \cdots. \tag{4.219}$$

Wenn wir das nur bis zur linearen Ordnung in (4.216) einsetzen, ergibt das

$$f(t, x) \approx e^{i(v_g k_0 - \omega_0 t)} \int_{-\infty}^{\infty} dk \, \tilde{f}(k) e^{ik(z - v_g t)}. \tag{4.220}$$

Der erste Faktor ist eine räumlich konstante Phase, die mit der Frequenz ω_0 oszilliert. Das Integral hingegen gibt die ursprüngliche Form (4.214) von $f(0, z)$ wieder, nur um $v_g t$ verschoben. In dieser Näherung behält f also seine Form bei und bewegt sich mit der **Gruppengeschwindigkeit**

$$v_g = \left.\frac{d\omega}{dk}\right|_{k_0}. \tag{4.221}$$

Der nächste Term in der Taylor-Entwicklung (4.218) enthält die Ableitung

$$\gamma = \frac{1}{2}\left.\frac{d^2\omega}{dk^2}\right|_{k_0}. \tag{4.222}$$

Dies ist der sogenannte **Dispersionsparameter**. Bezieht man diesen Term in (4.220) mit ein, dann beschreibt er, wie sich f langfristig verformt und in der Regel „auseinanderläuft", da sich die einzelnen Komponenten mit unterschiedlichen Geschwindigkeiten bewegen.

Angewandt auf die Felder einer elektromagnetischen Welle in einem dispersiven Medium kann f für eine Komponente des **E**- oder **B**-Feldes stehen, und x entspräche der Richtung von **k**. Da die Felder reell sind, ist nur der Realteil von f zu berücksichtigen, wodurch sich zusätzliche Oszillationen der Amplituden ergeben. Es ist nicht ungewöhnlich, dass elektromagnetische Wellen sich aus einem schmalen Frequenzband um eine Frequenz ω_0 zusammensetzen. Denn die Übergänge zwischen quantenmechanischen Energiezuständen der Atome und Moleküle gehen mit der Abstrahlung einer charakteristischen Frequenz einher. Diese wird dann durch den Dopplereffekt etwas „verschmiert", der aus der zufälligen Wärmebewegung der Teilchen resultiert.

Wenn ein Medium freie Ladungen enthält, dann werden diese durch ein angelegtes E-Feld in Bewegung gesetzt und es entsteht ein Strom: Das Medium ist leitend. Die Stromstärke ist typischerweise proportional zu $\mathbf{E}$ (**Ohm'sches Gesetz**),

$$\mathbf{j} = \sigma \mathbf{E}. \tag{4.223}$$

Der Proportionalitätsfaktor σ heißt **Leitfähigkeit** (nicht zu verwechseln mit der Flächenladungsdichte σ) und hängt vom Material und der Temperatur ab. Setzen wir diesen Strom in die makroskopischen Maxwell-Gleichungen ein, wobei wir weiter $\mathbf{D} = \varepsilon \mathbf{E}$ und $\mathbf{H} = \mathbf{B}/\mu$ annehmen, erhalten wir

$$\nabla \cdot \mathbf{E} = \nabla \cdot \mathbf{B} = 0, \tag{4.224}$$

$$\nabla \times \mathbf{E} + \partial_t \mathbf{B} = 0, \tag{4.225}$$

$$\frac{1}{\mu} \nabla \times \mathbf{B} - \varepsilon \partial_t \mathbf{E} = \sigma \mathbf{E}. \tag{4.226}$$

Dabei nehmen wir an, dass die Ströme nicht zu lokalen Ladungsüberschüssen ρ führen: $\nabla \cdot \mathbf{j} = \nabla \cdot \mathbf{E} = 0$. Durchlaufen wir nun die gleiche Prozedur wie oben, um die Wellengleichungen aus den Maxwell-Gleichungen abzuleiten, ergeben sich diesmal die – weiterhin in $\mathbf{E}$ und $\mathbf{B}$ symmetrischen – **Telegraphengleichungen**

$$-\varepsilon \mu \partial_t^2 \mathbf{E} + \nabla^2 \mathbf{E} - \mu \sigma \partial_t \mathbf{E} = 0, \tag{4.227}$$

$$-\varepsilon \mu \partial_t^2 \mathbf{B} + \nabla^2 \mathbf{B} - \mu \sigma \partial_t \mathbf{B} = 0, \tag{4.228}$$

was, wie Sie noch aus der Mechanik wissen sollten, eine gedämpfte Schwingung beschreibt. Der Ansatz

$$\mathbf{E}(t, \mathbf{x}) = \mathbf{E}_0 \, \mathrm{Re}(e^{i(\mathbf{k} \cdot \mathbf{x} - \omega t)}) \tag{4.229}$$

führt zu der Dispersionsrelation

$$\mathbf{k}^2 = \omega^2 \mu (\varepsilon + i \frac{\sigma}{\omega}) \tag{4.230}$$

Der Imaginärteil

$$\beta := \mathrm{Im}\sqrt{\mathbf{k}^2} = \mathrm{Im}\sqrt{\omega \mu (\omega \varepsilon + i \sigma)} \tag{4.231}$$

beschreibt in (4.229) das exponentielle Abklingen der Welle beim Eindringen in das Material:

$$E(t, \mathbf{x}) = \mathbf{E}_0\, e^{-\beta \mathbf{e}_k \cdot \mathbf{x}} \cos(\mathrm{Re}(\mathbf{k}) \cdot \mathbf{x} - \omega t), \tag{4.232}$$

wobei $\mathbf{e}_k$ der Einheitsvektor in Ausbreitungsrichtung der Welle ist. Je größer σ ist, desto weniger dringt die Welle in das leitende Medium ein. Die Ströme, die sich durch das $\mathbf{E}$-Feld bilden, schwächen über Gl. (4.226) die Ausschläge der Felder ab. Mit freien Ladungen gibt es keine Wellen, die sich über größere Distanzen ausbreiten.

4.6   Elektrotechnik

Die Elektrodynamik ist nicht nur eine wunderschöne Theorie, sondern auch extrem nützlich. Ein Großteil der Technik, mit der wir uns umgeben, beruht auf ihr. In diesem letzten Unterkapitel wollen wir versuchen, eine Brücke zwischen Theorie und technischer Anwendung zu schlagen. (Die bisherigen „Anwendungen" in diesem Kapitel waren ja selbst eher theoretischer Natur, abgesehen von den Linsen im Abschnitt über Optik.)

4.6.1   Erzeugung von elektrischem Strom

Wenn wir von Elektrotechnik sprechen, meinen wir damit fast immer eine Technik, die sich irgendwie den elektrischen Strom zunutze macht. Wie wir gelernt haben, erzeugt man elektrischen Strom mit Hilfe der Lorentz-Kraft, insbesondere mit dem elektrischen Teil davon, $\mathbf{F} = q\mathbf{E}$. Wir brauchen also ein elektrisches Feld, um einen elektrischen Strom zu erzeugen. Und wie erzeugt man ein elektrisches Feld? Nach den Maxwell-Gleichungen braucht man dazu entweder elektrische Ladungen, genauer gesagt, einen Überschuss an positiven oder negativen Ladungen an einer Stelle oder in einem bestimmten Gebiet, oder man braucht ein zeitabhängiges Magnetfeld. Und wie erzeugt man so einen Ladungsüberschuss oder ein zeitabhängiges Magnetfeld? Durch elektrischen Strom. Und wie erzeugt man diesen Strom? Durch elektrische Felder . . .

Irgendwo in diesem Kreislauf müssen wir uns einklinken, wenn wir diese Dinge unter unsere menschlich-technische Kontrolle bringen wollen. Dass wir das überhaupt können, verdanken wir im Wesentlichen zwei glücklichen Umständen, die uns zwei Möglichkeiten eröffnen, Strom bzw. Spannung zu erzeugen und zu kontrollieren:

1. Bei unterschiedlichen Elementen haben die äußeren Elektronen unterschiedliche Bindungsenergien.
2. Es gibt Ferromagneten.

Der erste Umstand ist natürlich Grundlage für die gesamte Chemie. Aber im aktuellen Zusammenhang erlaubt er uns die Konstruktion von Batterien, die letztlich auf dem Prinzip der **galvanischen Zelle** beruhen: Man nimmt zwei Metalle, sagen wir Zink und Kupfer, von denen das eine (Kupfer) „edler" ist als das andere, bei dem also die Atome ihre äußeren Elektronen weniger leicht abgeben als die Atome des anderen. Aus jedem der beiden Metalle konstruiert man einen Stab, den man in eine passende Lösung stellt; beispielsweise den Zinkstab in eine Zinksulfat- und den Kupferstab in eine Kupfersulfat-Lösung. Dann entsteht aufgrund der unterschiedlichen chemischen Bindungsenergie der Elektronen ein initialer Strom (es ist also chemische Bindungsenergie, die in elektrische Energie umgewandelt wird): positiv geladene Zink-Ionen verlassen den Zinkstab und schließen sich der Zinksulfat-Lösung an. Dadurch entsteht im Zinkstab ein Überschuss an Elektronen, die ein elektrisches Feld erzeugen und sich dadurch abstoßen. Verbindet man nun den Zink- und den Kupferstab durch einen Draht, dann fließen Elektronen von der Zink- zur Kupferseite, wo die ankommenden Elektronen positiv geladene Kupfer-Ionen aus der Kupfersulfat-Lösung „fischen" und als neutrales Kupfer an den Stab binden. Wenn nun noch eine Verbindung zwischen den beiden Lösungen hergestellt wird, die den Sulfat-Ionen gestattet, von der Kupfer- auf die Zinkseite zu wechseln, dann ist der Stromkreislauf geschlossen. An den Draht, der die beiden Stäbe miteinander verbindet, kann man nun Geräte anschließen (zum Beispiel Froschschenkel, wie Galvani es tat), die einen Teil der Energie der wandernden Elektronen abgreifen.

Der andere Mechanismus, mit dem die meisten Kraftwerke Wechselspannungen erzeugen, besteht darin, einen Magneten in einer Anordnung von Leiterschleifen zu rotieren, so dass der magnetische Fluss durch die Schleifen gleichmäßig oszilliert und dadurch nach dem Faraday'schen Induktionsgesetz (2.175) eine mit der gleichen Frequenz oszillierende Spannung induziert. Alternativ kann man auch die Leiterschleifen um den Magneten rotieren lassen, das kommt auf das Gleiche heraus. Es wird also Rotationsenergie in elektrische Energie umgesetzt. Eine Maschine, die diese Umsetzung vornimmt, nennt man einen **Generator**.

Die Rotationsenergie ihrerseits muss anderswo herkommen. Wir können natürlich selbst am Rad drehen (wie beim Fahrrad-Dynamo), aber meist wird dafür die Strömung einer Flüssigkeit oder eines Gases genutzt. Beim Windrad oder bei einem Wasserkraftwerk werden diese Strömungen direkt aus der „Natur" abgegriffen. Bei Wärmekraftwerken hingegen wird zunächst Wärme erzeugt, z. B. durch Verbrennung von Öl, Gas, Kohle oder Müll, oder durch kontrollierte Kernspaltung (Kernkraftwerk). Die Wärme wird dann zur Erzeugung von Dampf genutzt, der durch eine **Turbine** getrieben wird, die die Bewegungsenergie des Dampfs in Rotation umwandelt. Die Reihenfolge der Energieformen, die in so einem Fall ineinander überführt werden, lautet also:

1. chemische oder Kernenergie
2. Wärme
3. kinetische Energie von Dampf
4. Rotationsenergie
5. elektrische Energie

Von den Grundlagen dieser Methoden werden Sie wohl schon gehört haben, aber ich möchte hier Ihre Aufmerksamkeit auf den erfreulichen Umstand lenken, dass **Ferromagneten** *existieren*. Ohne diese wäre das ganze Vorgehen nicht effektiv. Denn dann müsste man nicht nur die ganze Zeit Rotationsenergie zuführen, sondern auch noch eine signifikante Energiemenge aufwenden, um das magnetische Feld aufrecht zu erhalten, das im Generator rotiert wird. Es gibt eine Reihe von ferromagnetischen Substanzen (darunter natürlich Eisen), die dadurch charakterisiert sind, dass erstens ihre Magnetisierung sehr stark ist, und bei denen zweitens der Zusammenhang (4.186) für die Magnetisierung nicht gilt, sondern eine zeitliche Abhängigkeit vom Typ (4.185) besteht. Die Magnetisierung bleibt dann auch noch für einige Zeit erhalten, nachdem das **B**-Feld, das sie erzeugt hat, bereits verschwunden ist. Diese beiden Eigenschaften kann man geschickt nutzen, um den Aufwand, das Magnetfeld im Generator in Gang zu halten, zu minimieren. Zum einen durch Dauermagneten: Bei bestimmten Materialkombinationen ist die Zeit, die die Magnetisierung erhalten bleibt, sehr lang, so dass sie ein dauerhaftes eigenes Magnetfeld erzeugen. So einen Dauermagneten könnte man in einem Generator rotieren lassen. Allerdings gibt es noch eine bessere Methode: den **dynamoelektrischen Effekt**, der besagt, dass man eine kleine Restmagnetisierung von Eisen beim Starten eines Generators durch positive Rückkopplung so verstärken kann, dass der rotierende Elektromagnet, der dieses Eisen als Kern enthält, ohne Zufuhr von externem Strom betrieben werden kann. Die Details dieses Effekts gehen über den Rahmen dieses Buchs hinaus, aber vielleicht haben Sie Interesse, sich aus anderen Quellen darüber zu informieren.

Eine dritte, etwas neuere Methode, Strom zu erzeugen, ist die **Photovoltaik**. Hier wird die elektromagnetische Energie des Sonnenlichts dazu genutzt, Elektronen eines Halbleiters ins Leitungsband zu „heben". Durch geeignete Dotierungsmuster werden diese Elektronen als Strom nutzbar gemacht. Die Details gehen auch hier über den Rahmen dieses Buchs hinaus. Was aus meiner Sicht zu betonen ist, ist, dass es wieder bestimmte Materialeigenschaften sind, diesmal die von dotierten Halbleitern, die einen solchen Prozess ermöglichen. Ohne solche ganz speziellen Materialien bliebe die Elektrodynamik eine wunderschöne Theorie. Aber es wäre unmöglich, aus ihr in dem Umfang auch praktischen Nutzen zu ziehen, wie wir es heute tun.

Die Erzeugung von Strom ist immer an die Erzeugung einer **Spannung** gekoppelt. Es ist ein elektrisches Feld, das die freien Elektronen dazu bringt, sich von A nach B zu bewegen, und dieses elektrische Feld geht mit einem elektrischen Potential ϕ einher. Die „Spannung, die zwischen A und B anliegt", ist die Potentialdifferenz $U = \phi(B) - \phi(A)$. (Da die Elektronen negativ geladen sind, bewegen sie sich vom niedrigeren zum höheren Potentialwert.) Auf dem Weg nimmt das Elektron also die Energiemenge $\delta E = eU$ auf, das ist die Arbeit $\delta E = W = e \int \mathbf{E} \cdot d\mathbf{x}$, die das elektrische Feld an dem Elektron verrichtet. In SI-Einheiten wird die Spannung in Volt (V) gemessen. Ein Volt ist ein Joule pro Coulomb (1 V = 1 J/C).

Es sind die Spannungen, die in unserem Stromnetz genormt sind. Ein Gerät, das wir ans Stromnetz anschließen, muss sich darauf verlassen können, dass zwischen den beiden Polen der Steckdose eine Wechselspannung mit einer Amplitude von etwa $\sqrt{2} \cdot 230$ V anliegt (die 230 V sind der sog. Effektivwert). Wieviele Elektronen sich dann wie schnell durch das angeschlossene Gerät bewegen, wie groß also die Stromstärke wird, hängt von dem Gerät ab.

4.6.2 Widerstand, Kondensator, Spule

Wenn Elektronen die Strecke von A nach B im leeren Raum zurücklegen, dann wird die gesamte elektrische Energie eU, die sie auf dem Weg aufnehmen, in kinetische Energie umgewandelt. Wir können leicht ausrechnen, wie schnell sie bei einer Spannung von 230 V werden, wenn wir die Elemantarladung $e = 1,6 \cdot 10^{-19}$ C und die Elektronenmasse $m_e = 9,1 \cdot 10^{-31}$ kg einsetzen:

$$eU = \frac{1}{2} m_e v^2 \quad \Rightarrow \quad v \approx 9000 \text{ km/s.} \tag{4.233}$$

Tatsächlich sind die meisten Menschen erstaunt, wenn sie erfahren, dass die Driftgeschwindigkeit der freien Elektronen in typischen Drähten bei dieser Spannung nur einige Zentimeter pro Stunde (!) beträgt. Bei einer Wechselspannung wackeln sie im Durchschnitt sogar nur um etwa einen Mikrometer hin und her. Es ist also nicht so, dass das einzelne Elektron vom Minuspol kommend das Gerät durchquert und nach Sekundenbruchteilen im momentanen Pluspol der Steckdose wieder verschwindet. Der Strom besteht vielmehr darin, dass all die freien Elektronen entlang der Verbindung *gemeinsam* dieses Wackeln unternehmen.

Warum bleiben die Elektronen in den Drähten so langsam? Das liegt an einer Art Reibung, die sie auf dem Weg erfahren und die dafür sorgt, dass ein großer Anteil der aufgenommenen Energie als Wärme abgegeben wird. In einem klassischen Bild (also einem Bild, das die Tücken der Quantenmechanik vermeidet) könnte man sagen: Die Elektronen stoßen ständig mit anderen Elektronen und mit Atomrümpfen zusammen. Wenn der Draht sehr dünn ist, kann die abgegebene Wärme so groß sein, dass er zu glühen beginnt. So funktioniert die Glühbirne.

Ein Maß für die Stärke dieser Reibung ist der **spezifische Widerstand** eines Materials. Der elektrische Widerstand R ist, wie Sie wissen, definiert als Spannung pro Stromstärke, $R = U/I$ und wird in Ohm (Ω) gemessen. Ein Ohm ist ein Volt pro Ampere (1 Ω= 1 V/A). Bei gegebener Spannung ist der Strom proportional zur Querschnittsfläche F des Drahtes, durch den er fließt (mehr Fläche bedeutet entsprechend mehr freie Elektronen pro Drahtlänge, die zur Verfügung stehen). Vergrößert man die Drahtlänge l, die Plus- und Minuspol verbindet, dann verringert sich dementsprechend das elektrische Feld und somit auch die Stromstärke. Für einen Leiter aus einem gegebenen Material und bei gegebener Temperatur kann man demzufolge einen spezifischen Widerstand ρ (nicht zu verwechseln mit der Ladungsdichte) definieren als Widerstand mal Fläche pro Länge,

$$\rho = R \frac{F}{l} = \frac{UF}{Il}. \tag{4.234}$$

Meist wird er in Ω mm^2/m angegeben. Für Kupfer beträgt er beispielsweise bei einer Temperatur von 20°C:

$$\rho(\text{Cu}) = 0.017 \frac{\Omega\,\text{mm}^2}{\text{m}}. \tag{4.235}$$

Wegen $U/l = |\mathbf{E}|$ und $I/F = |\mathbf{j}|$ ist ρ gerade das Inverse der Leitfähigkeit σ aus Gl. (4.223).

Hat man erst einmal eine brauchbare Strom- bzw. Spannungsquelle und ein paar Drähte bzw. Kabel aus einem geeigneten leitenden Material, dann braucht man noch elektronische Bauteile, um mit der elektrischen Energie etwas (mehr oder weniger) Sinnvolles anzufangen. Zu den einfachsten und wichtigsten gehören sicherlich der Kondensator und die Spule.

In seiner einfachsten Form, dem **Plattenkondensator**, besteht der Kondensator aus zwei ebenen, parallelen Platten aus leitendem Material. Die Platten haben den Abstand d und jeweils die Fläche F. Wir legen unser Koordinatensystem so, dass die Platten parallel zur (y, z)-Ebene liegen, ihr Normalenvektor also in x-Richtung zeigt. Auf die Oberfläche der linken Platte (kleinerer x-Wert) wird die Ladung Q gebracht, auf die der rechten die Ladung $-Q$. Das Innere der Platten sei feldfrei. Zwischen den Platten sei Vakuum oder Luft, so dass dort $\mathbf{D} = \mathbf{E}$ ist. Dann folgt aus den Stetigkeitsbedingungen (4.183) für $\mathbf{E}$ und $\mathbf{D}$, dass sowohl an der linken wie auch an der rechten Platte

$$\mathbf{E} = \frac{Q}{F}\mathbf{e}_x \tag{4.236}$$

ist. Wenn der Abstand d der Platten deutlich kleiner ist als ihre Breite und Höhe, dann können wir annehmen, dass das Feld zwischen den Platten in guter Näherung homogen ist, d. h., überall zwischen den Platten ist $\mathbf{E} \approx (Q/F)\mathbf{e}_x$. Die Potentialdifferenz ist demnach

$$U_C = |\mathbf{E}|d = \frac{Qd}{F}. \tag{4.237}$$

Die **Kapazität** C eines Kondensators ist definiert als Ladung pro Spannung, $C = Q/U_C$, und wird in der Einheit Farad (F) gemessen. Ein Farad ist ein Coulomb pro Volt (1 F = 1 C/V). Die Kapazität eines Plattenkondensators ist also

$$C = \frac{F}{d}. \tag{4.238}$$

Befindet sich zwischen den Platten hingegen ein Dielektrikum mit der Dielektrizitätskonstante ε, dann gilt Gl. (4.236) für $\mathbf{D}$ anstatt für $\mathbf{E}$. Die Potentialdifferenz wird aber immer noch aus $\mathbf{E}$ ermittelt und ist somit um den Faktor $1/\varepsilon$ reduziert. Die Kapazität ist nun $C = \varepsilon F/d$.

Abb. 4.5 Integrationsweg
zur Auswertung des
Ampere'schen Gesetzes an
einer Spule

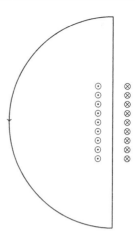

Die Form bestehend aus zwei ebenen Platten ist nur das einfachste Beispiel. Ein Zylinderkondensator besteht aus zwei koaxialen Zylindermänteln, ein Kugelkondensator aus zwei konzentrischen Kubeloberflächen, aber es gibt auch andere Formen. Kondensatoren gibt es schon lange. Seine älteste bekannte Form ist die „Leidener Flasche" aus dem Jahr 1745.

Eine **Spule** ist ein Draht, der entlang einer Schraubenlinie mit n Windungen aufgewickelt ist. Im einfachsten Fall bildet die Schraubenlinie einen Zylindermantel mit Radius r und Länge l. Ihre entscheindende Eigenschaft ist ihre **Induktivität**. Um diesen Begriff zu entwickeln, müssen wir aber vorab das Magnetfeld in der Spule berechnen, wenn diese von einem Strom I durchflossen wird. Das Magnetfeld berechnen wir am einfachsten mit dem Ampere'schen Gesetz (2.170). Dazu bilden wir eine Kurve, die parallel zur Zylinderachse (sagen wir, in z-Richtung) durch das Innere der Spule geht und außerhalb der Spule in einem großen Bogen geschlossen wird, so dass wir guten Gewissens annehmen können, dass das Magnetfeld entlang dieses Bogens vernachlässigbar ist. Senkrecht durch die Fläche, die von dieser Kurve eingeschlossen wird, gehen die n Windungen der Spule, also eine Stromstärke nI (siehe Abb. 4.5). Nach dem Ampere'schen Gesetz entspricht dies $\int dz\, \mathbf{B} \cdot \mathbf{e}_z$. Wenn n groß und $l \gg r$ ist, können wir annehmen, dass das Feld im Innern nur wenig von z abhängt und außerhalb der Spule schnell abfällt. Dann ist im Innern

$$\mathbf{B} \approx \frac{nI}{l}\mathbf{e}_z. \tag{4.239}$$

Das **B**-Feld hängt also nicht von r ab und auch nicht von der Position zwischen Achse und Zylindermantel.

Soweit der magnetostatische Fall. Jetzt machen wir den Strom zeitabhängig, $I(t)$. Wenn $\partial_t \mathbf{E}$ vernachlässigbar klein bleibt (quasistatische Näherung), dann gilt weiterhin zu jedem Zeitpunkt das Ampere'sche Gesetz und Gl. (4.239) bleibt erfüllt. Aber durch die zeitliche Änderung wird nun nach dem Faraday'schen

Induktionsgesetz (2.175) eine Spannung induziert, und zwar an jeder Windung der Spule. Die insgesamt zwischen den Spulenenden induzierte Spannung ist also

$$U_L(t) = n \int_F d\mathbf{F} \cdot \partial_t \mathbf{B} = \frac{\pi r^2 n^2}{l} \dot{I}(t). \tag{4.240}$$

Die Induktivität L einer Spule ist definiert über die Gleichung

$$U_L(t) = L \dot{I}(t). \tag{4.241}$$

Sie wird in der Einheit Henry (H) gemessen. Ein Henry ist ein Ohm mal Sekunde (1 H = 1 Ωs). Die Induktivität ist etwas Ähnliches wie ein Widerstand, nur dass sie einer *Änderung* der Stromstärke entgegenwirkt und nicht der Stromstärke selbst. Das induzierte elektrische Feld ist dem Feld, das den Strom antreibt oder ausbremst, entgegengerichtet (**Lenz'sche Regel**). Die Induktivität unserer beispielhaften Spule beträgt

$$L = \frac{\pi r^2 n^2}{l}. \tag{4.242}$$

Interessant wird es, wenn man Kondensator und Spule miteinander kombiniert. Wenn man die Kondensatorplatten nach dem Aufladen mit einem Draht geringen Widerstands kurzschließt, entladen sich die Platten quasi instantan, die überzählige Ladung Q der einen Seite strömt auf die andere Seite und gleicht dort die Ladung $-Q$ aus. Der zeitliche Verlauf der Stromstärke nähert sich einer Delta-Distribution an: er springt kurz auf einen sehr hohen Wert und fällt danach gleich wieder auf null zurück. Anders läuft es, wenn in den verbindenden Draht eine Spule eingebaut ist (siehe Abb. 4.6). Diese wirkt, wie wir gesehen haben, dem schnellen Anstieg und dem schnellen Abfall des Stroms entgegen, und zwar (im quasistationären Fall) so, dass die induzierte Spannung gerade die Kondensatorspannung ausgleicht. Wenn $q(t)$ die Ladung auf der rechten Platte ist und $I(t)$ der Strom, der von der linken zur rechten Platte fließt, dann ist $I(t) = \dot{q}(t)$ und $\dot{I}(t) = \ddot{q}(t)$. Das Gleichgewicht der Spannungen wird also durch die folgende Differentialgleichung beschrieben:

$$U_C(t) + U_L(t) = \frac{q(t)}{C} + L\ddot{q}(t) = 0 \tag{4.243}$$

Abb. 4.6 Idealisierter
Schwingkreis aus Spule und
Kondensator mit $R = 0$

(U_C ist das Potential der rechten Platte minus dem der linken und ist positiv, wenn q positiv ist. Sie können auch die Spannungen anders herum definieren. Am Ende müssen die Vorzeichen nur konsistent sein.) Die Lösung ist ein oszillierendes Verhalten,

$$q(t) = -Q \cos(\omega t), \qquad \omega = \frac{1}{\sqrt{LC}}, \qquad (4.244)$$

wobei wir vorausgesetzt haben, dass dieser **Schwingkreis** zur Zeit $t = 0$ mit $q(0) = -Q$ in Gang gesetzt wird.

Während des Schwingvorgangs schwingt auch die Energie zwischen dem elektrischen Feld im Kondensator und dem Magnetfeld in der Spule hin und her. Die elektrische Energie im Kondensator beträgt

$$E_{\mathrm{el}} = \frac{1}{2} \int d^3 x \mathbf{E}^2(t, \mathbf{x}) = \frac{1}{2} F d \left(\frac{U_C(t)}{d} \right)^2 = \frac{1}{2} C U_C(t)^2 \qquad (4.245)$$

Die magnetische Energie in der Spule ist

$$E_{\mathrm{mag}} = \frac{1}{2} \int d^3 x \mathbf{B}^2(t, \mathbf{x}) = \frac{1}{2} \pi r^2 l \left(\frac{n I(t)}{l} \right)^2 = \frac{1}{2} L I(t)^2. \qquad (4.246)$$

Wegen

$$I_{\max} = \omega Q = \sqrt{\frac{C}{L}} \, U_{C,\max} \qquad (4.247)$$

sind die Amplituden von E_{el} und E_{mag} gleich groß. Wegen

$$U_C(t)^2 \sim \cos^2(\omega t), \quad I(t)^2 \sim \sin^2(\omega t), \quad \cos^2(\omega t) + \sin^2(\omega t) = 1 \qquad (4.248)$$

ist die Gesamtenergie zu jedem Zeitpunkt erhalten.

In realistischen Schwingkreisen wird der verbindende Draht immer auch einen Widerstand R haben. Gl. (4.243) wird dann zu

$$U_C(t) + U_R(t) + U_L(t) = \frac{q(t)}{C} + R\dot{q}(t) + L\ddot{q}(t) = 0, \qquad (4.249)$$

was die Gleichung einer gedämpften Schwingung ist.

Wenn wir bei sinusförmigem Wechselstrom bleiben, $I(t) = I_0 \sin(\omega t)$ dann können wir für Kondensator und die Spule so etwas ähnliches wie Widerstände definieren. Auf dem Kondensator ist $q(t) = -(I_0/\omega)\cos(\omega t)$, in der Spule $\dot{I}(t) = I_0 \omega \cos(\omega_t)$. Die Amplituden der Spannungen und der Stromstärke verhalten sich also wie

$$\frac{U_{C,\max}}{I_0} = \frac{1}{\omega C}, \qquad \frac{U_{L,\max}}{I_0} = \omega L. \qquad (4.250)$$

Im Unterschied zu einem normalen Widerstand sind hier jedoch Strom und Spannung um $\frac{\pi}{2}$ bzw. $-\frac{\pi}{2}$ phasenverschoben. Dem kann man Rechnung tragen, indem eine komplexwertige Verallgemeinerung des Widerstands, die **Impedanz** Z eingeführt wird. Wenn auch Strom und Spannung komplexwertig geschrieben werden,

$$U(t) = U_0 e^{i\omega t + \varphi_1}, \qquad I(t) = I_0 e^{i\omega t + \varphi_2}, \qquad (4.251)$$

wobei natürlich immer nur der Realteil „physikalisch" ist, dann kann man

$$Z = \frac{U(t)}{I(t)} \qquad (4.252)$$

definieren und so die Phasenverschiebung berücksichtigen:

$$Z_C = \frac{-i}{\omega C}, \qquad Z_L = i\omega L. \qquad (4.253)$$

Aus (4.250) folgt, dass Spulen sich gegen große, Kondensatoren gegen kleine Frequenzen „wehren". Das kann man nutzen, um bei oszillierenden Strömen, die sich aus mehreren Frequenzen zusammensetzen, bestimmte Frequenzbereiche herauszufiltern (*Hochpass, Tiefpass,* etc.). Elektronische Schaltungen aus Widerständen, Kondensatoren und Spulen (sog. *RLC-Schaltungen*) sind bereits sehr vielseitig und werden in zahllosen elektronischen Geräten eingesetzt.

4.6.3 Information

Die elektromangetische Energie, die uns das Stromnetz zur Verfügung stellt, kann dazu verwendet werden, um Arbeit zu verrichten (Staubsauger, Rasenmäher, Automobil mit Elektromotor etc.), um die Nacht zum Tag zu machen (Beleuchtung), um zu kühlen oder zu wärmen (Kühlschrank, Klimaanlage, Elektroheizung), aber auch, um Informationen zu verarbeiten, zu transportieren und zu speichern.

Die Einsen und Nullen, aus denen sich Information in ihrer binären Form zusammensetzt, können auf verschiedene Weise elektromagnetisch kodiert werden, zum Beispiel:

- Ein Strom fließt vs. kein Strom fließt.
- Ein Kondensator ist geladen vs. entladen. Diese Methode wird im DRAM, der den meisten Computern als Arbeitsspeicher dient, genutzt.
- Ein bestimmter Bereich eines magnetisierbaren Materials ist in die eine oder andere Richtung magnetisiert. So geschieht es in den zahlreichen Magnetspeichergeräten.

Eine andere Art, Information zu codieren, besteht in Schwingungsmustern, also den Amplituden der einzelnen Fourier-Moden einer oszillierenden Funktion der Zeit. Akustische und optische Information liegt in dieser Form vor: Der Schall an einem Punkt **x** ist nichts anderes als der oszillierende Verlauf des Luftdrucks an dieser Stelle, als Funktion der Zeit. Die Überlagerung der einzelnen Sinuswellen, die zu dieser Oszillation beitragen, nehmen wir als Ton wahr. Ähnlich ist es mit dem Licht, das aus verschiedenen Farben zusammengestzt ist. Für Schall lässt sich die Information besonders leicht in Elektronik übertragen und daraus zurückgewinnen (bei Licht sind die Frequenzen der elektromagnetischen Schwingungen viel zu hoch, um etwas Ähnliches zu tun): In einem Mikrofon folgt eine elastisch gelagerte Membran dem Druckverlauf des Schalls. Die Bewegungen der Membran werden durch einen Induktions- oder anderen Mechanismus in eine im zeitlichen Verlauf identische Wechselspannung verwandelt, die demnach die gleiche Kombination aus Sinuswellen enthält. Beim Lautsprecher geschieht das Gleiche in der umgekehrten Reihenfolge: Das Wechselspannungsmuster wird zurück in die Schwingungen einer Membran übersetzt, die dadurch die entsprechenden Töne als Schall durch den Raum sendet.

In diesem Fall war das Codierungsmuster trivial: Der zeitliche Verlauf der Spannung entspricht 1:1 dem zeitlichen Verlauf des Schalldrucks. Man kann aber natürlich auch Codierungen, um Information in oszillierende Strom- oder Spannungsmuster zu übertragen, selbst definieren. Diese Art der Codierung hat den Vorteil, dass man sie kabellos durch den Raum übertragen kann, und zwar durch das Fernfeld der Liénard-Wiechert-Potentiale, dem zweiten Term in (4.114). Dazu braucht man eine als Sender fungierende **Antenne** aus leitendem Material, in der durch Anlegen einer oszillierenden Spannung ein oszillierender Strom erzeugt wird. Oszillierender Strom bedeutet in oszillierender Weise beschleunigte Ladungen, und dies wiederum führt zur Abstrahlung elektromagnetischer Felder, die dem gleichen zeitlichen Muster folgen. Sofern diese Felder nicht durch irgend etwas auf dem Weg abgeschirmt werden, kann der Empfänger mit einer Empfangsantenne diese Strahlung abgreifen, wo sie durch die Lorentz-Kraft wieder in oszillierende Ströme zurücküberführt werden, deren zeitlicher Verlauf immer noch dieselbe codierte Information enthält.

Radio und Fernsehen funktionierten einmal auf diese Weise (zum Teil immer noch), heute gilt es für das Mobilfunk-Netzwerk und auch für die zahlreichen drahtlosen Verbindungen zwischen den Geräten in unserem Haushalt.

All diese Herrlichkeit steht uns zur Verfügung aufgrund zweier Gleichungen, $\partial_\nu F^{\mu\nu} = j^\mu$ und $\frac{dp^\mu}{d\tau} = q F^\mu{}_\nu u^\nu$, und aufgrund der Existenz einiger Materialien mit besonderen Eigenschaften, die diese beiden Gleichungen für uns nutzbar machen.

Literaturverzeichnis

Bartelmann, M., et al. (2018). *Theoretische Physik 2: Elektrodynamik*. Springer.
Carroll, S. (2010). *From Eternity to Here*. Dutton.
Duhem, P. (1998). *Ziel und Struktur der physikalischen Theorien*. Meiner.
Jackson, J. D. (2013). *Klassische Elektrodynamik*. de Gruyter.
Zeh, H. (1989). *The Physical Basis of the Direction of Time*. Springer.

Stichwortverzeichnis

© Der/die Herausgeber bzw. der/die Autor(en), exklusiv lizenziert an
Springer-Verlag GmbH, DE, ein Teil von Springer Nature 2023
J.-M. Schwindt, *Von der Relativitätstheorie zu den Maxwell-Gleichungen*,
https://doi.org/10.1007/978-3-662-67581-6

Printed in the United States
by Baker & Taylor Publisher Services